건축물 조사 · 감정 실무

새한설계_전 선 학 저

공간예술사

건축물은 실용성이 내재된 예술작품이다. 구성요소 중에서 부대설비(전기, 기계, 통신 등) 부분 등은 기술이며, 건축물의 근본을 이루는 평면, 내·외관의 표현 등은 기술적으로만 설계되는 것은 아니고 설계자의 개성이나 시각적, 공간적 의도를 구현하는 것으로, 이것은 공학적이고 예술적인 것이다.

우리가 몸담아 살고 있는 건축물은 생활양식의 변화와 과학문명의 발전과 더불어 크게 변화·발전하고 있다.

새로운 기술과 새로운 자재의 출현, 인간의 끊임없는 디자인 개발은 원래의 생활에 변화를 주고 있으며 인간의 끊임없는 생활환경에 대한 욕구를 충족시키기 위한 노력은 지금도 쉬지 않고 진행되고 있다.

대체적으로 건축물 또는 각종 시설물은 주문에 의해 특정 장소에서 생산되며, 비용이 많이 소요되는 비교적 고가의 상품이라고 할 수 있다.

여러 가지 자재와 공법에 의해 또 이와 관련된 수많은 직종에 걸쳐 복합적으로 구성되는 생산활동이다.

대상 토지를 확정하고, 설계과정에서 관련 법령에 대한 적법성 여부의 검토와 설계자 혹은 발주자의 의도에 의해 여러 가지 성능 확보의 기본조건을 충족시키기 위한 공학적 혹은 예술적인 노력이 있어야 할 것이고, 작성된 설계의도의 구현을 위한 생산활동을 거치게 된다.

이를 구현하기 위한 생산활동을 시공이라고 하며, 건설업자를 시공자라고 한다. 따라서, 이러한 시설물과의 생산과정과 관련하여 이와 관련 있는 이해 당사자간에 사회적으로 합의가 이행되지 못하고 분쟁이 발생하는 경우가 점점 증가하고 있다.

상호간에 원만한 해결을 위하여 전문가에게 조사·감정을 의뢰하게 되고, 이를 해결의 근거로 하여 합의에 이르는 경우가 많이 있으나, 주로 민사소송에 의하여 법원에 판단을 구하게 되고 또 법원은 이를 원만하고 합리적인 방법이나 판단기준을 가지고 해결하여야 한다. 문제는 법원의 해결노력이나 판단을 돕기 위하여 이 분야의 전문가가 개입이 되고 사안의 목적에 따라 법원이 지정한 전문가는 객관적이고 정확하며, 법원의 판단기준에 적합한 의견을 제시하여야 하는 것이다.

이러한 전문가의 개입활동이 조사·감정이란 업무 영역으로 자리 잡고 있다. 필자는 1995년도 이후 다수의 민사소송 사건에 지명되어 조사·감정 업무를 수행하고 있으며, 이 과정에서 여러 건축사 혹은 기술사 등의 전문가에 의한 조사·감정 업무의 결과물로 제출된 감정서를 접할 수 있는 기회가 있었다. 그러나, 이해관계가 첨예한 이 부분에 대하여 견해가 현저하게 다른 각각의 감정서를 접한 적도 있고, 객관성이나 그 기준이 무원칙하게 처리되거나, 편향되어 평가된 경우도 많이 보아 온 게 사실이다.

그러나, 이러한 조사·감정 업무의 영역을 담당하여야 할 건축 전문가들의 이해를 돕기 위한 연구나 지침은 거의 없는 것이 현실이다. 건축물이란 워낙 복잡다양하고 조사·감정 당사자에 따라 견해를 엄청나게 달리 할 수 있을 뿐만 아니라, 장소와 시간에 따른 평가도 상당히 달리 할 수 있는 경우가 많다. 여기서, 필자는 이 부분에 대한 기준을 제시하려고 하는 것은 아니다. 다만, 빈도가 높은 몇 가지 항목에 대하여 되도록이면 객관성에 접근시키기 위함이고, 혹시 모를 착각이나 혼돈을, 모든 시설물 조사·감정 전문가가 지양해야 할 사안에 대하여 정리해 본다는 입장으로 감히 졸필을 들어 본다. 여기서, 특히 법원감정의 경우를 기준으로 하여 기술한 것은 일반적인 필요에 의한 조사·감정이라 하더라도 분쟁과 관련하여 법원에 제출되어 증거자료로서의 역할을 담당할 수 있는 정도의 신뢰성과 객관성이 확보되어야 한다는 차원에서이다.

이 책이 장기간에 걸쳐 밀도 있게 연구·정리한 것은 아닐지라도 이 부분에 대한 연구나 지침이 거의 없는 현실에서 시도한 점을 이해하여 주시길 바랄 뿐이며, 필자가 조사·감정 업무 중에 겪고 느낀 점 위주로 구술한 것이라 보아 주시고, 초판에서 있을 수 있는 오류나 잘못된 부분이 있다면 의견을 개진하여 주시어 차후 수정·보완에 참고가 되었으면 합니다.

특별히 건축물의 조사·감정과 관련하여 관계되는 민법이나 민사소송법 등의 법령에 대한 해석에 관해서는 필자를 포함한 거의 모든 건축 전문가들이 생소할 수밖에 없다. 따라서, 존경하는 윤재윤 판사님이 저술하신 「건설분쟁관계법」의 내용에 많이 의존하였으므로 더 자세한 문제는 이를 참조하기를 바란다.

끝으로, 집필 과정에서 원고보정 및 자료정리를 하여 주신 한국기술사 CM 과정의 김윤출 교수님과, 필자와 같이 일하고 있는 고영환 건축사보에게 감사드린다.

새한설계 _ 대표 전 선 학

제1장 건축물 감정 개요

제2장 유형별 조사·감정

제3장 주요 사안별 적용 특성

제4장 주요 하자별 유형과 조사·감정

제5장 조사·감정 사례

□ 부 록

1 본서의 내용은 각종 건축물에 관한 조사·감정 업무에 도움이 되기 위한 실무 중심으로 구성하였다. 각종 공법이나 기술적인 이론에 대해서는 관계되는 내용을 깊이 있게 다룰 수 없음을 이해하길 바란다. 실무적인 방향을 안내하는 것이 목적이기 때문이다.

2 「제1장 건축물 감정 개요」에서는 조사·감정의 정의 및 업무수행 관련 근거 건축물 관련 특성, 분쟁의 유형, 작싱의 기본 서식에 대하여 기술하였으며,

3 「제2장 유형별 조사·감정」에서는 조사·감정 업무의 구체적 유형별로 구분하여 실무의 방향을 제시하였다.

4 「제3장 주요 사안별 적용 특성」에서는 건축물의 모든 조사·감정 유형에서 적용할 사항과 감정 조건에 따른 적용 방법 및 방향에 대하여 이를 제시하였으며,

5 「제4장 주요 하자별 유형과 조사·감정」에서는 조사·감정 업무에서 가장 많이 취급하여야 하는 세부 현상에 대하여 기본 이론 및 해결 방안에 대하여 기술하였다.

6 「제5장 조사·감정 사례」에서는 앞에 기술한 이론을 근간으로 몇 개의 조사·감정 실무사례를 들어 봄으로써 전반적인 이해를 돕고자 하였다.

7 「부록」에서는 조사·감정 업무의 많은 부분이 기존 건축물인 점을 감안하여 감가상각의 문제가 적용되어야 하는 경우가 많으므로 한국감정원에서 제시하는 내용연수표 및 잔존가치율표를 필요 부분에 대하여 발췌, 첨부하였다.

제1장

건축물 감정 개요

1. 감 정
2. 감정 업무의 관련 근거
3. 감정인의 선임
4. 건축물 생산 특성의 이해
5. 건축물 관련 분쟁의 유형
6. 건축물 관련 분쟁의 원인
7. 감정서 작성시 유의사항 및 기본 서식

1. 감 정

□ 감정(鑑定)과 감정인(鑑定人)

감정이란 총괄적으로 어떠한 대상물에 대한 진부의 여부, 좋고 나쁨, 문제에 대한 해석 등, 규명하여야 할 문제에 대한 확인 과정이라고 정의할 수 있다.

법원에서 소송과 관련하여 감정을 실시할 필요가 있는 경우가 많이 있는데 이런 감정은 민사소송법 제2절 감정(鑑定)에 근거하여 이루어진다.

이때 「감정」이라 함은 감정인으로 하여금 특별한 학식, 경험에 속하는 전문적 지식·경험 또는 이를 이용한 의견·판단을 법원에 보고 시켜 법관의 판단 능력을 보충하는 증거·조사이고, 그 증거 방법이 감정인이다.

다만 전문적 학식, 경험에 의하여 습득한 사실에 대하여 진술하는 감정증인(鑑定證人)[1]은 특별한 학식, 경험 때문에 알 수 있게 된 사실을 진술하는 사람이고 대체성(代替性)이 없으므로 증인으로 보아야 하며, 그 조사는 증인심문 절차를 따른다.

하지만 「증인과 감정인의 차이」는 감정인도 증인과 마찬가지로 인증(人證)이고 증인과 같이 제3자이어야 한다. 감정인이 경험칙(상식적인 추정 법칙) 등에 대하여 전문적 지식을 보고하는 때에는 증인과의 구별이 명확하다. 그것은 증인이 대체로 구체적인 사건과 관련하여 과거에 경험한 사실에 대한 보고를 하는 사람이기 때문이다.

따라서 사실에 관하여 증인이 이미 과거에 경험한 사실의 인식을 보고하는 것에 대하여, 감정인은 법원으로부터 촉탁[2]된 뒤에 전문적 경험·지식에 의하여 형성한 사실 판단을 보고하는 점에서 양자를 구별할 수 있다.

---

1) 민사소송법 제340조(감정증인)
2) [법률] 특정인이 특정한 국가 사무를 수행하고, 이에 대하여 국가가 그 사람에게 반대급부를 제공하는 일. 국가와 개인 사이의 계약이다. <- 한컴사전

▽ 증인과 감정인의 제도상 차이

증 인	감 정 인
증인을 지정하여 신청	당사자에 의한 감정인의 지정은 법원의 판단 자료로서의 의미에 불과
증인 능력에는 특별한 제한 없음	결격사유에 관한 규정 존재
비대체적 : 불출석의 경우, 구인	대체적 : 구인 불가능
×	기피에 관한 규정
자연인에 한정	자연인 이외에 법인 등에게도 감정의 촉탁 가능
공동 증언 불허	공동 감정 허용

이상과 같은 증인과 감정인의 제도상의 차이에 기초하여 앞에서와 같은 여러 가지의 소송 절차상의 구별이 있게 된다.[3)]

❑ 감정인이 갖추어야 할 조건

○ 전문성

감정에 필요한 학식, 경험이 있는 사람은 감정할 의무를 진다.[4)] 감정인은 전문적 지식과 경험을 갖추고 해당 감정사항에 대한 해결 방안을 제시할 수 있는 능력을 가져야 한다.

하지만 감정을 하다 보면 주된 감정 이외의 분야에 대해 해당 전문가의 지원을 받는 경우가 있게 되는데, 이때에도 그 부분 감정의 전문성이 확보되도록 지원자 선임 및 감정 과정에 주의를 기울일 필요가 있다. 이 경우 실제 지원 전문가를 명시하는 것이 보통이다.

○ 공정성

- 감정인은 공정성이 확보되어야 감정 결과도 신뢰를 받게 된다. 일방 당사자와 편향된 만남, 자료 수집, 진술 청취 등은 허용되지 않는다. 실무상으로 감정인은 이러한 의식 없이 한 쪽 당사자로부터 일방적으로 주장을 듣거나 자료를 건네받고 이를 기초로 감정을 하여서는 아니 된다.
- 감정인은 감정을 명령 받은 때부터 감정 종료까지 시종일관 공정한 중립자로서 당사자를 대하여야 한다.
- 민사소송법에는 감정에 관한 10개 조문(제333조 또는 제342조) 중 4개 조문을 공정성 확보에 할애하고 있다.

---

3) 전병서, 『민사소송법강의』, 「제4편 소송의 심리 - 제6장 증거 조사 - 제7절 각종 증거방법의 증거 조사 절차 - Ⅱ. 감정」, 법문사, 2003

4) 민사소송법 제334조 제1항

▽ 공정성 확보에 관한 규정(민사소송법)

- 감정인이 공정성을 의심 받을 사유가 있는 경우, 즉 당사자와 친족관계에 있거나 자기 자신 또는 자기의 친족에게 이해관계가 있는 사건에 관하여는 감정을 할 수 없다.[5)]
- 당사자는 감정인이 성실히 감정할 수 없는 사정이 있을 경우에는 감정인에 대해 기피 신청을 할 수 있다.[6)]

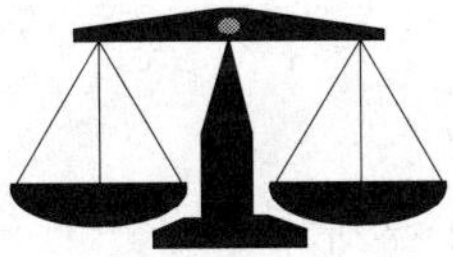

△ 전문가에 의한 공정한 감정이 중요!

○ 능동성

감정인은 자신의 책임과 권한으로 감정을 실시하여 최종적으로 감정 결과를 산출한다. 전문적 판단에 관한 한 감정인 자신이 주재자이며 최종 책임자가 된다.

이를 위해서는 감정인이 자료 수집부터 분석, 판단까지 가장 효율적이고 합리적인 감정이 될 수 있도록 능동적으로 감정 절차를 주재할 필요가 있다. 우선 감정에 필요한 자료를 확보하고 분석하는 것은 모두 감정인의 역량에 달려 있다.

시설물 관련 감정은 전제 사실이나 자료가 다양하고 복잡하기 때문에 특히 당사자의 자료와 경험이 중요하므로 감정인은 능동적으로 당사자의 협력을 요구하여야 한다. 당사자에게만 자료 제출을 맡길 것이 아니라, 감정인 스스로 사안을 분석하여 필요한 자료를 먼저 요구하여야 한다. 분석도 가장 합리적이고 최신 과학기술에 기초할 수 있도록 관련 지식을 적극적으로 수집하여야 한다.

❑ 건축물 감정의 특성

- 건축물 감정은 내용이 각기 다른 다양한 건설 공종의 복합된 구성 현상을 다루어야 한다.
  - 예컨대 외부에서 볼 수 없는 벽체의 내부 구조에 대해서는 특수한 방법을 동원하여야 하며, 설계·기초공사 외의 각 공종에 따라 순차적 공정에 따른 시공 내용과 책임을 판별하기가 어려워 감정사항 및 감정 내용이 복잡하게 된다.
- 공종별 책임 소재의 구뷴이 어렵다.
- 감정의 전제조건이 다양하다.

5) 민사소송법 제334조 제2항
6) 민사소송법 제336조, 제337조

- 계약 내용이나 변경사항 등의 중요성이 절대적이다. 계약이나 설계변경 등 전제조건에 따라 감정 결과가 결정되기 때문에 전제조건이 변하면 감정 결과는 변할 수밖에 없다.

• 조사시 육안확인이 불가능한 부분이 존재한다.
• 감정에 많은 시간과 비용이 소요된다.
  - 감정비용이 수천만 원 이상의 상당한 고액인 경우가 많고 감정 기간도 수개월 이상 걸린다. 재감정이나 감정 결과에 대한 실증적 검증은 사실상 어려운 형편이다.
• 합리적인 산정기준 적용이 쉽지 않다.
• 공학적인 요소가 지배하는 부분 외의 문제가 존재한다.

□ 건축물 감정의 주요 유형

• 공사가 중단된 경우의 기성고 부분 혹은 잔여공사 부분의 공사비를 산정하는 공사비의 적산 감정
• 하자 발생과 이에 대한 원인 규명 및 보수·보강공사에 소요되는 공사비의 적산 감정
• 건축물의 손상 등에 대한 원인 규명 또는 현상에 대한 실태의 감정
• 내·외장공사로 인한 건축주와 세입자간의 유익비 관련 문제
• 각종 재해 및 사고로 인한 건축물의 복구 문제
• 공사장으로 인한 인근지역의 피해 발생 문제
• 완성된 건축물을 전제로 한 인근지역의 환경성 악화 문제

□ 법원에서의 건설감정의 절차 및 규정

일반적으로 문제가 발생되면 이를 해결하기 위하여 대한건축사협회 또는 한국기술사회, 기타 각종 전문기관에 조사·감정을 의뢰하여 소속 전문가가 조사하고 작성한 보고서에 근거하여 이해 당사자간에 해결의 실마리를 풀어가는 경우도 있으나 가장 빈도수가 많은 경우는 법원의 요청에 의하여 조사·감정하는 경우이다.

○ 건설감정의 절차

법원에서의 감정 절차는 원칙적으로 증인 신문의 절차를 준용한다. 당사자는 감정의 대상으로 한 증명사항을 명확히 하여 감정의 신청을 하여야 하며, 법원은 필요한 경우 등에는 직권으로 감정을 명할 수도 있다. 법원은 감정 신청에 대하여 채부(採否)를 결정하고 감정을 채택하는 때에는 감정사항을 확정하고 또한 감정인을 지정한다.

감정의 목적이 법관의 판단 작용을 보조하는 목적에 비추어, 적절한 감정인을 선택하는 권한

은 법관에게 부여된 것이라고 할 수 있다. 감정 의견의 진술 방식은 서면이나 말(구술)이다. 통상 기일 밖에서 서면으로 감정 의견을 보고하는 것, 즉 감정서의 제출이 일반적인 실무이다.

감정인은 감정을 위하여 필요한 경우에는 법원의 허가를 받아 남의 토지, 주거 등에 들어갈 수 있고, 이 경우에 저항을 받을 때에는 경찰 공무원에게 원조를 요청할 수 있다.

이러한 건설감정의 절차를 정리하면 다음과 같다.

법원에서 감정인 선정
⇨
감정인에게 연락
- 신청서 및 관련 서류 송부
  -> 감정 가능 여부
⇨
감정인 수수료 산정 및 제출
⇩
수수료 적정 여부 검토
⇦
당사자에게 납부 요청
⇦
감정인 현장 소환 통보
- 일자, 시간, 장소
⇩
현장 검증(재판장, 소송 대리인, 당사자, 감정인)
- 현장 검증시 관련 자료 제출
- 이해관계자 의견 청취
- 재판장이 감정과 관련된 요구사항 피력
⇨
현장조사 및 감정
- 의견 청취
- 특기사항 기록
- 감정보고서 작성
⇩
감정보고서 제출
- 감정 수수료 청구(법원)
- 당사자에게 세금계산서 교부
- 작성·제출(법원 1부, 이해 당사자 각 1부)
⇦
재판 기간
- 사실조회 신청
- 보완감정
- 추가감정
- 재감정
⇩
종 결

△ 건설감정의 절차

대관 업무 철저!

▽ 감정 절차 관련 규정(민사소송법)

- 증인 신문 규정의 준용(제333조) : 감정에는 제2절의 규정을 준용한다. 다만, 제311조 제2항 내지 제7항 제312조 및 제321조 제2항의 규정은 그러하지 아니하다.
- 감정 의무(제334조)
  ① 감정에 필요한 학식과 경험이 있는 사람은 감정할 의무를 진다.
  ② 제314조 또는 제324조의 규정에 따라 증언 또는 선서를 거부할 수 있는 사람과 제322조에 규정된 사람은 감정인이 되지 못한다.
- 감정인의 지정(제335조) : 감정인은 수소법원·수명법관 또는 수탁판사가 지정한다.
- 감정인의 기피(제336조) : 감정인이 성실하게 감정할 수 없는 사정이 있는 때에 당사자는 그를 기피할 수 있다. 다만, 당사자는 감정인이 감정사항에 관한 진술을 하기 전부터 기피할 이유가 있다는 것을 알고 있었던 때에는 감정사항에 관한 진술이 이루어진 뒤에 그를 기피하지 못한다.
- 기피의 절차(제337조)
  ① 기피신청은 수소법원·수명법관 또는 수탁판사에게 하여야 한다.
  ② 기피하는 사유는 소명하여야 한다.
  ③ 기피하는 데 정당한 이유가 있다고 한 결정에 대하여는 불복할 수 없고, 이유가 없다고 한 결정에 대하여는 즉시 항고를 할 수 있다.
- 선서의 방식(제338조) : 선서서에는 "양심에 따라 성실히 감정하고, 만일 거짓이 있으면 거짓 감정의 벌을 받기로 맹세합니다."라고 적어야 한다.
- 감정 진술의 방식(제339조)
  ① 재판장은 감정인으로 하여금 서면이나 말로써 의견을 진술하게 할 수 있다.
  ② 재판장은 여러 감정인에게 감정을 명하는 경우에는 다 함께 또는 따로 따로 의견을 진술하게 할 수 있다.
- 감정 증인(제340조) : 특별한 학식과 경험에 의하여 알게 된 사실에 관한 신문은 증인 신문에 관한 규정을 따른다.
- 감정의 촉탁(제341조)
  ① 법원이 필요하다고 인정하는 경우에는 공공기관·학교, 그밖에 상당한 설비가 있는 단체 또는 외국의 공공기관에 감정을 촉탁할 수 있다. 이 경우에는 선서에 관한 규정을 적용하지 아니한다.
  ② 제1항의 경우에 법원은 필요하다고 인정하면 공공기관·학교, 그 밖의 단체 또는 외국 공공기관이 지정한 사람으로 하여금 감정서를 설명하게 할 수 있다.
- 감정에 필요한 처분(제342조)
  ① 감정인은 감정을 위하여 필요한 경우에 법원의 허가를 받아 남의 토지, 주거, 관리 중인 가옥, 건조물, 항공기, 선박, 차량, 그 밖의 시설물 안에 들어갈 수 있다.
  ② 제1항의 경우 저항을 받을 때에는 감정인은 경찰 공무원에게 원조를 요청할 수 있다.

○ 감정 결과의 채부(採否) 문제

감정 결과를 재판의 자료로 하기 위해서는 실무상 당사자의 감정 결과에 대한 원용의 진술이 필요하지만, 법정에 감정 결과가 현출된 이상 당사자의 원용이 없어도 법원은 그 결과를 증거자료로 할 수 있다.[7] 소위 증거공통의 원칙(자유심증)이 작용하기 때문에 감정 결과의 채부(採否)는 법관의 자유심증에 의한다.[8]

이는 감정이 직권에 의한 것인지 당사자의 신청에 의한 것인지 여부와는 관계가 없다.[9]

법원 외의 당사자간의 문제로 인한 감정에서는 상호 합의 및 감정 결과에 대한 승복을 전제로 할 경우가 있을 수 있으며, 일방적으로 실시한 감정의 경우의 감정 결과는 제시 또는 제출된 주장에 그칠 수도 있다.

---

7) 대법원 1976. 6. 22 선고 75다 2227 판결
8) 대법원 1998. 4. 24 선고 97다 58491 판결
9) 전병서, 『민사소송법강의』, 「제4편 소송의 심리 - 제6장 증거 조사 - 제7절 각종 증거방법의 증거 조사 결과 - Ⅱ. 감정」, 법문사, 2003

2. 감정 업무의 관련 근거

❑ 법적인 근거

법원의 경우, 감정 시행은 「민사소송법 제3절 감정」에 의하며, 그 중에서 건설감정의 경우에는 해당 분야의 전문가가 지명될 수 있다.

건축사법에서는 법 제19조(업무내용) 및 법 제19조의 3(용역의 범위 및 대가 기준), 건축사의 용역의 범위와 대가 기준 제2장(용역의 범위) 제5조(업무의 범위) 제5항 및 제16조(실비정액가산식의 산정)에 명시되어 있으며, 기술사법에서는 법 제3조(기술사의 직무)에 근거한다고 할 수 있고, 그 법령의 조문들은 다음과 같다.

❍ 건축사법

▽ 업무 내용(제19조)

① 건축사는 건축물의 설계와 공사 감리에 관한 업무를 행한다.
② 건축사는 제1항의 업무를 행하는 외에 다음 각 호의 업무를 행할 수 있다.
1. 건축물의 조사 또는 감정에 관한 사항
2. 건축물의 현장조사·검사 및 확인에 관한 사항 〈1995.1.5 개정〉
3. 이 법 또는 건축법과 이 법 또는 건축법의 규정에 의한 명령이나 기준 등에서 건축사의 업무로 규정한 사항 〈1995.1.5 개정〉
4. 기타 다른 법령에서 건축사의 업무로 규정한 사항 〈1995.1.5 개정〉

❍ 기술사법

▽ 기술사의 직무(제3조)

① 기술사는 과학기술에 관한 전문적 응용 능력을 필요로 하는 사항에 대하여 계획·연구·설계·분석·조사·시험·시공·감리·평가·진단·사업 관리·기술 판단·기술 중재 또는 이에 관한 기술 자문과 그 기술 지도를 그 직무로 한다.
② 기술사의 직무에 관하여 다른 법률에 특별한 규정이 있는 경우를 제외하고는 이 법의 규정에 의한다.
③ 제1항에 규정된 과학기술에 관한 전문적 응용 능력을 필요로 하는 사항의 종류 및 범위는 대통령령으로 정한다.

○ 기 타

대한건축학회, 대한토목학회, 대한건축사협회, 한국기술사회, 국·공립대학 연구소, 각종 안전진단전문기관 등의 규정에 의한 기관

❏ 감정의 대상

감정의 대상이 되는 것은 우선 재판의 대전제로 되는 법규와 법칙으로, 그 예로는 외국법, 규약, 관습법이나 고도의 전문 법칙 등이 있다.

그리고 재판의 소전제로 되는 사실 판단에 대해서는 필적, 인영, 지문, 사용 잉크, 용지, 부동산의 평가, 적정 임대료의 금액 등이며, 특히 의료과실 소송이나 과학기술상 쟁점을 포함하는 소송 등에서는 법률 전문가인 법관의 판단 능력에 한계가 있게 된다. 그리하여 전문가인 감정인에게 기대하는 부분이 증가하기도 한다.

건설 소송에서의 건설감정은 감정인이 전문 지식을 적용할 전제 사실이 법원에 의하여 주어지고 감정인은 이러한 사실에 대하여 전문적인 분석을 행하여 감정 의견을 제출하는 일반적인 감정과는 달리 전제 사실이 주어지지 않은 상태에서 감정인이 주도적으로 전제 사실을 수집하고 이를 기초로 감정 의견을 제출하는 경우가 많으므로, 건설 소송상의 감정은 사건의 결론을 좌우하는 가장 중요한 요소가 되고 있다.

▽ 건설감정의 대상

- 시기별로는 기획 단계, 설계 단계, 공사 단계, 사용검사 완료(입주) 후 점유 단계로 구분할 수 있다.
- 내용별로는 계획 및 타당성 연구비용, 설계비용, 기성고, 시공 하자, 안전, 기능 미비, 손상, 유익비, 각종 재해 등에 의한 손실 가치, 환경성 시비, 기타로 구분할 수 있다.
- 전문 분야별로는 건축물, 토목 시설물, 기계설비, 전기설비, 소방설비, 조경, 지적, 환경 등이 있을 수 있다.

□ 감정의 대가 기준

건축사법에서 정한 기준이 모든 분야에 적용 가능한 기준이 될 수 있는지의 여부는 알 수 없으나 건축물 관련 조사·감정 업무의 경우는 이 기준을 적용하는 것이 일반적이다.

건축사의 용역의 범위와 대가 기준 제16조(실비정액가산식의 산정) 실비정액가산식에 의한 대가는 다음 산정 방법에 의하여 산출한다.

○ 감정 대가의 산정방법

업무 대가 = 직접 인건비 × 일수 + 직접 경비 + 제경비 + 기술료

▽ 직접비(직접 인건비+직접 경비)

- 직접 인건비
  당해 업무에 직접 종사하는 건축사 등의 인건비로서, 투입된 인원수에 노임 단가를 곱하여 계산한다. 이 경우 등급별 노임 단가에는 기본급, 제수당, 상여금, 퇴직급여 충당금, 회사가 부담하는 산업재해 보상 보험료 등을 포함하며, 노임 단가는 엔지니어링기술진흥법 제12조의 규정에 의하여 설립한 한국엔지니어링진흥협회가 통계법에 의하여 조사·공표한 가격으로 하되, 건축사 및 건축사보의 노임 단가는 기술사 및 기술자의 노임 단가에 준한다.
- 직접 경비
  당해 업무 수행에 필요한 여비(건축주의 여비는 제외), 특수자료비(특허, 노하우 등의 사용료), 제출 도서의 인쇄 및 청사진비, 관계 전문 기술자에 대한 자문비 또는 위탁비와 현장 운영 경비(직접 인건비에 포함되지 아니한 보조 요원의 급여와 현장사무실의 운영비) 등으로서 그 실제 소요 비용을 말한다.

▽ 제경비

- 직접비에 포함되지 아니하는 비용으로서 간접비를 말하며, 임원, 서무, 경리직원 등의 급여, 사무실비, 사무용 소모품비, 비품비, 기계 기구의 수선 및 상각비, 통신 운반비, 회의비, 공과금, 운영활동비용 등을 포함한 것으로서 직접 인건비의 110~120%로 계산한다.

▽ 기술료

- 건축사가 개발·보유한 기술의 사용 및 기술 축적을 위한 대가로서, 조사 연구비, 기술 개발비, 기술 훈련비 및 이윤 등을 포함한 것으로 직접 인건비에 제경비를 합한 금액의 20~40%로 한다.

○ 대가의 산정서

상기의 대가 기준을 요약 정리하면 다음과 같은 양식으로 정리할 수 있다.

▽ 직접비

구 분	기술사 건축사	기 술 자				계
		특급	고급	중급	초급	
1. 현장조사 실측						
2. 도면 작성						
3. 구조계산						
4. 보수·보강 방법						
5. 내역서 산출						
6. 기계 기구 사용						
7. 판단 및 감정서 작성						
수량 계						
단 가						
직접 인건비						①
직접 경비						②
직 접 비						③

▽ 간접비

내 용	산출 근거	금 액	비 고
직접 인건비 × 110~120%	① × 110~120%	④	

▽ 보상비(기술료)

내 용	산출 근거	금 액	비 고
(직접 인건비 + 간접비) × 20~40%	(① + ④) × 20~40%	⑤	

▽ 총 감정료

내 용	산출 근거	금 액	비 고
직접비 + 간접비 + 보상비	③ + ④ + ⑤		

▽ 엔지니어링 프로젝트별, 기술자 등급별 실지급 임금 현황

(한국엔지니어링진흥협회 공표 2006. 1. 1 -> 1일 8시간 기준)

구 분	원자력 발전[10)]	산업 공장[11)]	건설[12)] 및 기타[13)]
기 술 사	330,209	293,586	252,897
특급 기술사	312,105	252,694	196,337
고급 기술사	246,636	206,956	164,387
중급 기술사	193,250	161,351	139,232
초급 기술사	136,189	117,459	98,848
고급 기능사	208,528	134,546	110,769
중급 기능사	143,329	105,672	97,468
초급 기능사	114,156	86,856	73,229

(단위 : 원)

☞ 엔지니어링기술진흥법 시행규칙 별지 1호 서식, 비고 6「기술 부문 및 전문 분야」 구분 참조

참고로 법원에서는 감정료 산정기준 등에 관한 예규(송일 91-3) 제16조에는 공사비 등의 감정료는 건축사 업무 및 보수 기준이 정한 조사·감정 업무 등의 보수 규정 소정의 금액으로 하되, 간접비는 직접 인건비의 80%, 보상비는 직접비와 간접비 합계액의 15% 이내로 하도록 규정하고 있다.

---

10) 「원자력 발전 분야의 엔지니어링 사업」이라 함은 원자력 발전, 핵연료 제조·가공 및 처리 등 원자력 산업 분야의 엔지니어링 사업을 말한다.

11) 「산업 공장 분야의 엔지니어링 사업」이라 함은 화학비료 공장, 무기약품 공장, 유기화학제품 공장, 연료 및 윤활유 공장, 펄프·제지 공장, 고분자제품 공장, 전기화학 공장, 요업 공장, 기계 공장, 금속 공장, 전기·전자 공장, 섬유 공장, 수력·화력 등 발전소 및 송배전 설비에 관한 엔지니어링 사업을 말한다.

12) 「건설 엔지니어링 사업」이라 함은 토질 및 기초, 농어업 토목, 토목구조, 토목 품질시험, 항만 및 해안, 도로 및 공항, 철도, 교통, 수자원 개발, 상·하수도, 건축구조, 건축 품질시험, 도시계획, 조경, 건설안전, 화약류 관리, 건축 기계 설비, 건축 전기 설비 분야의 엔지니어링 사업을 말한다.

13) 「기타 엔지니어링 사업」이라 함은 상기 세 분야의 엔지니어링 사업에 해당되지 않는 기계, 선박, 항공·우주, 금속, 전기·전자, 통신·정보처리, 화학·섬유, 광업 자원, 환경, 농림, 해양·수산 산업 관리, 응용화학 부분의 엔지니어링 사업을 말한다.

3. 감정인의 선임

❑ 개 요

감정인은 지정된 사안에 대하여 특별한 학식, 경험에 속하는 전문적 지식, 경험 또는 이를 이용한 의견, 사실 판단을 보고함으로써 법관의 판단 능력을 보충하거나 사회적 각종 판단에 대한 지침이나 방향 설정 등에 기여하게 되는 것이다. 그러므로 지정된 사안에 대하여 가장 적합한 감정인을 선임(지명)하여야 하며, 주로 사안에 대한 전문성에 신중을 기하여야 정확하고 합리적인 감정 결과를 얻을 수 있는 것이다.

특히 건축물의 조사·감정은 내용(분야)이 각기 다른 다양한 분야의 복합된 구성 현상을 대상으로 하여야 하나, 이를 전부 수용할 수 있는 전문가는 현실적으로 흔하지 않다. 시설물에 대한 조사·감정 전문 분야를 업으로 하여 이 사회에 존립하기는 어렵기 때문이다.

❑ 전문성의 영역별 세분화

건축 및 시설 분야에 종사하는 이들은 대체로 분업화된 자기의 전문 영역을 갖고 있다.

▽ 주요 분야별 영역 분류

- 건축설계 분야(건축사)
- 구조역학 분야(구조기술사, 토질 및 기초기술사)
- 시공 분야(시공기술사)
- 전문감리 분야
- 시설물 관리 분야
- 안전 관리 분야(안전관리기술사)
- 문화재 분야(문화재보수·실측기술자, 전통건축구조전문가)
- 건축 의장 분야(의장기사)
- 조경 분야(조경기술사)
- 전기설비 분야(전기설비기술사, 발송배전기술사, 공업계측제어기술사)
- 정보통신 분야(정보통신기술사)
- 기계설비 분야(기계설비기술사, 공조냉동기술사)
- 기타 전문 시공업 분야

대체적으로 분류하면 상기와 같으며 분야별로 자기가 선택한 영역에서만 지속적으로 종사하는 것이 현실이고 분야별 성격상 인적 교류는 거의 이루어지지 않는다.

자기 분야에서 확고한 위치를 갖기 위해서는 각종 자격시험(건축사, 기술사 등)을 통과하여야 하는데, 응시자격에 대한 전문 분야별 경험적 제한을 두는 것도 이유일 것이다.

❏ 조사·감정에 요구되는 전문성

책임 감정인에 대하여 요구되는 사항과 적정한 전문 분야의 자격[14]과 관련지어 보면 대체적으로 다음과 같이 정리할 수 있다.

▽ 주요 분야별 전문 기술자

기 능	담 당
① 각종 관련 법령의 종합적인 적용 능력	건축사
② 건축 시공물의 종합적인 조사·감정을 위한 전문성 적용 및 조합과 총괄 지휘 능력	건축사
③ 사회적 건설 관련 교육제도·용역업·건설업·전문 분야의 구성, 현상의 이해도	
④ 설계, 감리, 시공의 관련성 문제의 해석 능력	건축사 + 시공기술사
⑤ 건축 시공에 대한 시스템, 시공 과정 및 현상에 대한 분석 능력	시공기술사
⑥ 구조적인 안전 진단 및 보수·보강 대책 수립 능력	구조기술사 + 시공기술사
⑦ 공사비 적산에 관한 깊이 있는 해석 능력	시공기술사
⑧ 공사장으로 인한 인접지의 피해 원인 규명 및 대책 수립의 능력	건축사 + 안전관리기술사 + 토지및기초기술사
⑨ 기계 및 전기설비 관련 문제의 해결 능력	해당 분야 기술사 + 건축사 + 시공기술사
⑩ 시설물 환경 침해 문제의 관련 정도 산정	해당 분야 기술사·전문가 + 건축사

기타 비파괴 소음·진동, 폐기물 처리, 품질시험 등의 전문가가 필요한 경우가 있으며 상기와 같이 ①~⑤항이 가장 많이 대두되는 문제와 관련이 있다고 보이며 이와 같이 사안에 따라 적정한 전문가를 선임하여야 하는 것이다.

그렇게 하기 위하여 감정인의 선임(지명)에 적절한 객관적인 자격 기준을 기본적인 선임 조건으로 제시하여야 할 것이다. 또한 조사·감정 업무 자체도 경험에 의한 수행능력 평가지수가 존재하기는 타 분야와 마찬가지일 것이다.

---

14) 감정 대상의 성격에 따라 가장 적합한 전문가를 선임하여야만 감정의 목적을 바르게 수행할 수 있다. 건축사가 건축 관련 모든 문제를 전부 정확하고 명쾌하게 해결할 수는 없기 때문이다.

❑ 감정 업무에 대한 자료 제공

• 감정인으로 선임(지명)된 사람(기관)은 그 대상물에 대한 특정한 정보가 미흡하다.

-> 생산 과정(설계 과정 → 시공 과정 → 사용승인 과정)에서의 공학적 기술적인 적용요소도 알 수 없으며 사용 과정에 대한 정보도 없는 것이 당연하다.

-> 감정인 스스로 필요한 자료나 정보를 능동적으로 확보하고 분석하여야 할 의무가 역시 존재하지만 한계가 있을 수 있다.

• 이해 당사자는 자기가 주장하고 입증하고자 하는 분야(부분)에 대하여 최대한의 자료와 정보, 관련 기술이나 지식 생산 과정의 증거 등을 제시함으로써 자기의 주장을 입증하고 관철할 수 있을 것이다.

-> 따라서 이를 위하여 관련 전문가 등의 도움을 받는 것이 이해 당사자 자신의 이익을 보호하는 데 유리하거나 결과값을 최대로 할 수 있다고 보는 것이다.

• 건설 소송상의 감정의 경우 사건의 결론을 좌우하는 가장 중요한 요소로서 일반 감정과는 판이한 입장에 있는 것을 잊지 말아야 한다.

-> 특수한 상황에 따라 감정인은 법관의 대행자적인 지위마저 가지게 된다는 점에 주목하여야 한다.

△ 충분한 입증 자료와 증거의 확보가 중요!

4. 건축물 생산 특성의 이해

❑ 개 요

건축물의 생산 과정을 보통 시공이라고 하며 설계 의도의 구체적인 구현 활동이므로 생산 과정의 최종적이기도 하고 결정적이기도 한 중요한 분야이다.

건축물은 생산 과정에서 다른 산업과는 다른 특성을 여러 모로 갖고 있다. 갖가지 특성들이 결합하여 다툼과 분쟁의 원인을 제공하는 경우가 많으므로 이를 충분히 이해하여야 할 필요가 있을 것이다.

❑ 특 성

○ 주문생산

건축물은 클라이언트의 주문에 의하여 시공자가 시공·생산하는 경우가 대부분이다. 기업 자체의 결정에 의하여 생산되고 수요자에게 판매하는 제조업과는 상당히 다르다고 볼 수 있다.

같은 규모라 하더라도 설계 내용에 따라 생산원가가 현저히 다르므로 표준원가 설정이 쉽지가 않다.

다만 분양 건축물(아파트, 상가)은 기업 자체의 결정이 우선되어 생산되므로 상기의 경우와 다를 수 있으나, 이 역시 분양 당시 설계도서가 기준이 되어 시공되어야 하므로 다툼에서는 주문생산과 같이 취급되어야 할 것이다.

○ 생산 장소의 제한성

제조업과 같이 일정한 장소(공장)에서 생산하는 것이 아니고 주문자의 조건에 따라 생산 장소를 지정 받게 되어 있다.

따라서 기계 장비와 노동력이 이동되어야 하므로 기업적인 집중 관리가 쉽지 않다.

또한 대부분이 자연현상의 영향을 많이 받는 옥외에서 생산 활동이 이루어지므로 기상 상태 등으로 인하여 생산 기간에 영향을 많이 받게 되고 타 산업에 비하여 산업재해가 많이 발생하므로 재해보상비, 안전관리비의 부담이 상대적으로 크다.

○ 생산 기간의 장기성

소규모 건축물은 해당되지 않지만 대개 공사 기간이 장기간인 경우에는 그동안에 자재비, 노무비 등의 변동으로 공사 원가가 크게 달라질 수 있다. 또한 생산 기간이 긴 만큼 공사 이행의 관리가 어려워지고 클라이언트의 사정이나 시공자의 기업 사정의 변화에 따른 설계변경, 공사 중단 등의 사태 발생 등이 있을 수 있다.

○ 하도급 의존성

여타의 산업도 그러한 경우가 많지만 특히 건설 산업은 기업 내에 모든 생산 수단을 항상 보유하지 못하는 관계로 하도급에 의존하는 구조를 가지고 있다. 대개 공종별, 직능별 하도급업자 혹은 전문긴설업자에게 하도급하여 관리 능력만 가지고 총괄 지도하는 기업 활동이 대부분이다. 따라서 하도급업자의 영세성, 하도급 금액의 비현실성(저가)으로 인하여 품질 저하와 관련 공종 간의 완벽치 못한 결합성 등으로 인하여 문제를 야기할 소지를 많이 가지고 있다.

○ 종합적인 생산 활동

건축물은 생산 활동에 있어서 철강, 시멘트, 목재, 석재, 화학제품 등 다른 공업의 생산물을 공급 받아 이를 가공하고 조립하는 산업으로, 기계, 전기, 토목, 통신, 소방, 조경 등 다수 공종의 결합으로 구성된다. 따라서 여타의 산업 활동에 미치는 영향이 크다고 볼 수 있으며 또한 여러 공종과 다양한 공법이 동원되므로 생산원가가 상당히 다르게 나타날 수도 있는 산업이라 할 수 있다.

❑ 건축의 생산 단계별 관련 요소

건설산업의 생산 활동은 다른 단순일괄 생산과는 달리 여러 단계를 거치는 특수한 생산 활동이다. 따라서, 각 단계별로 정리하면 아래와 같다.

▽ 건축의 생산 단계별 전문성

구 분	생산 과정	분쟁의 종류	관계법령	조사·감정 관련 주요 전문가
기 획	타당성 조사	영업비밀	건축법 도시계획법 국토이용관리법 등	CMP 건축사 관련 기술사
설 계	마스터플랜 기본설계 실시설계	저작권 설계책임 설계비용	건축법 도시계획법 건축사법 전기공사업법 정보통신공사업법 환경 관련법 등	CMP 건축사 관련 기술사
시 공	공사도급계약 공정관리 원가관리 품질관리 기술관리 안전관리	계약에 관한 분쟁 하도급 분쟁 환경 분쟁 인접지에 대한 피해 분쟁 감리 책임	건설산업기본법 건설기술관리법 등	CMP 건축사 관련 기술사
사 용 승 인	품 질	품질 분쟁 시공의 적절성	건설산업기본법 건설기술관리법 등	CMP 건축사 관련 기술사
사 용 기 간	유지관리 보수·보강	하자기간 하자담보 책임	건설산업기본법 건설기술관리법 등	건축사 관련 기술사
철 거	철거공사 도급계약 안전관리 폐기물 처리	환경 분쟁	건설산업기본법 건설기술관리법 등	건축사 관련 기술사

5. 건축물 관련 분쟁의 유형

❑ 개 요

일반적으로 건축행위는 행정당국에 건축허가를 신청하면서 시작이 되며 건축주, 설계자(건축사), 감리자, 시공자(수급인)가 합작하여 건축물을 완성하게 되는데, 이 사이에 하수급인(하도급자, 전문 건설업자), 관련 주민, 인접지 관련자 등과도 직·간접적으로 관계를 가지게 된다.

따라서 관련 당사자 사이에 문제와 분쟁의 가능성 소지는 항상 존재한다고 보아야 하며 분쟁발생의 유형을 다음과 같이 구분하여 간략히 설명한다.

△ 이해 당사자간의 확인이 분쟁 해소의 지름길!

❑ 유 형

○ 허가기관의 행정 행위 관련

건축허가 사용승인 등의 허가기관의 행정처분에 대하여 건축주는 행정심판 행정소송으로 처분의 취소나 손해배상을 청구하는 경우이다. 인근 주민 등 제3자의 경우도 대상 건축행위에 관련된 위법 행위로 피해가 있다고 주장하는 경우 손해배상 청구를 할 수 있다.

○ 설계자, 감리자 관련

설계자와 건축주는 설계계약을 체결하여 계약책임이 성립되며, 주로 다음과 같은 문제로 인하여 분쟁이 발생할 수 있다.

- 설계 내용이 건축주의 기본 요구조건을 충족하는가
- 설계도서의 내용이 설계에 대한 설명 의무에 충실하였는가
- 안전하게 설계되었는가

또한 설계자는 설계 의뢰자(건축주)에 대하여 설계용역비 청구권을 가지며 중간에 계약이 해지되면 적정의 보수를 지급하여야 하나 이와 관련된 분쟁 또한 일어나고 있는 것이 현실이다.

설계도 및 건축물의 저작권은 특별한 약정이 없는 한 설계자에게 귀속됨이 원칙이므로 건축주가 설계도를 무단 유용할 경우 저작권 침해 등의 문제가 발생할 수 있다.

감리자는 법령이 정하는 바에 의하여 건축물이 설계도서의 내용대로 시공되는지의 여부를 확인하고, 품질 관리, 안전 관리, 공사 관리 등에 대하여 지도·감독하여야 하며 성실히 행하여야 할 의무가 있다.

그러므로 건축물의 통상 성능을 갖추고 있지 않고 이것이 감리상 과실에서 유래한다는 주장이 대두될 경우 다툼이 발생할 수 있다.

○ 시공자 관련

시공 후 건축물에 관련된 하자 책임 문제가 가장 많이 분쟁의 쟁점이 되고 있다.

- 하자의 문제에 관해서는 하자의 해당 여부 판단, 원인, 하자담보기간 등의 문제이며,
- 공사대금 관련 문제에서는 공사 중단시의 기성고 정산, 설계변경된 부분의 공사비 산정, 공사 기간 연장시의 지체 보상금 문제 등이며,
- 제3자와 시공자 사이에는 공사로 인한 환경 파괴 문제, 인접지 구조물 등에 미치는 물리적 피해 등이 주요한 분쟁의 요소가 되고 있다.

대체적으로 시공자 관련 문제에 대한 다툼이 가장 많은 편이며, 조사·감정 역시 대부분 여기에 집중되어 있는 것이 현실이다.

○ 하수급자 관련

하수급인의 보호 및 불법행위에 대한 분쟁 요소는 다음과 같다.

- 하수급인이 발생시킨 행위적 책임에 대한 수급인의 부담 문제
- 하수급인의 도급인에 대한 하수급 대금의 직접 청구권 유무의 문제
- 수급인과 하수급자 사이의 계약 관련 비용 정산의 문제

○ 제3자(인접 주민, 인접지 관련자)**와의 관계**

시공자와 제3자와의 관계는 앞에서 설명한 바와 같다.

- 제3자에 대한 건축주의 책임 여부는 도급 또는 지시에 관하여 중대한 과실이 있을 때에만 책임을 지므로 그 성립 여부는 합의가 이루어지지 않는 한 감정인이 판단하기 어렵다.

6. 건축물 관련 분쟁의 원인

❑ 도급계약서의 내용 불충분

건설공사도급계약서는 반드시 「건축공사 표준계약서」와 이와 유사한 계약서식을 사용하며 특기사항을 명시하는 것이 바람직하다.

- 총액계약방식의 경우에도 계약내역서를 첨부하여 변경시공 등에 대비하여야 한다. -> 물론 시공 물량이나 단가를 정확히 하여야 한다.
  지반보강공사나 터파기공사시의 지반의 변화, 흙막이공사시의 공법 변경 등에 따라 공사비가 현저하게 달라지므로 공사비 정산에 대비한 별도의 공사대금 산정기준을 확보하는 것이 좋다.
- 둘 이상의 시공자가 동시에 투입되는 경우 각자의 시공범위를 명확히 하여야 하며 부가가치세, 지체상금률, 공사대금 지급시기 등을 공란으로 남겨두는 경우도 있어 분쟁의 원인이 되기도 한다.
  보통 소규모 건축물의 경우 계약내역서가 없는 경우는 너무도 많아 분쟁시 이에 대한 기술적인 노력이나 해석에 많은 비용을 투입하는 것이 작금의 현실이다.

❑ 시공자 선택 문제

민간공사의 경우, 특히 소규모 건축공사의 경우 기술력이나 자본, 관리능력을 갖추지 못한 무면허 개인업자에게 시공을 의뢰하는 경우가 많다. 따라서 시공자의 과거 실적이나 기술력 확보상태, 기업의 부실 여부 등을 반드시 점검하고, 다음에 유의하여 신뢰성 있는 시공자를 선택하여야 한다.

- 안면관계상 또는 지인의 소개로, 특히 시공자간의 일감 경쟁으로 인한 비현실적인 저가 계약 등으로 인해서이다.
- 특히 도면도 숙지 못하는 자가 시공자가 되어 분야별로 하도급하고, 기술력이 없으므로 관리 능력은 당연히 없어 구경만 하는 경우도 있나.
- 공사가 부실하게 되어 분쟁화 되어도 도대체 시공자가 무엇을 잘못했는지도 모르고 엉뚱한 주장만 늘어놓는 경우가 허다하다.

❑ 변경시공(설계변경)에 대한 확인 과정

건축공사에서는 사소한 부분이라도 변경시공 현상이 발생하기 마련이다. 그런데 이 부분에 대한 확실한 서면상의 합의 혹은 확인이 없는 경우 분쟁화 되면 건축주, 시공자 모두 자기에게 불리한 부분은 부인하게 되는 일이 허다하다.

- 따라서 아주 작은 사소한 일이라도 상호 합의가 필요한 부분에 대해서는 반드시 서면으로 변경 합의하여 보관하도록 한다.
- 아예 시공기록부를 만들어 그때그때마다 기록하고 상호 확인하여 보관하면 좋을 것이다. -> 이것은 건축주, 시공자에게 모두 필요한 조치일 것이다.

❑ 증거 자료의 미확보

공사 중단의 사태에 대비하여 증거 자료의 확보가 필요하다.

- 일방적으로 무리한 시공을 진행시키거나 나중에 확인이 불가능한 부분에 대하여 의심이 가면 세밀하게 사진이나 비디오 등을 동원하여 촬영하여 둘 필요가 있다.
- 또는 감리자에게 증거 확보 작업을 의뢰하는 것도 방법일 것이다.

❑ 객관성이 결여된 주장

건축주나 시공자 모두 분쟁이 발생하게 되면 사회적으로 객관성이 결여된 주관적이고 일방적인 자기의 판단 자료를 근거로 제시하여 무리한 주장을 하는 경우가 허다하다.

- 인간적인 감정 대립이 심하게 되면 양심이고 뭐고 시공 중 상호 합의한 사항도 모두를 주관적인 유리한 방향에서 주장하게 되는 것이다.

사소한 부분이나 문제가 되지 않을 부분도 설계도면을 근거로 수정을 요구하거나 시공자는 편의상 일방적으로 변경시공한 부분에 대하여도 비용을 청구한다.

- 따라서 전항의 시공기록부를 반드시 활용할 것을 권장한다.

7. 감정서 작성시 유의사항 및 기본 서식

감정서는 감정의 경과와 결과를 정리한 보고서이다. 그러므로 감정서가 본연의 가치를 갖기 위해서는 처음부터 끝까지 객관적으로 일목요연하게 정리하여 기록해야 한다.

따라서 다음과 같은 사항을 미리 숙지하고 작성하는 것이 바람직할 것이다.

▽ 작성요령

① 간결하게 작성한다

-> 장황하고 난해하게 문장을 길게 늘어놓아서는 보는 이의 이해를 어렵게 하며 의도나 결과를 알 수 없게 할 수 있다.

② 평이하게 작성하여야 한다

-> 전문용어의 과다한 사용이나 전문적이고 기술적인 내용을 장황하게 서술하는 것을 피하여야 하며 부득이한 경우 전문용어나 특수용어에 대해서는 설명이나 해설을 첨부하도록 한다.

③ 추측이나 가정적인 판단을 가급적 피하여야 한다

-> 가능한 전문적·기술적 자료 분석에 의하여 취득한 판단만을 제시하여야 한다. 경험 등에 의한 추정적 판단을 덧붙여 감정 의견을 제시할 경우가 있는데 자칫 새로운 분쟁을 유발시킬 수도 있다.

④ 객관적인 기준을 제시한다

-> 각종 법령이나 기준, 시방서, 통계자료, 객관성이 확보된 논문 등을 기준으로 제시한다.

△ 객관적이고 신뢰성이 있는 기록이 중요!

❏ 기본 서식

표준이 되는 양식이나 서식이 정하여진 것은 없으며, 상황에 따라 필요한 사항을 명기하는 것이 보통이다. 기본적으로 언급하여야 할 사항이나 기준의 제시도 없이 감정서를 작성함으로써 자료로서의 가치를 저하시키거나 신뢰성을 약하게 하지 말아야 할 것이다.

따라서 이 장에서 예시하는 항목이나 「제5장 감정 사례」를 참고로 필요에 따라 채택하는 정도면 무난하리라 본다. 그러나 사안에 따라 필요한 경우 반드시 필요 항목을 추가하여야 한다. 예시하는 항목은 일반적인 경우에 보통 사용되는 정도의 것이기 때문이다.

열거하는 내용은 필자가 지금까지 보통 사용하던 양식의 내용이며 윤재윤 판사님의 『건설분쟁관계법』의 내용에 약간 보완한 정도이다.

1. 표 지

① 사건 번호
② 소재지(감정 대상물의 법적 소재지)
③ 연월일(감정서 제출 일자 혹은 월)
④ 감정인 혹은 법인(명칭, 주소, TEL, FAX)

2. 속표지(제출문, 서명지)

① 대상물의 위치
② 대상물의 용도
③ 대상물의 구조
④ 대상물의 규모
⑤ 감정 의뢰자
⑥ 주요 감정 내용
⑦ 제출문
⑧ 감정인(소속, 성명, 학위 및 자격, 관련 서명)

3. 감정 대상물 안내도

4. 범 례

5. 참여 기술진(성명, 분야, 학위 및 자격)

6. 감정대상물 개요

① 대상물의 위치
② 대상물의 용도
③ 대상물의 구조
④ 대상물의 규모
  - 층수
  - 건축면적(연면적)
⑤ 설계자, 감리자(건축사사무소 명칭, 건축사명)
⑥ 시공자(시공자 명칭, 대표자명)
⑦ 허가 일자, 설계변경, 시용승인 일자
⑧ 전경 사진 혹은 조감도(투시도)

7. 일반사항

① 조사·감정의 동기
② 조사·감정의 목적
③ 조사·감정의 경위
④ 주요 감정 신청사항
⑤ 조사·감정 기간

8. 예비조사

① 대상물 이력
② 내·외 환경
③ 하중 및 외력
④ 관계자 의견
  - 건축주
  - 시공자
  - 설계 감리자 및 이해관계자
⑤ 제출된 자료
⑥ 감정과 관련된 대상물의 특성
  - 자료에 대한 특성
  - 상황에 대한 특성

9. 범위 및 기준

① 조사·감정의 범위
② 기준 및 우선순위
- 설계도서에 관한 기준(도면 내역서, 시방서, 산출 근거 계산서 등)
- 시간적인 기준
- 품셈의 적용 기준
- 물가의 적용 기준
- 상황에 대한 판정 기준

10. 제출된 자료 사본

① 계약서
② 계약내역서 및 첨부 도서
③ 합의서
④ 건축물 대장

11. 현황 사진

제2장

유형별 조사·감정

1. 기성고 확정
2. 건축물의 하자 문제
3. 정밀시공 문제
4. 변경시공
5. 미시공 문제
6. 추가공사
7. 복구 문제
8 화재에 의한 손상 평가
9. 내장공사 관련
10. 유익비
11. 경계선의 침범
12. 설계 관련 문제
13. 감리 관련 문제
14. 하도급 관련 문제
15. 공사장 인근의 피해 문제
16. 일조권 및 조망권, 사생활 침해

1. 기성고 확정

❑ 기성고란

기성이란 시공 중에 어떠한 시점을 기준으로 하여 그때까지 이루어진 공사의 부분을 말하며 이 부분까지에 대한 공사비용을 기성금액 즉 기성고[1]라고 한다. 또한 전체 공사금액에 대한 기성금액의 비율을 기성률이라고 한다.

❑ 기성 부분 확정의 필요성

○ 기성고 지불

보통은 완성된 공사금액을 지불하기 위하여 그때까지의 공사 진행 정도를 정확하게 산출하기 위한 절차이다. 즉, 시공 중 일정 기간마다 완성된 기성금액을 지불하기 위해서는 그때까지 진행된 공사의 진척도에 따라 환산한 기성금액의 산출이 필요할 것이다.

○ 기성금액의 확정

수급인과 건축주(사업자)가 어떠한 문제로 인하여 공사가 중지되어 공사를 계속적으로 진행하지 못할 경우, 그때까지 완성된 공사금액을 확정할 필요가 있게 된다.

○ 증거 보존의 필요성

건축주는 공사를 재개하여 빨리 완성하여야 할 텐데 시공자가 응하지 않거나 어떠한 문제로 공사 재개가 어렵게 되면 그때까지 이루어진 부분에 대하여 법적으로 증거 보존의 절차를 밟아 이를 확정하여 두고 건축주 임의로 공사를 진행하여야 하는 경우이다.

공사비 정산 문제와 기시공된 부분의 경계를 확정하여 차후 발생할 수 있는 다툼에 대비하기 위하여 시공자가 시공한 부분에 대하여 각종 증거를 보존하여야 한다.

필요한 경우 시공도면에 기시공된 부분을 명시하고 사진이나 비디오 촬영 등으로 현재의 상태를 기록하여 분쟁에 대비하여야 한다.

이때에는 시공자를 입회시켜 확인하는 절차를 거치는 것이 보통이다.

---

1) 旣成高, Completed Part

□ 기성고 산정시 기본 조건에 따른 유형

○ 기시공된 부분의 실제 투입비용 산출 조건

이 비용은 시공자(수급인)가 그때까지 시공한 부분에 대한 실제 투입비용이므로 대체적으로 수급인의 입증자료에 근거하여 실제로 사용된 비용을 인정하는 경우이다.

공정률(기성률)에 근거한 기성고 금액보다 많을 수도 있고 적을 수도 있으므로 공정한 기성고 금액과 거리가 있을 수 있으나 이러한 조건에 따른 조사·감정의 요청이 있을 수 있다.

예컨대 명확하게 계약이 이루어지지 않은 상태로 급하게 공사를 시작하고 진행하였으나, 어떠한 문제로 인하여 공사를 중단하게 되면 공사비에 관한 이견이 발생하여 다툼으로 발전된다. 시공자는 그때까지의 실제 투입비를 요청하게 되고 건축주는 이를 과다하게 평가하는 경우가 많다. 이는 공사비에 대한 약정이 없으므로 합의에 의하여 실제 투입비를 추정하게 되는데, 각종 증빙서류에 기초하는 경우와 사회적인 객관적 단가에 의하여 투입된 기성 물량을 평가하는 방법이 될 것이다.

○ 총 공사 계약금액에서 잔여 공사비를 공제하는 산출 조건

이 비용을 산출하는 시점이 공사가 완료되어 잔여 공사비가 투입된 이후일지라도, 주장하는 측의 잔여 공사비용을 그대로 인정하기 어렵다. 보통 시공자의 사정에 의하여 공사가 중지되어 건축주의 계획된 각종 사업에 차질을 빚게 하는 등의 손해를 입히게 되면 쌍방의 합의에 의하여 잔여 공사비를 당초 계약 공사비에서 공제하는 조건에서 발생되는 경우가 많다.

건축주는 각 공정에 대한 견적서 등을 근거로 과다한 비용을 주장하는 경우가 있으며, 적정 수준 이상의 품질이나 수량을 계상하는 것이 보통이다.

따라서 잔여 공사분에 대한 시공 물량과 품질 수준에 따라 감정인이 객관적으로 추정 산출하여야 할 것이다.

○ 총 공사금액에 기성률을 적용한 기성고 금액의 산출 조건

가장 객관적인 방법이며, 관급공사의 경우에 통상적으로 사용되는 방법이다.

민간공사의 경우에도 쌍방의 합의에 의하거나 법원의 판단 요청에 의하여 현재까지 이루어진 기성률을 정확히 산출하여 금액을 확정해 줄 것을 전제조건으로 하는 경우이다.

❑ 산정 방향

기성률 및 기성고 산정의 기본은 계약내역서에 근거하여 매 항목별로 현장을 조사·실측하고 산출한 수량에 대하여 약정된 단가를 적용하여 금액을 산출·집계하는 것이 일반적이다. 그러나 각종 전제조건에 따라 상기의 기본적인 산출 조건을 달리하거나 기술적인 해결 방법을 동원하여야 하는 경우가 현실적으로 매우 많다. 전제조건을 충족시키기 위한 노력의 일환이라고도 할 수 있으며 객관적 접근과 합리적 결과값 도출을 위한 것으로, 어떻게 하면 가장 공정한 판단 자료가 될 수 있을지에 대한 고민인 것이다.

기본적으로 계약내역서에 의거하며, 혹 계약내역서가 없는 경우 또는 상당히 미흡한 경우에는 「제3장 3. 계약내역서의 존재 유무」를 참조하여 기준내역서/적용내역서를 작성한 후 현장조사를 통해 물량을 계약내역서 혹은 기준내역서/적용내역서에 옮겨 산출·집계하여 기성 수량, 기성 금액 및 기성률을 산정한다.

물론 이 경우 당연히 해당 적용 부분의 물량 산출 근거(산출조서)가 작성·첨부되어야 한다.

하지만 도급인과 수급인간에 어떤 문제로 인해 공사가 중단되어 계속 진행되지 못할 경우라면 잔여 공사의 완성을 위한 비용 문제가 대두된다. 이 문제는 공사 중단 시점 혹은 감정 시점과 맞물려 있어 적용에 신중을 기해야 한다.

이때에는 계약된 공사비 내역서를 기준으로 완성된 부분의 공사비와 미완성(잔여) 부분에 대한 추후 진행 잔여 공사비를 별개로 산정하여 합산한 후 그 금액이 계약된 공사비를 초과할 경우에는 도급인 및 수급인의 귀책사유에 따라 그 산정 방법이 다를 수밖에 없다고 보이며, 이에 대한 귀책사유의 책임 소재에 대해서는 전적으로 합의에 의하여 법원이 판단할 일이다. 따라서 그 책임 소재가 명백히 규명된다면 다음과 같이 하는 것이 필요하리라 본다.

○ 도급인의 귀책사유가 명백한 경우

도급인의 귀책사유가 명백하여 이것이 인정되는 경우에는 미완성(잔여) 부분의 공사비의 충족 여부와는 관계없이 「제3장 3. 계약내역서의 존재 유무」를 참조한 계약내역서, 혹은 기준내역서/적용내역서를 기준으로 한 완성된 부분의 공사비 전액을 기성금액으로 산정하는 것이다.

이 경우에는 상황이나 주장에 따라 기시공된 부분에 대한 실제 투입비용을 기성금액으로 주장하여 산출하여야 하는 경우도 있다는 사실에 유의하여야 한다.

○ 수급인의 귀책사유가 명백한 경우

수급인의 귀책사유가 명백하여 이것이 인정되는 경우에는 「제3장 7. 공사계약에 따른 조건」을 참조한 계약내역서, 혹은 기준내역서/적용내역서를 기준으로 한 완성된 공사비와 미완성(잔여)

부분에 대한 추후 진행 잔여 공사비를 별개로 산정하여 계약된 공사비에서 미완성(잔여) 부분에 대한 추후 진행 잔여 공사비를 감한 나머지 금액을 기성금액으로 산정한다.

또한 기성금액의 산정은 공사 중단 당시의 건설 물가에 의하는 것이 아닌 계약내역서에 기준한 단가에 의하여 산정함이 원칙이나, 계약내역서가 없거나 미흡할 경우에는 「제3장 3. 계약내역서의 존재 유무」를 참조하여 필요에 따라 기준내역서 및 적용내역서를 작성한 후 그 내역서에 의해 기성금액을 산정하는 것이 타당할 것이다. 미완성(잔여) 부분의 공사비 산정시도 역시 같은 방식으로 하면 무리가 없겠다.

다만 상기한 귀책사유의 부담 문제에 관해서는 법원 감정의 경우 당연히 법관의 지시나 해석에 따라야 한다.

▽ 기성고 감정시 유의사항

- 수급인이 시공한 부분과 그 이외의 자(전 수급인 또는 도급인 등)가 시공한 부분을 명백히 구분할 필요가 있다. 즉, 시공 부분에 다툼이 있으면 다툼이 있는 부분을 명시하여 해당 각 부분별로 감정함으로써 해당 각 부분별 공사금액의 구분이 가능하도록 한다.
- 감정인은 가능한 정확한 기성고 감정을 위하여 공사 진행과 관련 있는 자료(자재구입표, 작업일보 등)를 서면으로 제출 받을 필요가 있다. 한 예로, ① 계약시 제시된 설계도면, ② 도급인과 수급인이 합의한 설계도면, ③ 도급인이 일방적으로 변경한 설계도면 등 여러 종류의 설계도면이 제출되는 경우 감정인 임의 판단에 따라 선정한 ③의 설계도면에 의해 감정을 시행할 경우 그 설계도면이 기성고 감정에 기준이 되어야 한다는 점에 대한 확증이 없는 관계로 수용키 어려운 감정이 되는 경우가 종종 있다.
- 감정인은 이때 제출 받지 못한 서면은 감정 진행의 혼선을 피하기 위하여 감정 신청인이 추후 주장하지 않기로 다짐을 받을 필요가 있다.
- 이해 당사자는 각 상대방이 제출한 자료 서면에 대하여 그 진정성, 유효성, 공사 관련성에 대해 이견이 있으면 이를 밝혀야 한다. 그 적합성에 다툼이 있는 경우에는 감정인이 감정 자료에서 제외하거나, 이를 감안하여 조건부 감정을 하도록 한다.
- 공사에 투입되지는 않았으나 이미 현장 내로 반입 하차되어 적재되어 있는 자재 등의 기성고 인정 여부 등에 대해서는 쌍방의 합의에 의하거나 별도의 해석에 의하여 적용 여부를 결정하여야 한다. 보통 관급공사의 경우에는 공사에 투입되지 않은 자재의 기성고 인정은 하지 않는다. 민간공사의 경우에는 이와는 달리 해석하여야 하는 경우가 많이 있다.
- 이미 설치된 가시설물, 즉 내·외부 비계, 가설 건축물, 철거가 계획되었던 흙막이 시설 등에 대해서도 쌍방의 의견을 청취하여 합의를 도출하고, 이 합의에 의하여 기성고 산출에 임하여야 한다. 또한 합의된 조건에 대해서는 이해 당사자 각각이 서명하고 감정 내용의 전제조건에 이를 명시하는 것이 명확하다고 할 것이다.

2. 건축물의 하자 문제

□ 하자[2])의 개념

시설물에 발생되는 결점, 흠, 약점, 결함 등을 총칭하는 것으로, 시설물 사용에 있어 각종 문제를 야기하여 당초의 건축 의도를 온전히 충족시키지 못하는 것을 가리킨다.

법률서적에서는 건축물의 하자를 “일반적으로 완성된 건축물에 공사계약에서 정한 내용과 다른 구조적·기능적 결함이 있거나 거래관념상 통상 갖추어야 할 내구성 강도 등의 품질을 제대로 갖추고 있지 아니한 결과, 그 사용가치 또는 교환가치를 감소시키는 결점을 뜻한다”고 정의한다.

또한 공동주택관리령에서는 하자의 범위를 공사상의 잘못으로 인한 균열, 처짐, 비틀림, 들뜸, 침하, 파손, 붕괴, 누수, 누출, 작동 또는 기능 불량, 입상 불량 등으로 건축물 또는 시설물 등의 기능상, 미관상 또는 안전상 지장을 초래할 정도의 것이라고 구체적으로 표현하고 있다.

강학상으로는 “도급계약상 목적물의 하자를 목적물이 계약에서 정한 용도에 적합한 성상을 결여하였거나 그 통상의 용도에 사용할 만한 성상을 갖지 못한 경우”라고 정의하기도 한다.

□ 하자의 분류

보통 균열, 누수, 처짐, 비틀림, 작동 불량 등 물리적 형태로 나타나는 물리적 하자와, 각종 법령을 위반하여 불법적인 요소를 갖추고 있는 법률적 하자로 구분 지을 수 있을 것이며, 양쪽 모두에 해당되는 요소를 갖는 경우 또한 많이 존재한다.

건축 감정인 입장에서는, 구조적 하자, 기능적 하자, 시각적 하자 등으로 분류하고, 법률적인 문제는 기본적인 사항으로 검토하여야 할 것이다.

○ 구조적 하자

시설물은 보통 어떠한 구조적 형태를 가지고 골격을 유지하며, 그 시설물을 구조 역학적으로 안정[3])시키고 하중을 지반에 전달하는 시스템을 갖는다. 이 구조체에 이상 현상이 발생하면 시

---

2) 瑕疵, Flaw

3) 안정(安定, Stable): 구조체가 구조체에 영향을 주는 각종 외력(하중)을 받으며 항상 형체가 불변하고 위치가 불변하여, 평형 상태를 유지하는 것

설물 전체가 존립에 영향을 받게 되므로, 구조안전진단 등의 조치를 취하고 적정한 보수·보강 공법을 도입하여 구조적 치료를 하거나 위험한 상황을 제거하여야 하는 것이다.

시설물(건축물)은 사람을 담는 그릇과 같은 것이므로 생명 보호의 차원에서 아주 중요하게 검토하는 자세가 필요한 것이다. 그런데 이 시스템에 균열, 변형, 침하, 처짐 등의 여러 가지 형태의 문제가 발생할 경우, 방치하게 되면 상황에 따라 구조물 전체의 생명을 위협할 수도 있으므로 이에 대한 대책과 처방, 보수·보강공사를 반드시 실시하여야만 하는 것이다.

○ 기능적 하자

인간이 시설물을 사용하면서 시설물을 이루고 있는 각종 요소들이 기능성 저해의 요소로 작용하게 된다면, 이를 기능적[4] 하자라고 정의할 수 있다.

건축물의 경우 구조체 외에 바닥, 벽, 천장, 창호, 위생설비, 전기설비 및 기타 각종 마감재 등 모든 요소가 개별적인 기능성을 갖고 있고 새로운 공법과 자재의 출현, 새로운 기능요소의 발견 등으로 시대의 흐름에 따라 점점 복잡해지고 새로워지고 있다. 이러한 기능적 요소에 결함이 발생하거나 흠이 생기는 등, 이것이 장애요소가 된다면 이 역시 대책과 처방, 보수공사를 실시하여 당초 의도대로의 기능성을 회복하여야 할 것이다.

○ 시각적 하자

건축물을 비롯한 각종 시설물은 기능성, 구조적 안정성 외에 시각적으로도 문제가 없어야 한다. 물론 설계적인 의도를 뛰어 넘는 시각적 요구 성능을 기대하여 판정할 수는 없을 것이다.

주로 내·외장재의 올바른 시공, 구조·기능적이면서 시각적으로 노출되는 부분의 시공 상황 등이 설계 의도와 건축적 상식을 통하여 관찰할 때 어떤 문제가 없는지에 대한 고민이다. 물론 견해나 각종 선호도(색상, 질감, 노출)의 차이에 따라 의견이 충분히 다를 수 있다. 이 부분은 시공 정밀도와도 밀접한 관련이 있다.

---

4) 기능이란 물리적인 요소뿐 아니라 여타의 유형·무형의 모든 요소를 전부 포함하여 해석할 수도 있는 부분이다.

❑ 하자의 판정

건축주와 시공자 사이의 계약 내용(계약서, 설계도서 등 기타 조건)과 통상의 성상을 종합하여 기준이 정해져야 할 것이다.

대체적으로 건설분쟁관계법5)에서는 다음과 같은 내용을 기준으로 제시하고 있다.

- 우선 목적물에 관하여 약정한 성상을 흠결한 경우는 언제나 그 자체만으로 하자가 됨이 원칙이다. 약정한 성상에 못 미치는 결과임에도 불구하고 그것만으로 예정했던 용도에 충분하다는 항변은 특별한 사정이 없는 한 배척해야 한다.
- 약정 내용은 체결된 도급계약 및 첨부된 각종 서류에 의하여 확인된다. 설계도, 시방서, 표준명세서, 특기명세서, 현장설명서 등이 통상 계약서에 첨부되는 서류들이다. 시방서상 기재된 품질 등급, 단가, 공사 물량 등과 설계도면의 설계 내용은 우선적 기준이 된다. 수급인이 공사계약에서 정한 설계도서의 기재 내용대로 시공한 경우, 이는 도급인의 지시에 따른 것과 같아서 그로 인하여 건물에 하자가 생겼다고 하더라도 수급인에게 하자담보책임을 물을 수는 없다.

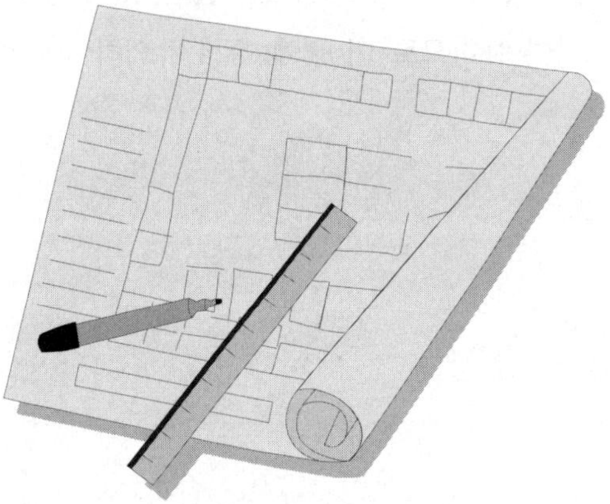

△ 설계도서, 시방서 등이 판정 기준의 척도!

- 공사 진행 도중 도급인이 원래의 설계를 변경하는 데에 동의하고 그 변경된 설계에 기초한 건축 설계변경 허가 절차까지 마친 경우, 그 동의의 효력은 설계변경 사유가 된 부분에 한정되지 않고 변경된 설계 전체에 미치므로, 변경된 설계에 맞게 시공을 하였다면 그 시공부분은 원래의 설계와 다르나는 이유만을 들어 하자라고 주장하거나 그 부분시공비용과 원래의 설계에 따른 시공비용과의 차액을 손해라 하여 배상을 요구할 수는 없다.

---

5) 윤재윤, 『건설분쟁관계법』, 박영사, 2003

- 설계도서와 불일치한다고 하여 무조건 하자가 되는 것은 아니고 불일치의 내용, 정도, 계약의 목적 등에 비추어 종합적으로 판단하여야 한다.
- 하자 소송상 건축비를 싸게 들인 하급 건축물임에도 하자보수비는 최고급 자재를 사용함을 전제로 부당하게 높게 산정하는 경우가 있다. 따라서 감정을 시행할 때 감정인은 건축물의 등급을 염두에 두어야 한다.
- 용도를 정하는 기준은 당사자 사이의 계약 내용에 나타난 사정을 종합하여 객관적으로 판단하여야 한다. 통상의 용도에 적합한 성상을 갖추었는지를 판단하는 데 있어 관련 건축 규정이 고려되기도 한다. 건축법, 동법 시행령, 건축물의 구조내력에 관한 기준 등 건축 관련 법령에서 정한 기준에 부적합한 건축물은 특별한 사정이 없는 한 하자가 인정될 수 있다.
- 사회 통념상 건축물로서 객관적으로 보통 갖고 있어야 할 품질과 기능의 최소한도를 지키지 못하는 절대적 하자, 즉 누수, 균열, 배수 불량, 침하 등은 계약 내용에 상관없이 언제나 하자로 볼 수 있다. 하자는 원칙적으로 공사의 완성을 전제로 하는 개념이지만, 공사가 미완성인 경우에도 이미 시공된 부분에 대해서는 하자를 인정할 수 있다.
- 또한 계약의 성질에 따라 즉 설계시공 일괄입찰(Turn-Key Base) 등의 방식으로 계약된 경우는 판정 기준을 달리하여야 하므로 이 점에 특히 유의하여야 한다.

❏ 분류에 따른 조사·감정

○ 구조적 하자

모든 구조물은 어떠한 경우에도 파괴되지 않는 것이 아니다. 가정된 상황 아래에서만 안전한, 즉 한계 상황 이상의 조건에서는 파괴가 일어나도록 설계하는 것이다. 그러므로 이상(異常) 조건이 발생되면 이상징후가 나타나게 된다. 또는 가정한 상황에 맞추어 설계하였으나 이를 시공 과정에서 그대로 구현하지 않았을 경우 또는 사용 과정에서 가정된 상황 이상의 하중이 작용되었을 경우에도 마찬가지이다. 구조공학에서는 어떠한 현상이든 우연이란 없는 것이다.

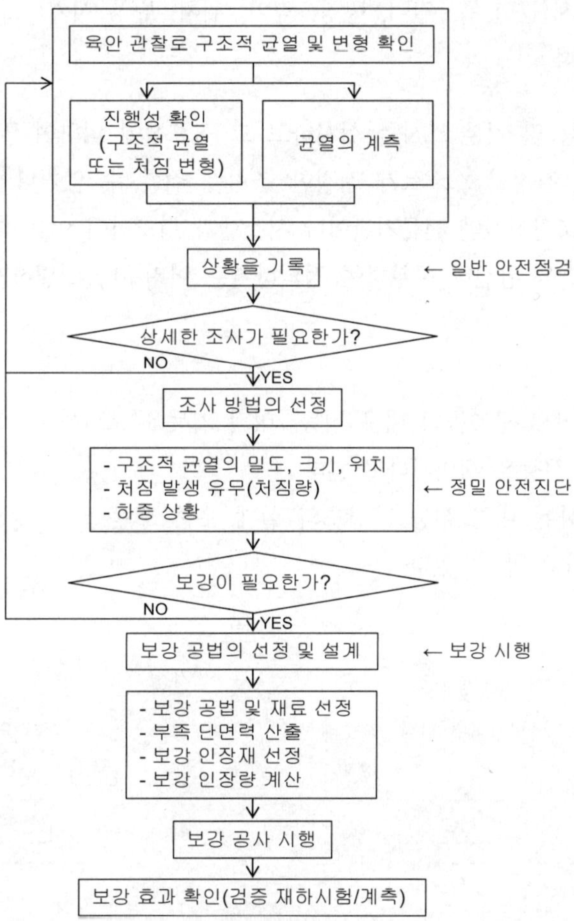

△ 판단을 위한 단계도

이상징후라는 것은 구조체에 균열이나 변형이 발생되는 경우가 대표적인 경우이다. 여기에 대응하는 방안이나 방법은 구조 방식에 따라 다르고 현상의 진행 정도에 따라 다르나, 발생한 현상이 구조적인 문제인지 혹은 수축균열 등에 의한 재료적인 문제인지를 판별하여야 한다.

만약 구조적인 문제로 의심된다면 별도의 조치로 구조안전진단에 의한 정밀 조사를 실시하도록 결론을 내려야 한다. 그리고 진단에 따른 적정한 조치를 취하여야 할 것이다.

본장에서는 구조안전진단의 영역에 대해서는 자세히 언급할 수 없다. 그러나 일반 조사·감정에서도 기본적으로

① 시설물의 사용 이력 조사
② 콘크리트의 표면강도 측정
③ 콘크리트의 중성화 조사, 이와 관련한 철근의 부식 문제 추정
④ 균열의 분포도 조사(균열 폭, 길이, 방향, 깊이, 위치, 발생 시기) -> 원인 추정

등은 실시할 필요가 있다.[6)]

결론적으로 육안 관찰 및 기본 조사를 실시하고 그 필요성에 의하여 별도의 구조적인 진단을 실시하여야 한다. 만약 감정인 스스로가 적정한 조치를 취할 수 없거나 발생 현상을 해결하기 어려운 상황이라면, 구조안전진단 전문기관이나 시스템과 협조하여 이를 해결하여야 할 것이다.

구조물의 보수와 보강을 완전히 구분하여 정의하기는 어려우나 엄밀하게는 다음과 같이 정의할 수 있다.

□ 보수와 보강

• 보수 : 성능저하, 손상된 구조물의 내구 성능, 미적 기능을 포함하는 기능성을 회복시키는 행위이며, 내하 성능은 제외된다고 본다.
• 보강 : 손상으로 저하된 내하 성능을 당초의 설계 수준 또는 그 이상의 수준으로 회복·개선시키는 행위라고 할 수 있다.

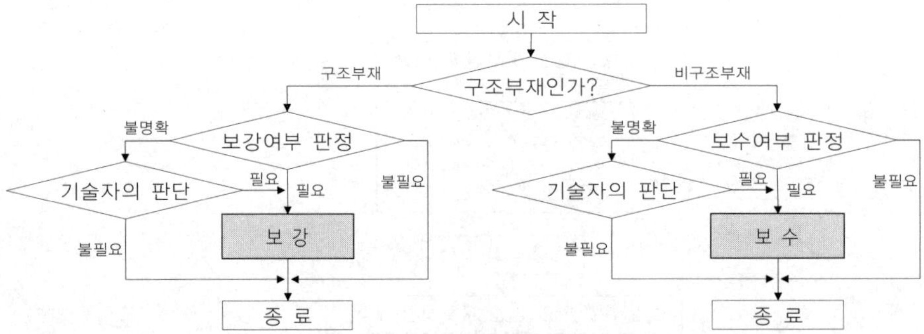

△ 보수·보강의 판정

6) ② 콘크리트의 표면강도 측정 및 ③ 콘크리트의 중성화 조사에 대해서는 「제2장, 8. 화재에 의한 손상 평가」를 참조하길 바라며, ④ 균열 조사에 관해서는 「제4장, 1. 콘크리트의 균열」에서 별도로 기술하였다.

○ 기능적 하자

시설물의 특정 분야에 문제가 발생하여 기능성에 문제가 발생한 경우이며, 이 경우엔 당연히 기능성 회복을 위한 조치를 어떻게 할 것인지가 문제가 된다.

□ 기능성 회복을 위한 조치

- 보수·보강공사를 실시하는 방법과 이에 소요되는 예산 산출이 필요할 것이다.
- 보수·보강공사가 불가능한 경우도 있을 수 있다. 이 경우는 기능성 확보를 위한 별도의 공법이 제시되어야 하며, 이에 수반되는 소요예산을 산출하여야 할 것이다.
- 만약 별도 공법 사용시 건축물의 또 다른 기능, 즉 면적의 감소, 공간의 축소, 환경의 악화, 미적인 효과의 훼손 등의 경우엔 이에 수반되는 경제적 가치의 손실비용이 반영되어야 할 것이다.[7)]

○ 시각적 하자

공학적 혹은 기술적인 요소가 거의 지배하지 않는 부분이며 모호하기도 하고 자의적으로 해석하기도 하는 부분이다. 그러므로 가장 객관적인 시각으로 대상물과 주변을 보아야 하며 설계 의도와 시공 현상을 비교하여야 한다. 보통 외장재를 변경시공하거나 상호 합의되지 않은 마감재를 사용하여 이에 대한 시각적 선호도에 이견이 발생할 경우가 있다. 합의하여 선택된 재료이나 마감재 시공시 시공 줄눈의 형태(예: 돌나누기 등)와 자재의 크기 등에 대한 이견이 있는 경우 등일 것이다. 설계도서에 특별한 명시가 없이 다툼의 소지가 발생하였다면, 감정인의 객관적인 시각에 의한 판단을 기대할 수밖에 없다.

반드시 재시공하여야 한다면 이에 대한 소요비용과 객관적인 판단 이유가 설명되어야 할 것이고, 재시공할 필요는 없을 것 같으나 손실이 있다고 판단된다면 이에 대한 경제적 가치의 손실비용이 산정되어야 할 것이다. 이에 경제적 가치의 손실비용이 재시공에 소요되는 비용보다 적어도 같거나 적어야 할 것이다.

---

7) 「제3장, 5. 건축물 가치의 손실 평가」 참조

❑ 하자보수 책임기간

현행 법령별로 명시된 하자보수 책임기간을 다음과 같이 정리한다.

▯ 건설산업기본법

• 건설공사 수급인의 하자담보 책임기간(제28조)

① 수급인은 발주자에 대하여 건설공사의 목적물이 벽돌쌓기식 구조, 철골구조, 철골·철근콘크리트구조 기타 이와 유사한 구조로 된 것인 경우에는 건설공사의 완공일로부터 10년의 범위 내에서, 기타 구조로 된 것인 경우에는 건설공사의 완공일로부터 5년의 범위 내에서 공사의 종류별로 대통령령이 정하는 기간 이내에 발생한 하자에 대하여 담보책임이 있다.

② 수급인은 다음 각 호의 1의 사유로 인하여 발생한 하자에 대하여는 제1항의 규정에도 불구하고 담보책임이 없다.

1. 발주자가 제공한 재료의 품질이나 규격 등의 기준 미달로 인한 경우
2. 발주자의 지시에 따라 시공한 경우
3. 발주자가 건설공사의 목적물을 관계법령에 의한 내구연한 또는 설계상의 구조내력을 초과하여 사용한 경우

③ 건설공사에 관한 하자담보 책임기간에 관하여 다른 법령(민법 제670조 및 동법 제671조를 제외한다)에 특별한 규정이 있거나 도급계약에서 따로 정한 경우에는 그 법령이나 도급계약이 정한 바에 따른다.

건설산업기본법 시행령 제30조(하자담보 책임기간) 법 제28조 제1항의 규정에 의한 공사의 종류별 하자담보 책임기간은 별표 4와 같다.

▽ 건설공사의 종류별 하자담보 책임기간(건설산업기본법 시행령 제30조 관련, 별표 4)

공사별	세부 공종별	책임기간
교 량	① 기둥 사이의 거리가 50m 이상이거나 길이가 500m 이상인 교량의 철근콘크리트 또는 철골 구조부 ② 길이가 500m 미만인 교량의 철근콘크리트 또는 철골 구조부 ③ 교량 중 ①·② 외의 공종(교면 포장·이음부·난간시설 등)	10년 7년 2년
터 널	① 터널(지하철을 포함한다)의 철근콘크리트 또는 철골 구조부 ② 터널 중 ① 외의 공종	10년 5년
철 도	① 교량·터널을 제외한 철도 시설 중 철근콘크리트 또는 철골구조 ② ① 외의 시설	7년 5년
공항·삭도	① 철근콘크리트·철골 구조부 ② ① 외의 시설	7년 5년
항만·사방간척	① 철근콘크리트·철골 구조부 ② ① 외의 시설	7년 5년
도 로	암거·측구 포함	2년
댐	① 본체 및 여수로 부분 ② ① 외의 시설	10년 5년
상·하수도	① 철근콘크리트·철골 구조부 ② 관로 매설·기기설치	7년 3년
관개수로·매립		3년
부지정지		2년
조 경	조경시설물 및 조경식재	2년
발전·가스	① 철근콘크리트·철골 구조부 ② 압력이 1㎠당 10kgf 이상인 고압가스의 관로(부대기기 포함) 설치 공사 ③ ①·② 외의 시설	7년 5년 3년
기타 토목공사		1년
건 축	① 대형 공공성 건축물(공동주택, 종합병원, 관광숙박시설, 관람집회시설, 대규모 소매점과 16층 이상 기타 용도의 건축물)의 기둥 및 내력벽 ② 대형 공공성 건축물 중 기둥 및 내력벽 외의 구조상 주요 부분과 ① 외의 건축물 중 구조상 주요 부분 ③ 건축물 중 ①, ②와 제15호의 전문 공사를 제외한 기타 부분	10년 5년 1년
전문 공사	① 실내 의장 1년 / ④ 방수 3년 / ⑦ 창호 설치 ② 토공 2년 / ⑤ 도장 1년 / ⑧ 지붕 ③ 미장·타일 1년 / ⑥ 석공사·조적 2년 / ⑨ 판금	1년 3년 1년
	⑩ 철물(제1호 내지 제14호에 해당하는 철골을 제외한다) ⑪ 철근콘크리트(제1호 내지 제14호에 해당하는 철근콘크리트를 제외한다) ⑫ 급배수·공동구·지하저수조·냉난방·환기·공기조화·자동제어·가스·배연설비	2년 3년 2년
	⑬ 승강기 및 인양기기 설비 3년 / ⑮ ⑫·⑭ 외의 건물 내 설비 ⑭ 보일러 설치 1년 / ⑯ 포장	1년 2년
	⑰ 보링 ⑱ 건축물 조립(건축물의 기둥 및 내력벽의 조립을 제외하며, 이는 제14호에 따른다) ⑲ 온실 설치	1년 1년 2년

* 위 표 중 둘 이상의 공종이 복합된 공사의 하자담보 책임기간은 하자책임을 구분할 수 없는 경우를 제외하고는 각각의 세부 공종별 하자담보 책임기간으로 한다.

□ 주택법

• 하자보수(제46조)

① 사업주체(건축법 제8조의 규정에 의하여 건축허가를 받아 분양을 목적으로 하는 공동주택을 건축한 건축주 및 제42조 제2항 제2호의 행위를 한 시공자를 포함한다. 이하 이 조에서 같다)는 대통령령이 정하는 바에 의하여 공동주택의 하자를 보수할 책임이 있다.

② 제1항의 규정에 의한 사업주체(건설산업기본법 제28조의 규정에 의하여 하자담보 책임이 있는 자로서 사업주체로부터 건설공사를 일괄 도급 받아 건설공사를 수행한 자가 따로 있는 경우에는 그 자를 말한다)는 대통령령이 정하는 바에 의하여 하자보수 보증금을 예치하여야 한다. 다만, 국가·지방자치단체·대한주택공사 및 지방공사인 사업주체의 경우에는 그러하지 아니하다.

③ 제1항의 규정에 의한 사업주체는 공동주택의 내력구조부에 중대한 하자가 발생한 때에는 사용검사일(주택단지 안의 공동주택의 전부에 대하여 임시 사용승인을 얻은 경우에는 그 임시 사용승인일을 말한다)부터 10일 이내의 범위에서 이를 보수하고, 그로 인한 손해를 배상할 책임이 있다. 이 경우 구조별 하자보수 기간과 하자의 범위는 대통령령으로 정한다.

④ 시장·군수·구청장은 제3항의 규정에 의한 기간 이내에 공동주택의 구조안전에 중대한 하자가 있다고 인정하는 경우에는 안전진단 기관에 의뢰하여 안전진단을 실시할 수 있다. 이 경우 안전진단의 대상·절차 및 비용 부담에 관한 사항과 안전진단 실시기관의 범위 등에 관하여 필요한 사항은 대통령령으로 정한다.

□ 주택법 시행령

• 사업주체의 하자보수(제59조)

① 법 제46조 제1항의 규정에 의하여 사업주체(동조 제2항 본문의 규정에 의한 사업주체를 말한다. 이하 이 조와 제60조 및 제61조에서 같다)가 보수 책임을 부담하는 하자의 범위, 시설 구분에 따른 하자보수 책임기간 등은 별표 6과 같다.

② 입주자·입주자 대표회의·관리주체 또는 집합건축물의 소유 및 관리에 관한 법률에 의하여 구성된 관리단(이하 이 조에서 "입주자 대표회의 등"이라 한다)은 제1항의 규정에 의한 하자보수 책임기간 내에 공동주택의 하자가 발생한 경우에는 사업주체에 대하여 그 하자의 보수를 요구할 수 있다. 이 경우 사업주체는 하자보수 요구를 받은 날(제3항의 규정에 의하여 하자 판정을 하는 경우에는 그 판정 결과를 통보 받은 날을 말한다. 이하 제5항에서 같다)부터 3일 이내에 그 하자를 보수하거나 보수 일정을 명시한 하자보수 계획을 입주자 대표회의 등에 통보하여야 한다.

③ 사업주체는 제2항 전단의 규정에 의한 하자보수 요구에 대하여 이의가 있는 경우에는 입주자 대표회의 등과 협의하여 보수 책임이 있는 하자 범위에 해당하는지 여부에 대한 판정(이하 이 조에서 "하자 판정"이라 한다)을 다음 각 호의 1에 해당하는 자에게 의뢰할 수 있다.

1. 엔지니어링기술진흥법에 의한 해당 분야의 엔지니어링 활동주체

2. 기술사법에 의한 해당 분야의 기술사 또는 건축사법에 의한 건축가
3. 과학기술 분야 정부 출연 연구기관 등의 설립·운영 및 육성에 관한 법률 제8조의 규정에 의한 한국건설기술연구원(이하 "한국건설기술연구원"이라 한다)(2004.12.3 본호 개정)
4. 시설물의 안전관리에 관한 특별법 제25조의 규정에 의한 한국시설안전기술공단(이하 "한국시설안전기술공단"이라 한다)

④ 제3항의 규정에 의한 하자 판정에 소요되는 비용은 다음 각 호의 구분에 따라 부담한다.
1. 하자 판정 결과 사업주체에게 하자보수 책임이 있는 경우에는 사업주체
2. 하자 판정 결과 사업주체에게 하자보수 책임이 없는 경우에는 입주자 대표회의 등. 이 경우 입주자 대표회의 등은 하자보수 책임이 있는 자가 따로 있는 경우에는 그 자에게 비용을 청구할 수 있다.

⑤ 입주자 대표회의 등은 사업주체가 제2항 후단의 규정에 의하여 하자보수 요구를 받은 날부터 3일 이내에 하자의 보수 또는 하자보수 계획의 통보를 하지 아니하거나 통보한 하자보수 계획에 따라 하자보수를 이행하지 아니하는 경우에는 법 제46조 제2항 본문의 규정에 의한 하자보수 보증금(이하 "하자보수 보증금"이라 한다)을 사용하여 직접 보수하거나 제3자에게 보수하게 할 수 있다. 이 경우 입주자 대표회의 등은 하자보수 보증금의 사용 내역을 사업주체에게 통보하여야 한다.

• 내력구조의 하자보수 등(제62조)

① 법 제46조 제3항 후단의 규정에 의한 내력구조부의 하자의 범위 및 하자보수 책임기간은 별표 7과 같다.

② 제59조 제2항 또는 제5항의 규정은 제1항의 규정에 의한 내력구조부의 하자보수에 관하여 이를 준용한다.

③ 법 제46조 제4항의 규정에 의하여 시장·군수 또는 구청장은 공동주택의 내력구조부에 중대한 하자가 있다고 인정하는 경우에는 다음 각 호의 1에 해당하는 기관에 당해 공동주택의 안전진단을 의뢰할 수 있다.
1. 한국건설기술연구원
2. 한국시설안전기술공단
3. 건축사법 제31조의 규정에 의한 건축사협회
4. 고등교육법에 의한 대학교의 부설 연구기관(상설기관에 한한다)
5. 시설물의 안전관리에 관한 특별법 제9조의 규정에 의한 안전진단 전문기관

④ 제3항의 규정에 의한 안전진단에 소요되는 비용은 사업주체가 이를 부담한다. 다만, 하자의 원인이 사업주체 외의 자에게 있는 경우에는 그 자가 부담한다.

▽ 하자보수 대상, 하자의 범위 및 시설공사별 하자보수 책임기간(제59조 제1항 관련, 별표 6)

① 하자의 범위

공사상의 잘못으로 인한 균열·처짐·비틀림·들뜸·침하·파손·붕괴·누수·누출·작동 또는 기능 불량, 부착·접지 또는 결선 불량, 공사 및 입상 불량 등이 발생하여 건축물 또는 시설물의 기능·미관 또는 안전성의 지장을 초래할 정도의 하자

② 시설공사별 하자보수 책임기간

구 분		하자보수 책임기간			주요 시설 여부
		1년	2년	3년	
1. 대지 조성 공사	가. 토공사		○		○
	나. 석축공사		○		○
	다. 옹벽공사		○		○
	라. 배수공사		○		○
	마. 포장공사		○		○
2. 옥외 급수 위생 관련 공사	가. 공동구공사		○		○
	나. 지하저수조공사		○		○
	다. 옥외위생(정화조) 관련 공사		○		○
	라. 옥외급수 관련 공사	○			
3. 지정 및 기초				○	○
4. 철근콘크리트공사				○	○
5. 철골공사	가. 구조용 철골공사			○	○
	나. 경량 철골공사		○		○
	다. 철골 부대공사		○		○
6. 조적공사			○		○
7. 목공사	가. 구조체 또는 바탕재공사		○		○
	나. 수장목공사	○			
8. 창호공사	다. 창문 틀 및 문짝공사	○			
	라. 창호 철물공사	○			
9. 지붕 및 방수공사				○	○
10. 마감공사	가. 미장공사	○			
	나. 수장공사	○			
	다. 칠공사	○			
	라. 도배공사	○			
	마. 타일공사	○			

▽ 내력구조부의 하자보수 대상, 하자의 범위 및 하자보수 책임기간(제62조 제1항 관련, 별표 7)

① 하자의 범위

가. 내력구조부에 발생한 결함으로 인하여 당해 공동주택이 무너진 경우

나. 제62조 제3항의 규정에 의한 안전진단 실시 결과 당해 공동주택이 무너질 우려가 있다고 판정된 경우

② 내력구조부별 하자보수 기간

가. 기둥·내력벽(힘을 받지 않는 조적벽 등은 제외) : 10년

나. 보·바닥 및 지붕 : 5년

□ 민 법

- 수급인의 하자담보 책임은 목적물의 인도를 받은 날 또는 인도를 요하지 않는 경우에는 일을 종료한 날로부터 1년 내에 행사하여야 한다.(제670조)
- 토지, 건물, 기타 공작물의 수급인은 목적물 또는 지반공사의 하자에 대하여 인도 후 5년간 담보의 책임이 있다. 그러나 목적물이 석조, 석회조, 연와조, 금속, 기타 이와 유사한 재료로 조성된 것인 때에는 10년으로 한다.(제671조)

❑ 각종 하자의 형태

○ 하자의 유형

구 분	세부 항목
구조 결함	기초지반 침하, 슬래브 처짐, 균열(수평 및 수직부재), 구조체의 탈락 및 파손
설비 결함	배수 불량, 배관 누수, 배관 스케일 및 녹물, 승강기 고장, 부품 작동 불량(수도꼭지, 샤워기, 계량기)
환경 결함	결로(곰팡이, 얼룩), 벽체 및 천장의 누수, 방수(옥상, 욕실) 등
내·외장 결함	도장 변색 및 얼룩, 벽체 및 천장의 누수, 도배 및 장판의 얼룩과 들뜸, 타일 부착 불량, 창호 작동 불량 및 고장, 철재류 및 PVC류의 부식 및 파손, 부착기구의 작동 불량 및 파손(싱크대, 욕조, 세면기, 부착기구 등)
기 타	놀이시설 파손, 조경시설 부식과 파손(Fence, 벤치, 조명 등), 보도 및 도로 불량, 옹벽 및 담장의 균열과 파손 등

○ 공동주택 등의 하자의 종류

하자유형	내 용	하자유형	내 용
구조체	바닥의 처짐·경사짐	누 수	급수관(상수관) 누수
	벽의 경사짐·튀어나옴		배수관(하수관) 누수
균 열	내벽의 갈라짐		온돌 파이프 누수
	외벽의 갈라짐		베란다 누수
결 로	실내 벽의 곰팡이 발생 및 습기로 썩음		천장 누수
	천장의 곰팡이 발생 및 습기로 썩음		벽체 누수(벽에 빗물 스며듦)
내장재	도배·장판 불량	배 수 불 량	베란다 배수 불량
	모노륨 불량		부엌의 배수 불량
	타일 부착 불량(욕실, 다용도실, 현관, 베란다)		욕조, 세면대, 화장실 바닥 배수 불량
	바닥, 벽, 천장의 내장재 들뜸		다용도실 배수 불량
	도장(칠) 불량		부엌, 욕조에 의한 악취
창 호	문·창문의 개폐 불량	부 착 기 구 시 설	난방조절장치 시설 불량
	현관문의 개폐 불량		신발장, 장식장, 싱크대 등 각종 시설 불량
소 음	위층간의 소음		환기시설 불량
	옆집간의 소음		수도꼭지 불량
	배수에 의한 소음(욕실 및 다용도실)		수건걸이, 거울, 수납박스, 세면대, 양변기 등의 부착 불량
	보일러 등 난방장치에 의한 소음		

3. 정밀시공 문제

❏ 개 요

건축물을 시공함에 있어, 설계도서의 치수나 가공의 세밀함의 정도를 편차 없이 구현할 수 있는가는 공사의 우수성 평가와 직접 연관된다. 그러나 토목·건축공학을 기계공학 등의 정밀공학과 비교하여 그 정밀도를 논할 수는 없다. 그러나 육안 판별로서도 문제가 있으며, 시공 미숙으로 인하여 미관을 현저하게 흐리게 하는 건축공사가 생각보다 많이 존재한다.

인접 대지와의 문제로 인하여 완성된 건축물이 존폐 위기에 봉착하는 경우도 있다. 즉, 건축물 배치가 지적측량에 의해 이루어지지 않았거나 혼동이나 착각에 의하여 잘못 배치되는 경우도 있는 게 현실이다.

이 경우 건축물에서는 잘못된 부분을 즉시 수정하기란 쉽지 않고 수정하기 위한 과정에서도 구조 부분과 기타 관련 부분의 훼손 문제 등이 존재하므로 시공 당시마다 정밀하게 검사하고 주의를 기울여야 한다.

△ 사전 정밀도 검사가 중요!

정밀하지 못한 부분이 문제가 되어 이를 재시공하거나 수정시공하기 위해서는 건축물에 세입자 등 사용자가 존재하는 경우 이에 대한 이주 문제 등의 대책이 문제가 되거나, 공사를 위한 비계공사 등의 가설공사가 실시되어야 하므로 막대한 비용을 투입하여야만 하는 난관에 봉착한다. 또한 전체적으로 정밀하지 못하여 직·간접적으로 사용자 등이 인지한 경우라면, 건축물의 경제적 가치면에서도 지대한 손실을 입히게 되므로 재산상의 손실이 발생하기도 한다.

□ 허용오차

법령에서는 건축물의 일부 부분에 대하여 정하는 바에 따라 편차를 허용하고 있다.

건축법 제22조의 규정에 이에 대한 기준이 정해져 있으며[8], 동 규정이 생기기 전에는 모든 건축 기준이 수치로 규정되어 있어 1㎝가 틀려도 위법이고 1m가 틀려도 위법이 되었다. 이로 인해 고의성이 없는 실수까지도 건축법 위반자로 처벌을 받게 되어 국민의 불만이 적지 않았다. 또 이를 빌미로 인근 진정인들에게 약점이 잡혀 불이익을 받는 사례가 적지 않았다.

물론 위반의 고의성이 있는 경우 처벌하는 것은 당연하다. 그럼에도 불구하고 일부 의도적으로 허용오차의 범위까지 시공하는 사람도 없지 않을 것이다.

공사 현장에서 벽돌을 쌓고 기둥을 세우는 일을 함에 있어 설계도면과 똑같이 시공한다는 것은 여간해서는 쉽지 않다. 1㎝도 틀리지 않게 한다는 것은 어쩌면 불가능에 가까울지도 모른다. 이는 사람이 하는 일이기 때문이다. 아무리 숙련된 기능공일지라도 약간의 오차는 있기 마련이다. 더구나 건축공사는 처음부터 마칠 때까지 수백 가지 공종에 따라 참여하는 사람도 몇 백 명에서 수십만 명에 이르기 때문에 그들 모두의 정확도를 통제한다는 것은 물리적으로 불가능하다.

□ 오차가 생길 수밖에 없는 몇 가지 상황

- 대지의 형상이나 면적이 지적도와 설계도에 반드시 일치하지 않을 수도 있다.
  특히 구획정리나 택지개발사업을 한 지구의 경우에는 수치지적으로 정리되어 정확도가 높지만 오래된 시가지의 경우는 다소 문제를 내포하고 있다. 지적도와 현장이 다르거나 공부상의 토지 면적과 현장 실측면적이 다를 경우가 있으며, 인근 건축물들이 경계를 침범해 있는 경우도 종종 있기 때문이다. 경계와 관련된 문제는 이웃과의 다툼에서 노출되는 것이 대부분이다.
- 설계 과정에서 발생하는 오차도 들 수 있다.
  지적도는 대개 1/500, 1/600 또는 1/1,200의 축적으로 작성되어 있는데 건축 설계하기 위해서는 이를 1/100이나 1/200 정도로 확대하여 건축물 배치도를 작성함에 있어 이를 읽고 수치로 옮기는 과정에서 사람마다 달리 읽을 수 있다. 더구나 임야도의 경우는 1/3000로 되어 있어 선 굵기에 따라 몇 ㎝에서 10㎝ 내지 20㎝ 이상 차이를 보일 수도 있다.
- 시공 과정에서 오차가 가장 많이 발생한다.
  우선 사용 자재부터 문제가 있다. 그 예로, 벽돌이나 타일 등이 생산과정에서 오차가 발생하기도 한다. 또한 현장에 시공할 때도 사람에 따라서 상당한 오차가 생길 수 있다. 이러한 이유 때문에 건설공사는 정밀시공이 근본적으로 쉽지 않다고 할 수 있다.

8) 1995년 제정

□ 대지 관련 허용오차의 범위

- 건축 법령에서는 건축선 후퇴거리나 동일한 대지 안의 인접 건축물의 이격거리는 그 정해진 거리의 3% 이내 범위로 한다. 예를 들어 도시 미관 유지를 위하여 대로변을 따라 3m 후퇴되어 지정된 건축선을 유지하도록 하고 있는 경우에는 그 3m의 3%인 9㎝ 이내의 허용오차는 인정되는바 3m−0.09m=2.91m 이상 건축선 후퇴거리를 유지하여 건축물이 배치되었다 하더라도 위법으로 보지 않는다는 것이다.
- 건폐율(건축면적/대지면적)의 허용오차는 0.5% 이내로서 건축면적 5㎡를 넘을 수 없고, 용적률(연면적/대지면적)의 허용오차는 1% 이내로서 연면적 30㎡를 넘지 못하도록 하고 있다. 이는 각자 제한된 비율과 면적을 동시 충족시켜야 한다는 것을 의미하며 어느 한 쪽만 충족시킨다면 위법에 해당됨을 뜻한다. 즉, 만약 건축면적이 4㎡ 증가되어 건폐율이 0.6%가 된다면 이는 위법한 것이 된다. 또한 연면적이 20㎡ 늘어나 용적률이 1%가 초과되었다면 이것도 위법한 것이 된다.

□ 건축물 관련 허용오차 기준

건축물의 높이는 2% 이내로서 1m를 넘을 수 없고, 평면의 길이 또한 2%의 범위 안에서 전체 길이가 1m 이내이고, 각 실간의 거리는 10㎝를 넘으면 안된다. 출구의 너비나 반자(천장)의 높이는 각 2% 이내, 벽체의 두께나 바닥판 두께는 3%까지의 오차는 허용한다.

- 건축법 제22조

  대지의 측량(지적법에 의한 측량을 제외한다) 과정과 건축물의 건축에 있어 부득이하게 발생하는 오차는 이 법을 적용함에 있어서는 건설교통부령이 정하는 범위 안에서 이를 허용한다.(1999.2.8 본조 개정)
- 건축법 시행규칙 제20조

  법 제22조의 규정에 의한 허용오차의 범위는 별표 5에 의한다.

▽ 건축 허용오차(건축법 시행규칙 제20조 별표 5)

① 대지 관련 건축 기준의 허용오차

항 목	허용되는 오차의 범위
건축선의 후퇴 거리	3% 이내
동일한 대지 안의 인접 건축물의 거리	3% 이내
건폐율	0.5% 이내(건축면적 5㎡를 초과할 수 없다)
용적률	1% 이내(연면적 30㎡를 초과할 수 없다)

② 건축물 관련 건축 기준의 허용오차

항 목	허용되는 오차의 범위
건축물 높이	2% 이내(1m를 초과할 수 없다)
평면 길이	2% 이내(건축물 전체 길이는 1m를 초과할 수 없고, 벽으로 구획된 각 실의 경우에는 10cm를 초과할 수 없다)
출구 너비	2% 이내
반자 높이	2% 이내
벽체 두께	3% 이내
바닥판 두께	3% 이내

③ 기타 건설공사 표준(품질) 감리편람 등에서 공종별로 시공 허용오차를 정하고 있는 부분을 정리하면 다음과 같다. 이 부분의 허용오차 기준은 법적인 구속력 여부의 문제가 있을 수도 있는 항목이 있다고 보여지므로 조사·감정 업무시 의견 제시 혹은 공학적인 기준을 제시함으로써 참조될 수 있을 것이다.

▽ 공종별 시공 허용오차 기준

① 건 축

구 분	항 목		오차 기준
기 초	파일 항타시 위치 허용 편차		±72mm 이내
	기초 위치의 편심 허용오차		편심 방향 기초 쪽의 2% 또는 20mm 이내
구조체	측벽의 수직 오차	고 층	층당 ±6mm 전체 ±25mm
	복도의 수직 오차		층당 ±6mm 전체 ±15mm
	슬래브의 평탄성 오차	천장면 바닥면	3m당 6mm 이내 3m당 10mm 이내
조 적	조적벽의 수직		3m당 ±6mm 이내
문 틀	세대 현관 문틀, 문짝의 수직 오차		±3mm 이내
	세대 현관 문틀, 문짝의 수평 오차		
	방문틀 문짝의 수직 오차		
	방문틀 문짝의 수평 오차		
	창틀, 창짝의 수직 오차		
	창틀, 창짝의 수평 오차		
미 장	거실 바닥의 평탄성 오차		1m당 3mm 이내
수 장	선홈통의 수직 오차		층당 ±6mm, 전체 ±15mm
	발코니 난간 설치 높이		(1,145mm) −45mm, +5mm
	복도 난간 높이 오차		(1,135mm) −35mm, +5mm

② 기 계

구 분	항 목	오차 기준
	온·냉수전 배관 수평 오차	±4mm
	싱크용 수전 높이 오차	±15mm
	각종 함류(양수기함, 소화전함 등) 설치의 수직·수평 오차	±3mm
	양변기 배수관 중심선 오차	±10mm

3. 전 기

구 분	항 목	오차 기준
	세대 분전함, 계량기함의 수직 평균 오차	±2㎜
	보안등 가로등주 설치 수직 오차	±15㎜
	승강기와 승강장 문틀과의 이격거리 오차	20±10㎜
	승강기 정지 중의 착상거리	±10㎜

4. 토 목

구 분	항 목		오차 기준
	아스콘 포장의 표층 두께 오차		설계 두께의 5%±10%
	아스콘 포장의 요철 오차	간선 지선	3m 직선자의 측정시 5㎜ 이내
	도로의 횡단 구배 오차		(2/100)−0.5/100
	옹벽의 배부름 오차		5m 직선자로 측정시 5㎜ 이내
	포장공사의 노상 마무리면 오차		−50㎜± 20㎜
	L형 측구의 종단 구배 오차		2.5/1000 이상

❑ 조사·감정에서의 적용

정밀하지 못한 공사를 어디까지 허용할 것인가와 관련하여 앞의 건축 기준의 허용오차 이내인 경우에는 적법하므로 논쟁의 대상이 될 수 없다고 보지만, 그 허용오차를 초과하는 경우로서 감정 대상 항목이 되는 경우에는 당연히 감정 대상 항목에 포함시켜야 하지만, 감정 대상 항목이 아닌 경우로서 감정인이 감정시 알게 된 사실이라면 이는 감정인의 주관에 따라 감정 대상 항목에 추가해야 할지의 여부를 판단할 수밖에 없다고 본다.

또한 상기와 같이 공종별 시공 허용오차 기준에 대해서는 이를 전적으로 적용하여 판단의 기준으로 삼기에는 무리가 있을 수 있다. 왜냐하면 이 기준은 건축물 중 공동주택을 기준으로 한 것으로서 전체 건축물을 대표할 수 없기 때문이다. 하지만 일반적으로 건축물의 허용오차로 인한 분쟁을 기술적으로 판단함에 있어 달리 적용할 기준이 없기에 참조 역할은 가능하리라 본다. 즉, 상기 기준은 특히 건축물의 규모, 위치, 용도, 구조에 따라 적용하기가 곤란하거나 무리가 있을 수 있으며, 건축법 제22조, 동법 시행규칙 제20조 관련 건축 허용오차와 같이 법적 구속력을 가진다고는 볼 수 없다.

공종별 시공 허용오차 기준을 적용하였을 경우 그 기준을 초과하였더라도 그 부분이 구조·기능·미관상 지장이 없다면, 이를 문제 삼을 필요는 없다고 본다. 다만 대상 시설물에 대하여 「제3장 5. 건축물 가치의 손실 평가」의 내용으로 추정이 가능하다면 그것이 더 합리적일 수도 있다.

4. 변경시공

❑ 문제의 발생

건축주와 시공자 혹은 이해 당사자간에 합의하여 설계변경을 시행하고, 이에 수반되는 건설비용에 대하여 상호 양해한 경우에는 문제될 것이 없다.

일부 공종 혹은 전부에 대하여 자재의 종류, 두께, 크기 등 설계도서의 명시 내용과 달리 변경시공하거나 또는 건축물의 길이, 면적, 높이 등을 변경하고 이해 당사자간에 합의·해결되지 않은 경우에 문제가 발생되는 것이다.

❑ 유형에 따른 조사·감정

○ 재료적인 변경

자재의 종류 등을 임의로 변경시공한 경우, 이 재료의 용도에 따라 철거하고 설계도서의 내용과 같이 수정시공하는 것으로 판단하는 것이 원칙이나 당초 설계의 내용에 비해 변경시공된 내용이 대체적으로 문제가 없고 소요 시공비용이 같거나 그 이상이라면 문제가 없다고 판단할 수도 있다. 그러나 객관적이고 상식적인 판단에 대하여 무조건 설계도면과 같이 수정·시공할 것을 주장하는 이가 많은 것이 현실이다. 이는 감정인이 냉정하게 판단해야 할 몫이다.

재료의 크기와 관련된 변경이 있었고 이에 대한 상호 약정이 없이 법원의 판단을 구하는 경우가 있다. 예를 들면 화강석 두겁돌의 경우 단면의 크기가 증가하는 경우가 많다. 그러나 증가된 단면 규격을 약정한 단가가 없으므로 이해 당사자에 따라 당초 설계된 규격의 자재 단가를 주장하고 또 한 편은 새로운 단가를 주장하며 이를 적용하여 산출할 것을 주장한다. 석공사의 경우에 기작성된 내역서 혹은 견적서의 두겁석의 가공면과 원석대를 포함한 길이당 단가이므로 객관적인 원석대를 확정한 후 길이당 가공면을 산출하여 단가에 적용하면 가공면적당 단가를 산정할 수 있다. 이를 변경된 두겁돌에 적용하는 것이 가장 공평할 것이다. 두겁돌의 단면 크기에 따라 제시된 단가가 현저하게 다르면 종류별로 합산평균하고 가공면적당 평균단가를 구하여 이를 적용한다. 기타 재료의 크기와 관련된 부분은 이와 유사하게 판단하고 조치한다.

○ 구조재에 대한 변경

기초[9)], 기둥[10)], 보[11)], 슬래브[12)], 지붕틀[13)], 내력벽[14)], 서까래[15)], 도리[16)] 등 구조역학적으로

각종 하중을 견디어야 하는 부재에 대하여 단면의 크기나 형상을 변경하거나, 소요강도[17]를 축소시키는 결과를 가져올 수 있는 시공 행위에 대한 문제이다.

원칙적으로 안전진단을 실시하여 보수·보강 여부나 적정한 공법의 선택 및 소요비용 등을 산출하는 것으로 해결한다. 그러나 수반되는 비용 과다 등의 문제점이 있으므로 이를 간편한 방법

---

9) 기초(基礎, Foundation, Footing) : 건축물 상부구조의 하중(건축물의 가중·활하중·풍력·지진력 등의 외력)을 지반에 전하는 부분(지하부 구조, 기초 구조)의 총칭

10) 기둥(柱, Column, Post, Pillar) : ① 지붕, 바닥 등의 상부의 하중을 받아서 토대 및 기초에 전달하고 벽체의 골격을 이루는 수직구조재 ② 재축방향의 압축력을 받는 부재로서 길이가 단면의 최소값의 3배 이상인 것의 총칭 ③ 기둥엔 본기둥, 샛기둥이 있고 본기둥에는 다시 통재기둥, 평기둥, 반쪽기둥이 있으며, 기둥이 짧게 된 것을 동바리 또는 동자기둥이라 함 ④ 도면용 약어는 COL ⑤ 주초(柱礎)·주신(柱身)·주두(柱頭)로 구성됨 ⑥ 기둥 단면형에는 정사각형, 직사각형, 원형이 보통이나 특수한 경우 원통형도 있음 ⑦ 가구식 구조에선 대부분 수직하중을 받지만 조적식 구조에선 기둥 외에 벽체도 수직하중을 지탱함 ⑧ 기념주(記念主), 문주(門柱)처럼 상부 하중을 밑받침하지 않는 것도 널리 기둥이라 함 ⑨ 형상에 따라 원기둥(Column), 짧은기둥(Pier), 뚜껑기둥(Pilaster)으로 구별

11) 보(梁, Beam) : ① 건축물 혹은 구조물의 형틀 부분을 구성하는 수평부재로 작은보(Beam), 큰보(Girder)가 있음 ② 재축에 직각 방향으로 하중을 받는 부재의 총칭 ③ 도면용 약어는 BM

12) 슬래브(床板, Slab) : ① 철근콘크리트조의 바닥 ② =슬랩 =바닥판 ③ 철근콘크리트 등으로 바닥 또는 지붕 등을 만들기 위해서 만들어진 두께가 비교적 얇은 평면 구조 부분 ④ 슬래브는 그 단면에서 볼 때, 춤이 낮은 보의 연속으로 생각할 수 있음

13) 지붕틀(Roof Truss) : ① 지붕을 받는 뼈대를 구성하는 틀 ② 사용 재료에 따라 목조, 철골조 지붕틀로 나누고, 목조 지붕틀은 목조, 벽돌조, 블록조, 석조 등의 규모가 작은 건물이나 주택 등에 사용하며, 철골조 지붕틀은 큰 건축물, 공장 건축물에 사용됨 ③ 목조 지붕틀에는 한식 지붕틀, 절충식 지붕틀, 양식 지붕틀 등이 사용되고, 양식 지붕틀에서는 왕대공 지붕틀이 가장 많이 사용됨

14) 내력벽(耐力壁, Bearing Wall, Structural Wall) : ① 쌓기공사의 일부분으로 벽체, 바닥, 지붕 등의 수직하중, 수평하중을 받아 기초에 전달하는 벽체 ② 상부에서 오는 하중과 자체 하중을 받아 하부 벽체 또는 기둥에 전달하는 벽체. 자체의 하중 외에 수직하중을 지지하는 벽체 ③ 구조·용도상으로 벽은 내력벽, 장막벽, 중공벽으로 나뉨

15) 서까래(椽木, Rafter, Common Rafter, Spar) : ① 처마도리와 중도리 및 마루대 위에 지붕 물매의 방향으로 걸쳐 대고 산자나 지붕널을 받는 경사부재 ② 보통 4.5~5cm 각재를 45cm 간격으로 도리에 큰못질함

16) 도리(桁, Cross Beam, Purlin) : ① 보에 직각으로 기둥과 기둥 사이에 걸어 수직하중 또는 수평하중을 받는 가로재 ② 역학상으로는 보와 같음 ③ 양식 구조에서는 처마도리, 깔도리가 동시에 사용되고 절충식 구조와 한식 구조에서는 처마도리가 깔도리를 겸하게 됨 ④ 기둥의 윗부분을 연결하고, 지붕보 및 서까래를 받치는 것이므로 연속보로 취급되며 휨모멘트를 받게 됨

17) 강도(强度, Strength) : ① 재료나 부재에 부하를 주었을 때, 파단(破斷)되기까지의 변형 저항에 대한 표현의 총칭 ② 인장강도(Tensile Strength), 휨강도(Bendings), 비틀림강도(Torsionals) 등이 있음. 이들은 상호 일정한 관계가 있으므로 보통 인장강도로 재료 강도의 표준으로 삼음 ③ 구조물을 형성한 재료가 외력을 받을 때, 이에 저항하여 변형이나 파괴되지 않고 구조물 본래의 사명을 다할 수 있는 저항 능력(소요강도(所要强度) : ① 콘크리트에 요구되는 강도 ② 구조계산에 쓰이는 콘크리트의 허용 응력도에 안전율을 곱한 것이 소요강도 ③ 공가의 크기와 관련된 변경)

으로 해결하여야 할 것이다. 즉 변경 시공된 부재에 대하여 시공 현상을 정확히 이해하여, 이 부분에 대한 구조계산을 실시하고 보수·보강 여부에 따라 다음 행위에 대한 소요비용을 산출하면 될 것이다. 그러나 변경 축소 시공되었음에도 불구하고 구조적으로 문제가 없는 경우도 있다.

구조계산을 실시하지 않고 경험에 의한 설계를 하는 경우, 즉 과다설계된 부분이며 이런 경우에는 당초 시공비용을 감산하여야 할 것이다.

○ 면적의 변경

주로 도시지역에서 시공자(흙막이·토공사)측의 정밀하지 못한 시공이나, 흙막이공사의 공법을 이해하지 못한 설계자의 무리한 설계 등으로 인하여 지하층 등의 면적이 축소 시공되는 경우가 있다. 또는 기능인력(먹매김 목수[18])에 의존하여 현장을 운영하다가 측정 오차에 의하여 설계도서와 다른 형태의 시공이나 면적의 축소 시공이 있는 경우가 있다. 물론 수정시공하기에는 너무 늦은 시기에 발견되어 이를 간과하다가 건축물 사용승인 이후에 문제가 발생되어 소송에 이르게 되는 경우도 있다.

우선 축소 시공되는 경우 당연히 이에 소요되는 공사비의 감액 부분이 산출되어야 하는데, 면적당 소요되는 공사비용만큼의 손해가 발생된다고 보아야 할 것이다. 또한 축소된 면적에 대한 경제적인 손실가치는 얼마 정도인지 추정이 필요한 경우도 있을 것이다. 시공자가 임의로 혹은 실수로 확대 시공하는 경우도 있으나 법적인 문제만 없다면 이는 시비의 대상이 될 수 없다.

○ 높이의 변경

층높이[19]가 축소 시공되어 이에 따라 천장높이[20]가 축소 시공되거나, 천장 상부의 설비배관의 공간 확보 문제 혹은 바닥 마감재의 예상치 못한 두께 추가 등의 문제로 인하여 천장높이가 낮아지는 경우인데 설계와 시공상 불가피한 문제의 해결 결과값인 것이다.

- 우선 이로 인하여 소요되는 공사비의 감액 부분이 있다면 감액 산출되어야 하는 문제가 있다.
- 천장높이가 낮아지므로 이로 인한 기능적인 손실이 있을 수 있다. 즉 특정 용도의 기능에 장애가 되어 손해가 발생되는 것이 명백한 경우와,
- 보수·보강공사 혹은 별도의 내장공사 계획에 의하여 이후 수정시공하여 당해 용도에 현저

---

18) 먹매김 목수 : 목수직의 책임자를 도편수라 하고 그 밑에 먹매김을 전담하는 보조 책임자를 먹매김 목수라 한다.

19) 층높이(層高, Height of Story, Floor Height) : ① 한 층의 바닥면에서 그 바로 위층까지의 수직 높이 ② 건축물 한 층의 높이

20) 천장높이(天障高, Ceiling Height) : ① 바닥에서 천장까지의 높이 ② 바닥에서 반자면까지의 높이 (반자 높이)

하게 지장을 주지 않고 기능성을 회복할 수 있는 경우가 있을 수 있다.

- 전혀 목표하는 용도로의 사용이 불가능하다면 이에 대한 손실 부분이 평가 산정되어야 할 것이고,
- 일부 수정시공하여 기능성을 회복하고 목표 용도로의 사용이 가능하다면 이에 수반하여 소요되는 시공비용이 산출되어야 한다.
- 그러나 100% 목표 기능성에 미달되는 부분에 대해서는 경제적인 손실비용이 산출되어야 할 것이다.
- 다만 방법을 강구하였으나 시공상 불가피한 결과값으로 나타나는 상황이 되면 이는 감정인이 판단하여야 한다.

5. 미시공 문제

❑ 미시공(未施工)의 개념

대체적으로 모든 공종의 공사가 모두 종료되었다고 인정되고 다만 건축물의 주요 구조 부분에 관계되지 않은 공사가 시공되지 않은 부분을 미시공 부분이라고 하는데, 보통 설계도서에 명시된 특정 부분을 시공하지 않는 경우이며 상황에 따라 변경시공(설계변경)된 부분과 같이 취급되기도 한다.

그러나 특정 상황과 관련해서는 이 부분을 구분하여 별도 취급하는 경우가 많이 있다.

❑ 조사·감정의 방향

설계도서에 명시된 내용대로 미시공된 부분에 대해서는 현시점에서 다시 보완시공하는 것이 원칙이다. 그러나 설계 의도대로의 효과(성능)를 위하여 몇 배의 노력과 비용이 소요되는 것은 아닌지, 또는 반드시 필요한 부분으로 현시점에서 추가시공되어야 하는 것인지, 시공자의 행위 의도와 설계 의도는 무엇인지 등을 심사숙고하고 객관적으로 판단하여야 할 것이다.

특정 부분이 설계도서의 명시대로 시공되지 않았으나 현시점의 상황에서 시공이 가능한 것인지 확인하고, 시공이 가능하다면 지금의 상황에서 설계도서대로 시공하며 이에 소요되는 비용을 산출하는 것이 원칙이다.

그러나 반드시 필요하지도 않은 부분이고 비용을 계산하여도 이해 당사자는 보완시공하지 않을 것이 분명하며, 또 막대한 비용이 소요되는 경우라면 경제적인 손실비용으로 처리하는 경우도 적정하다. 물론 미시공 부분에 대한 당초 계약금액에 대하여 감액 처리하여야 하고, 필요하다면 미시공 행위에 대한 손실비용이 감해져야 할 경우도 있을 것이다.

6. 추가공사

❑ 개 요

설계도서에 명시되어 있지 않은 부분에 대하여 계약상 공사 범위 외에 추가로 시공하였다고 주장하는 부분이다. 설계변경에 속하는 문제이나 특정 상황과 관련해서는 별도로 구분하여 취급하는 경우가 많다.

추가공사 부분에 대해서는 주로 시공자(시공업자)측의 주장이 대부분이며, 시공비용의 증액을 요청하는 내용이 대다수이다.

재료적인 면에서는 대체적으로 당초 설계도서의 명시가 없거나 불명확한 부분에 대하여 건축물의 여러 측면을 고려하여 시공한 부분이 많은 문제를 제기하는 요소가 되며, 공간적인 면에서는 면적을 증가시키거나 건축물의 전체적인 높이의 증가 혹은 실내 천장높이의 증가 또는, 무시되어 사용불가능하도록 되어 있던 공간을 사용가능하게 시공한 경우 등이다. 또는 설비용 Pit 공간의 확보 등을 위한 추가적인 시공 행위도 있을 수 있다.

문제는 이러한 행위(추가시공)에 대하여 이해 당사자 상호간에 합의로 해결되지 못하고 법의 판단을 구하게 된다는 점이다.

혹은 시공 당시 합의되었으나 구두로 약속한 내용이라 상황이 달라지면 부인하게 되는 경우도 많은 것이 사실이다.

❑ 조사·감정의 조건

보통 이런 경우 시공자측이 공사비 증액이 필요하면 시공 중 건축주와 추가공사비용에 대해 합의하고 시공하는 것이 보통이며, 경미한 추가공사의 경우 시공자측의 서비스 차원에서 이루어지는 내용도 있을 것이나, 상호간의 관계가 나빠지고 법원의 판단을 구하게 되는 상황에 처하면 이해 당사자 모두 불리하게 작용되는 부분에 대해서는 부인하는 경우가 많아진다. 서면으로 상호 이 문제에 대하여 확인 절차 없이 구두로 이루어지는 관례가 많기 때문이다.

상기와 같은 경우, 감정인이 상호간이 문제를 판단할 수는 없다. 설계도서에 근서하거나 법원이 제시하는 방향이나 범위를 기준으로 하여 조사·감정하는 것이다.

❑ 비용 산출

설계변경되어 추가로 시공된 부분에 대하여 당초 계약서와 교환된 공사비 내역서의 단가 등을 적용하여 증감 내역서를 작성·산출한다.

당초 내역서에 없던 공종이나 명칭에 대한 것은 물가시세표 등을 적용하되 반드시 총공사금액의 계약금액 수준을 감안하여 조정·적용하여야 한다.

계약 내약서가 첨부되지 않은 경우에는 「제3장 3. 계약내역서의 존재 유무」의 내용을 참조하여 기준내역서를 작성하고 이를 기준으로 하는 것이 합리적이다.

7. 복구 문제

❑ 개 요

건축물의 하중은 자신의 무게와 싣고 있는 무게를 합한 수직하중과 지진, 바람 등에 의한 수평하중, 기타 온도하중이 있는데 이를 모두 고려하여 설계하고 시공하는 것이다.

건축물을 파괴에 이르도록 하는 각종 자연재해는 모든 요소가 복합적이고 동역학적[21]으로 작용을 하므로 정역학적[22]으로 계산된 구조물을 못 견디게 하는 것이 대체적인 현상이다.

각종 재해로 인하여 피해가 발생한 시설물의 복구공사에 대해서도 문제가 발생한다. 자연재해로 인한 피해에 대해서는, 천재지변에 해당할 정도로 위해의 요소가 심각할 경우 정부에서 일정 부분을 피해의 정도에 따라 피해복구를 위한 비용을 보조해 주고 있는 경우도 많다. 세계적으로 기상이변이 많이 발생하는 작금의 현실로 볼 때, 언제 어떤 형태로 우리가 경험하지 못했던 자연재해가 발생할지 예측하기가 어려운 시대이다. 시설물에 대한 복구 문제는 자연재해의 경우와 공사장 인근의 피해 또는 교통사고에 의한 피해 등의 인재에 대한 피해 등으로 인하여 발생되는 경우가 모두 해당될 것이다.

문제는 인재에 의한 피해이거나 특정인 소유의 위해요소가 존재하고 이 위해요소의 작용으로 인하여 시설물에 피해가 발생되어 피해자측과 가해자측이 설정되어 다툼의 소재가 발생되는 경우이다.

경미한 경우엔 보수·보강공사를 통하여 원상회복이 가능할 것이나 대체적으로 반파 이상의 심각한 훼손의 경우를 복구공사의 범주에서 조사·감정한다.

❑ 위해요소에 대한 원인 조사

「제2장 15. 공사장 인근의 피해 문제」의 각종 항목과 관련이 있으므로 이를 참조하여

- 피해에 대한 책임의 성립 요건
- 피해 이전부터 가지고 있었던 위해요소의 각종 가능성

---

21) 동역학(動力學) : 주로 운동과 힘과의 관계를 논하는 역학이며 정역학에 반하여 아주 짧은 시간일지라도 시간에 따른 하중의 방향과 크기의 변화가 급격하기 때문에 매 단위시간에 대해 해석을 요하는 데 필요한 역학적 이론

22) 정역학(靜力學) : 건축물의 구조해석에서 하중의 크기가 시간에 따라 변하지 않는다고 보는 이론

• 기여도에 대하여 조사하고 규명·정리한다.

특히 재해의 원인이 자연현상에 의한 위해요소의 작용일지라도 관련자(소유자)는 어떠한 역할이나 대비에 기여하였는지 등의 문제가 대두된다.

또한 자연재해일지라도 천재지변에 해당할 정도로 예측 불가능하거나 위해요소가 되는 자연현상의 크기와 시간당 수량이 대단하여 불가항력적인 요소가 크다고 볼 경우 이를 입증하게 되면 가해자측의 책임부담률은 크게 감소될 수 있다고 본다.

❑ 조사·감정의 방향

우선 대상 시설물과 인접한 각종 위해 요인들이 각종 자연적인 영향, 즉 강우, 태풍, 또는 이의 영향에 의한 산사태, 토사의 붕괴, 구조물의 붕괴 등으로 인접 대상 시설물에 피해를 입히게 되는 경우이다. 재해의 원인 규명과 책임 소재의 규명, 책임의 한계에 대한 문제가 정리되어야 할 것이다.

이러한 부분은 사안에 따라 이에 대한 전문가의 도움이나 또는 공동의 조사 업무가 필요할 수도 있다. 도로면에 인접한 시설물의 경우 차량 및 중장비의 돌진 혹은 접촉에 의하여 피해를 당하는 경우가 있다. 물론 건축물과 생활가재도구 또는 각종 상품, 기계류 등 건축물이 담고 있을 수 있는 모든 재산의 피해도 동반되기 마련이다.

건축물의 경우, 당초 시설물의 현상을 파악하고 도면화하여 이에 대해 비용을 산정한다. 그리고 이해 당사자가 이를 인정하면 될 것이다. 상황에 따라 피해를 본 부분에 대한 감가상각의 문제가 있을 수 있다.

복구비용으로 산정된 부분에 대한 가치평가를 어떻게 적정하게 산정하는가의 문제, 즉 복구에 소요되는 비용 산출 외에 훼손된 부분에 대한 현재의 가치평가를 동반하여야 한다. 이는 부록에 있는 한국감정원이 발행한 각종 건축물의 내용연수 기준을 적용하여 평가할 수 있다.

그러나 경우에 따라 포괄적으로 이 기준을 적용하게 되면, 현실적으로 접근하기 위한 노력에 무리가 있거나 왜곡의 가능성이 있을 수 있으므로 신중하게 접근하고 적용하여야 한다. 상황에 따라서는 감정인이 내역을 작성하고 부분별로 평가·감정하는 것이 더 정확할 수 있는 것이다.

즉, 복구비용으로 산출하기 위한 공사비 내역서의 각종 공종과 품명, 혹은 명칭에 따라 피해 이전의 현상을 추정할 수 있다면, 노후화 정도에 따라 각각의 부분에 대한 현존가치를 평가하고 이를 합산하는 방법이 정확하다고 보아야 할 것이다.

8. 화재에 의한 손상평가

❑ 개 요

화재로 인하여 시설물 및 내장 집기 등이 전소된 경우의 평가는 별도로 하며, 일부 훼손되거나 구조체를 제외한 일부분이 소실된 경우 혹은 기타 여러 가지 상황이 발생한 경우에 시설물의 잔존가치를 평가하거나, 주요 구조부의 재사용 가능성 등을 조사·감정하고 평가하는 부분이다.

대체적으로 화재 영역 안의 내장 시설물이나 집기, 기타 부속설비 등은 화재로 인한 그을림 등으로 사용 가능성이 희박한 것이 현실이다.

따라서 구조체가 화재로 인하여 어느 정도 손상되었는지, 그 구조체를 이용할 경우의 보수·보강 가능성은 어느 정도인지 등이 주요 감정평가 대상이 되는 경우가 많다. 대표적으로 철근콘크리트조에 대한 안정성 평가가 중요하며, 기타 철골조나 조적조 등의 안정성 평가는 철근콘크리트의 조사·감정에 비하여 수월한 편이다.

이 부분도 경미한 진단에 대해서는 다음과 같이 개략적으로 언급할 수 있으나 심각한 경우는 구조안전진단을 실시하여야 할 것이다.

❑ 철근콘크리트 구조체의 훼손

화재에 의한 콘크리트 구조체의 대표적인 피해 현상은 다음과 같다.

- 표면의 오염
- 산성가스의 침투
- 균열
- 콘크리트의 파열과 철근의 노출

또한 구조물에서 하나의 부재가 동일한 형태로 열을 받는 경우는 없으므로 가열 온도의 차이에 따라 각 구성재료간의 열팽창의 차가 생기며, 또한 단면 내에서 표면과 내부의 온도차에 따라 상이한 변형이나 2차 응력이 생겨서 균열의 다른 피해가 나타난다. 특히 얇은 두께의 콘크리트는 급격하게 가열될 경우 폭열을 일으킨다. 이와 같은 현상은 콘크리트의 재질이 치밀할수록, 함수율이 높을수록, 가열이 급할수록 일어나기 쉬우며, 높은 열을 받으면 콘크리트는 밀도가 떨어져서 다공질이 되어 각종 원인에 의한 균열이 생긴다. 이 때문에 흡수성이 증대되며 중성화

속도가 빨라진다. 또한 높은 열을 받은 콘크리트의 재질 변화로서 뚜렷한 특징은 400~500℃에서 콘크리트의 10~20%로 탄성이 저하되고 200~300℃에서 콘크리트의 부착강도가 격감하여 피해를 더욱 크게 한다.

조사 항목으로는 균열, 콘크리트 표면의 들뜸이나 박리의 상태를 육안으로 관찰하거나 타격에 의해 조사하여 그 피해도를 작성하고, 개략적인 노화 깊이나 중성화 깊이를 측정하는 것을 먼저 실시해야 한다. 더욱 간단하게 할 수 있는 슈미트 해머로 피해가 없는 부분과 비교하여 측정해 보는 것도 의미가 있지만, 실제로는 고온에 의하여 콘크리트 표면이 재질 변화를 일으키거나 요철, 들뜸으로 인해 측정이 다소 어려우며 측정값의 분산도 크다.

피해가 비교적 경미한 경우는 현장에서 판단이 가능하다고 사료되지만, 중요 구조물에 대해서는 재하시험을 실시하여 변형, 응력 등을 측정하고 광범위한 판단 자료를 얻는 것이 필요하다. 또한 피해가 큰 경우에는 잔류변형을 측정하기도 하며, 탄산가스량과 유리석회량을 측정하여 수열온도의 추정도 가능하므로 참고하여 충분히 검토할 필요가 있다.

피복두께 2㎝ 정도에서의 철근은 500℃ 열에 50분 정도 견딜 수 있으나 철근의 항복강도는 200℃ 이상의 온도에서 급격히 저하되므로 500℃ 이상의 온도에서 철근의 항복으로 구조내력 부족에 의한 피해를 아울러 입게 된다. 화재에 의한 콘크리트 구조물의 손상으로서 가장 많은 것은 콘크리트의 탈락이며, 이에 따라 철근이 노출되면서 항복하기 쉬운 상태에 이르고 철근에 의한 빠른 열전도로 구조단면이 결손된다.

▽ 훼손의 등급

훼손등급	훼손형태	세부사항
Ⅰ	외관적 훼손	그을음의 형성, 도료의 염색, 냄새의 변화, 부분적으로 세척 가능, 부분적인 영구 변화
Ⅱ	기술적 훼손	그을음의 형성과 도료의 훼손, 심하지 않은 콘크리트의 파열
Ⅲ	표면 구조의 훼손	콘크리트의 변색(검은색, 분홍색), 심하지 않은 콘크리트의 파열(가장 외부에 위치한 철근까지)
Ⅳ	내부 구조의 훼손	콘크리트의 변색(경우에 따라 광택), 심한 콘크리트의 파열(외부에 위치한 철근의 50% 이상 노출), 철근(최고 1개)의 휨, 균열(1㎜)의 발생
Ⅴ	구조물의 훼손	콘크리트의 변색(회색 또는 흰색), 심한 콘크리트의 파열, 전체 철근의 노출, 심한 형태 변화와 균열, 다수 철근의 휨

❑ 훼손의 보수 방법

구조적, 재료적 그리고 외관적 측면에서 보수공사의 타당성이 입증된 경우에는 그것에 해당하는 보수 공사에 앞서서 구조적 계산에 의한 정확한 안전진단이 우선적으로 시행되어야 한다. 일반적으로 시행되는 (훼손된 철근의 보강 후) 보수 공법으로는 보수 모르타르 공법과 숏크리트 공법을 들 수 있는데 그것에 해당하는 공사의 순서 및 특징은 다음과 같다.

○ 보수 모르타르 공법

① 부식 정도를 고려한 부식물의 제거

② 접합력 향상을 위한 모르타르 바름

[시멘트 : 모래(0~2㎜) : 수지 : 물 = 1 : 1 : 1 : 0.6](부피 대비)

③ 인조 개량 시멘트 모르타르 바름

[시멘트 : 모래(0~2㎜, 그 중에서 0~0.25㎜ : 8~10%(질량 대비) : 수지 : 물 = 1 : 2 : 0.2 : 0.63](부피 대비)

- 구조적 보강을 위한 인조 개량 시멘트 모르타르의 배합비
  [시멘트 : 모래 : 수지 : 물] = [2.5 : 2.5 : 1 : 1](부피 대비)
- 일정한 형태를 복구해야 할 경우
  인조 개량 시멘트 모르타르를 약 20~90분간 경화시킨 후 -> 경화 정도를 손으로 눌러 확인하고 -> 형틀을 그 위에 눌러 부착(약 2~5분간)시킨 후 떼어 낸다.

④ 모르타르가 경화된 후

결함 부분 발생시 -> 마감 모르타르를 바른다.

- 마감 모르타르 배합비 [시멘트 : 모래 : 수지 : 물] = [1.5 : 1.5 : 1 : 1](부피 대비)

⑤ 주변의 색과 동일성을 유지하기 위해 산화철이나 백색 시멘트를 섞은 모르타르를 이용한다.

○ 숏크리트 공법

화재로 인한 콘크리트의 훼손 부위를 제거한 후 숏크리트를 발사하여 구조적으로 원래의 상태로 복구하는 공법으로, 다음과 같은 장점을 갖고 있다.

- 외부 환경에 큰 영향을 주지 않으며 신속한 복구공사가 가능하다.
- 복구되는 부분의 구조적 계산이 용이하다.
- 저렴한 공사비, 즉 경제성이 높다.

❏ 중성화 및 표면강도 측정

보통 철근콘크리트조 등의 내화구조 건축물의 화재인 경우 발화성 물질 등이 많지 않아 화재 시의 최고온도가 그리 높지 않을 경우, 구조체의 재사용이 가능한 경우가 많으나 기본적인 1차 조사·감정을 반드시 실시하여 구조안전진단 여부를 결정하여야 한다.

기본적으로 콘크리트의 중성화 측정이나, 콘크리트의 표면강도 측정, 기타 육안 판별 등이 필수적이다.

○ 콘크리트의 중성화 측정

콘크리트의 수산화칼슘은 시간의 경과와 함께 공기 중의 탄산가스(CO_2) 등의 침식성 가스와 반응하여 다음 식과 같은 탄산칼슘으로 되어 탄산화되는데, 이것을 일반적으로 중성화라고 한다.

$$Ca(OH)_2 + CO_2 \rightarrow CaCO_3 + H_2O$$

중성화의 판정은 페놀프탈레인 1%의 알코올 용액을 콘크리트면에 뿌리면 알칼리성의 부분은 붉은 보라색을 나타내기 때문에 색깔이 변하지 않은 부분을 중성화한 것으로 판정하며, 이때의 pH는 8.5~9.5 정도이다. 중성화의 정도는 표면에서 구조체 내부로 진행되는 것이 보통이다. 따라서 콘크리트를 커팅하여 철근이 있는 위치까지의 단면에 대하여 실시한다.

콘크리트 표면에 부동태 피막이 생성되는 것은 pH=11 정도 이상의 강알칼리 환경이 필요하고 중성화하면 부동태 피막이 소멸되므로 강재가 부식된다.

따라서 장시간 경과한 콘크리트는 철근에 녹을 발생시켜 철근 부식, 구조내력의 저하, 철근의 피복콘크리트의 균열, 박리 등을 발생시켜 미관, 기능 및 안정성이 저하된다.

중성화 속도는 콘크리트의 투기성, 옥내·외의 환경조건, 콘크리트 표면의 마무리재의 종류 등에 따라 다소 다르고, 특히 중성화한 콘크리트 속으로 탄산이 들어오면 부식이 급속하게 진행되는 것으로 알려져 있다.

▽ 페놀프탈레인과 변색

변색 범위(pH)	4 5 6 7 8 9 10 11 12 13	
페놀프탈레인 1% 용액	백색(무변화)	적색 변화

▽ pH값과 철근의 부식

(pH값) 1 2 3 4 5 6 7 8 9 10 11 12 13	
녹슬기 쉬움	녹슬지 않음

○ 콘크리트의 강도 측정

본 검사법은 콘크리트의 표면경도를 측정하여, 이 측정값으로부터 콘크리트의 압축강도를 비파괴로 판정하는 검사 방법이다. 반발경도법은 타격법 중 하나로 콘크리트의 표면을 해머로 타격하여 표면의 손상 정도나 반발 정도를 측정한다. 특히 반발경도를 구하는 슈미트 해머(Schumidt Hammer)법이 가장 널리 사용된다.

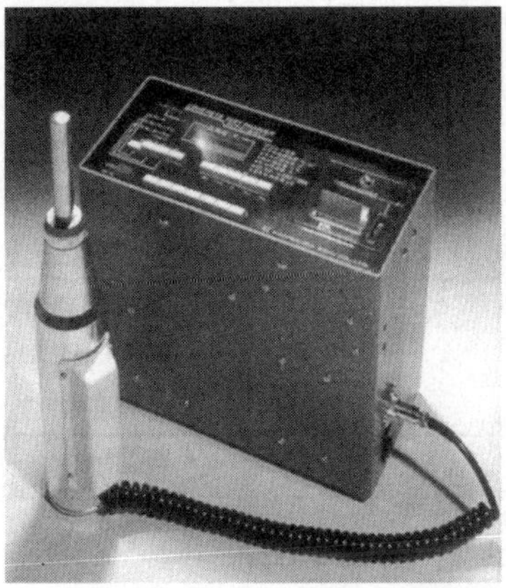

슈미트 해머법은 콘크리트의 강도에 따라 반발경도가 변화하는 점을 이용한 방법으로 시험방법이 간편하고 국제적으로 표준화되어 있다는 이점이 있다. 이 방법은 콘크리트의 표면부 품질과 타격 조건에 따라 영향을 받으므로 이 방법으로 콘크리트 구조체 내부의 강도를 명확히 측정하기는 곤란하다.

▽ 측정 준비

- 측정면은 평탄한 면을 선정토록 하며 거친 면은 피한다. 덧씌움층이나 도장된 경우에는 제거하며, 연마석으로 콘크리트 표면을 평탄하게 연마하여 측정면의 요철이나 부착물, 분말 등을 제거한다. 또한 측정면 내에 있는 곰보, 공극, 노출된 자갈 부분은 측정점에서 제외한다.
- 구조체 콘크리트에서의 측정시에는 피측정부의 콘크리트 두께가 10㎝ 이상 되는 지점을 선정한다. 10㎝ 이하의 경우에는 타격시 피측정부의 진동 등으로 타격 에너지가 산란되어 반발도가 급격히 감소한다. 또한 보, 기둥 등의 우각부에서의 측정시도 평면부와는 반발도(R)가 차이가 있으므로, 최소 3~6㎝ 이격된 개소에서 측정토록 한다. 측정 개소는 많을수록 유리하다.
- 콘크리트 구조물에서는 기둥의 경우 두부, 중앙부, 각부 등에서, 보의 경우 단부, 중앙부 등의 양측면에서, 벽의 경우 기둥, 보, 슬래브 부근과 중앙부 등에서 측정한다.
- 공시체의 경우도 측정면을 평탄하게 하여 측정한다. 특히, 표준양생(수중양생) 공시체의 경우는 측정 24시간 전에 수조에서 꺼내 대기 중에서 표면을 건조시킨 상태에서 시험을 한다. 반발도(R)

는 타격 콘크리트 표면의 건습 상태에 따라 차이가 있기 때문이다. 또한 실구조물에 적용시 표면 건조된 콘크리트를 표준으로 하기 때문이다. 공시체의 경우 정확한 반발도를 얻을 수 있도록 임의의 방법으로 고정시키도록 하며, 고정이 안된 경우나 불완전한 경우 정확한 측정값을 얻을 수 없다.

- 일반적으로 압축강도기 등으로 공시체를 가압한 상태에서 측면을 타격하는 것이 바람직하다. 이때 가압력은 25kgf/㎠ 이상이 되도록 한다. 20×20×20㎝의 정육면 공시체의 경우는 약 10t의 가압력을 준 상태에서 타격시험을 실시한다.

▽ 측정 방법

- 타격점의 선정
  각 측정 개소마다의 슈미트 해머의 타격점은 20점을 표준으로 한다. 타격점 상호간의 간격은 3㎝를 표준으로 하며, 종으로 5열, 횡으로 4열의 선을 그어 직교되는 20점을 타격한다.
- 타격 방향
  종래의 실험 자료 대부분이 수평 타격에 대한 것으로서, 이때의 측정값이 안정된 값을 나타내므로 수평타격을 원칙으로 한다. 구조물에 적용하는 경우에는 수평타격 방향(α= −45°), 경사 방향(α= +45°)으로 실시하게 되므로 각 경사 각도에 대한 보정을 장비에 첨부된 표에 의해 실시하도록 한다.
- 측정값의 판독 및 처리
  측정값은 원칙적으로 정수값을 읽도록 한다. 측정값의 처리는 타격시 향음이 이상하거나, 타격점이 움푹 들어가는 경우의 값과 평균 타격값의 ±20%를 상회하는 경우에는 이상값으로 보고 제외시킨다. 이상값을 제외시킨 측정값의 평균을 그 측정 개소의 반발도(R)로 한다.
- 재령계수
  콘크리트 구조물의 해당 개소에서 반발도(R)를 측정하고, 앞 절의 방법과 동일하게 사전에 반발도(R)와 압축강도(F_C)와의 관계로부터 압축강도를 추정한다. 몇 년이 경과한 콘크리트 구조물은 표면경도가 높기 때문에 재령28일 강도(F_C28) 추정식으로 구한 압축강도로 수정해야 한다. 수정계수는 재령계수표를 적용하여 수정한다.

9. 내장공사 관련

□ 개 요

근래에는 건축물 건축시 내장공사[23]를 별도로 시행할 것을 예측하여 내부 마감공사를 실시하지 않고 사용승인을 득하여 임차인 등의 사용 용도 및 사용 목적에 맞도록 내장공사를 별도로 시행하는 경우가 많다.

기존 건축물의 내부에 치장과 마감, 기타 조명, 전열, 통신, 기타 부대시설에 대하여 별도의 내부공사를 실시하는 것이며, 기본적인 건축물의 내부를 사용 용노 및 목적에 적합하도록 수장공사를 실시하는 경우이다.

소요비용을 건축주가 부담하지 않고 임차인 등이 비용을 투자하여 내장공사를 실시하여 사용하다가 임대차 기간이 만료되거나 혹은 다른 이유로 인하여 건축물을 비워주게 되는 경우 이와 관련하여 건축주와 임차인간에 합의·해결되지 못하고 분쟁이 발생하여 법원의 판단을 구하게 되는 경우가 점점 증가하고 있다.

근래에는 건축물 내부의 시설뿐 아니라 건축물 외부에도 별도의 장식물 시설을 하는 경우가 많으며, 내·외장공사의 사용 재료에도 제한이 없어 상식을 초월한 자재 선택을 하는 경우 또한 많다.

사용 장소에 따라 바닥, 벽, 천장, 창호, 가구식 구조, 기타 의장 등이며, 기능성 확보를 위하여 전기조명, 전열, 통신, 환기시설, 냉·난방시설 등의 공사가 동시에 이루어지는 경우가 많다.

법률 종사자들 중에는 이를 건축물에 부속되는 부합물과 단순 내장 시설물로 구분하여 판단하고자 하는 이들이 있으나, 필자는 이들의 주장이 현실적으로 상당히 곤란하다고 생각한다. 시대의 변화에 따라 건축물의 부합물과 단순 내장 시설물을 명확히 구분하기가 곤란해졌으며 자칫 조사·감정의 목적에 맞지 않는 왜곡된 결과를 초래할 수도 있다고 보기 때문이다. 즉, 건축 부속물과 유익비 관련 시설물의 구분이 모호해졌다는 이야기이다.

그러나 여전히 건축 부속물 부분과 유익비 대상을 자연스럽게 구분할 수 있는 경우도 있을 것이다.

---

23) 내장공사(內粧工事, Interior Decoration Work, Interior Finishing Work) : ① 건축물 내부(벽, 바닥, 천장 등 잡공사)의 치장과 설치를 위주로 한 마무리 공사 ② 내장은 구조체의 보완과 동시에 쾌적한 실내 환경을 얻기 위해서도 필요하고 이로써 풍우의 침해를 막고 한서, 일사, 화열, 소음의 차단 구실을 하며, 생활인의 취미와 감정을 배려하여 아름답고 기밀하게 그리고 내구성 있게 꾸민다. 따라서 내장을 할 때에는 골조공사와 아울러 적절한 구조와 재료를 선택하여 생활공간이 최대한 좋아지도록 노력을 요한다.

❑ 상황 판단

내장공사에 관한 내용연수의 기준은 명확히 없다. 다만 물리적 내용연수, 경제적 내용연수, 기능적 내용연수, 제도적 내용연수로 구분되는 이론을 적용한다면, 경제적이거나 기능적인 경우를 고려하는 것이 일반적이다.

포괄적인 경우는 그러하지만 전체적인 부위별로 구분하여 현재의 가치를 평가하는 것은 현재의 물리적인 상황을 고려한 각각의 가치가 평가되어 합산되는 것이 합리적일 것이다.

따라서 이해관계자의 입장과 현재의 상황에 대한 평가는 종합적으로 이루어져야 하므로 상기의 두 가지 고려사항이 전부 고려되어야 함은 물론이다.

법원의 판단과 관련한 조사·감정 업무는 주장하는 이에 따라 기상천외하거나 황당한 이론이나 주장을 하는 경우가 많으므로 딱히 어떻게 합리적으로 풀어 나가야 한다는 원칙의 결정은 조사·감정인 스스로가 결정하는 것이다. 중요한 것은 합리적이고 객관성을 확보한다는 것이다.

❑ 부위별 상태 조사

마무리재는 습기에 약한 경우가 많다. 욕실, 주방, 세면장, 탕비실 등 물을 사용하는 방의 장식은 도장이 벗겨지거나 금속에 녹이 슬거나 부식되기도 하며 곰팡이가 생기는 노화가 일어나므로 보수에 특히 주의해야 한다. 타일이나 합성수지 등의 건재는 물에 강하지만 접합에 쓰이는 재료가 물에 약할 경우에는 결과적으로 물에 의한 노후화를 초래한다. 또 바닥은 문과 함께 건축물에서 직접 사람과 접하는 일이 비교적 많기 때문에 마모가 심한 부위이다.

○ 바 닥

▯ 플라스틱계 타일

일반적으로 광범위하게 사용되고 있는 재료로, 통행량이 많은 장소, 중량물이 놓여 있는 곳은 마모, 분열, 벗겨짐이 생긴다. 습기가 많은 곳에서는 접착 부분이 분리되기 쉽다.

▯ 카펫

일광이나 조명에 의한 퇴색, 표면의 섬유 마모, 부분적인 얼룩, 찢어짐 등의 노후화를 볼 수 있다.

▯ OA 전산실용 바닥(2중 바닥)

이 방식을 채용하고 있는 건물은 각종 전산화 시스템의 요구 성능에 따라 증가하고 있다. 재질, 형식에 따라 다르지만 보행시의 덜컹거림, 패널의 사소한 변형, 단부(端部)의 결함 등이 발생되는 경우가 있다.

□ 계단 논슬립

비닐 혹은 고무계 타이어 부분의 마모, 벗겨짐, 더욱 진전되어 금속의 마모, 벗겨짐 등.

○ 벽

담배연기, 자외선, 곰팡이 등으로 인한 변색, 오염, 도료, 모르타르, 보드류의 뜸, 박리, 상처, 움푹 패임, 균열 등, 또 수분이 원인인 부식, 녹, 곰팡이 등이 주된 원인이다.

□ Board-Panel류

금속 바탕에 설치되는 경우가 많고 습기가 많은 장소에서는 표면의 노후화가 그다지 심하지 않아도 바탕에 변색이 생기는 경우가 있다.

□ 크로스류

더러움, 벗겨짐, 파손 등이 있다. 습기가 많은 장소, 결로되기 쉬운 곳에는 곰팡이가 생기기 쉽다.

○ 천 장

담배연기로 인한 변색, 누수, 결로수에 의한 얼룩, 곰팡이, 마무리재의 벗겨짐, 아래로 늘어뜨려짐, 공조 흡출구 주위의 오염 등이 있다.

□ Plastered Ceiling, 크로스류

Plastered Ceiling의 경우는 Crack, 박락, 크로스류의 경우는 벗겨짐, 파손 등이 있다.

□ 붙임천장

붙임천장재의 밑바탕이 되는 골조의 경우 최근에는 경량철골조 등 강재의 것이 많다. 천장 안에서 결로가 발생할 경우는 녹이 생길 수도 있다.

❑ 기술적인 접근

내장의 진단은 육안에 의한 판단이 필요한 경우 진단조사표를 작성하여 관찰 결과를 기입한다.

❍ 관찰시 유의사항

▯ 더러움(오염)

• 눈으로 봐서 더러운 상태, 부위, 범위를 조사한다. 크로스, 보드류, 타일 등은 동일재 신품의 조각과 비교하는 것이 좋다. 또 그 방 공기의 흐름, 사람의 움직임, 가구류의 배치 등에도 주의한다.

• 더러움이 곰팡이에 의한 경우는 전문가에게 의뢰해서 곰팡이의 종류를 조사할 경우가 있다. 건축에 생기는 곰팡이는 약 50종류인데, 모든 곰팡이에 유효한 살균제는 없는 것이 현실이다. 곰팡이의 일부를 면봉으로 채취하여 배양해서 곰팡이의 종류를 조사한 후 약제를 선정하기도 한다.

▯ 뜸

• 타일, 모르타르, 금속 Panel 등의 뜸의 진단 방법에 관해서는, Board−Panel류의 설치부나 바탕의 상태를 관찰하는 것이 중요하다. 표면에서 관찰할 수 없을 경우에는 마무리재의 일부를 떼어내어 관찰해야 한다.

• 습기가 많은 곳은 표면에서 보이지 않는 곳에서 부식이나 녹 등의 노화가 진행되고 있을 경우가 있으므로 특히 주의한다.

▯ 변 형

• 부재의 변형에는 휘어짐, 움푹 패임, 균열, 마모가 있다. 휘어짐, 움푹 패임, 마모 등은 긴 직선자를 대고 손전등 등으로 표면에 거의 평행하게 비추어 보면 확인하기 쉽다.

• 모르타르, Plaster, 콘크리트 등의 균열 폭 측정은 Crack Gage를 써서 측정한다.

• Board Panel류는 휘는 경우가 있다. 실내측(표)과 안쪽과의 습도차에 의해 생기는 경우가 많은데, 동시에 바탕과의 뜸도 동반하고 있으므로 조사에 있어서는 이 점에 주의해야 한다.

❑ 평 가

내·외장 시설공사에 대한 내역서 및 시공도면을 확보하거나 감정인이 작성하고, 각각의 항목에 대한 물리적인 현상을 가치 평가한다. 내용연수를 고려하여 평가하는 것은 당연할 것이다. 이렇게 세목별로 평가된 물리적 평가 가액을 기준으로 하여 유익비 등과 관련한 부분에 대해서는 다시 평가 계산되어야 한다. 유익비라는 부분은 이해 당사자에게 얼마만큼의 가치가 유익이 되는가의 문제이므로 심사숙고하여 평가되어야 할 것이다.

내·외장공사의 연면적에 의해 개산[24]하거나, 내·외장공사의 각 부분별 즉 벽면, 천장면, 바닥면, 가구, 전기, 통신, 냉난방시설 등 부대시설의 면적이나, 종류별, 개소별로 개산 평가하고 내용연수를 고려하는 것이다. 유익비 부분은 상기 항과 같이 평가한다.

상기의 방법 적용은 상황에 따라 선택하고 결정할 것이고, 상황에 따라 별도의 방법이 강구된 경우도 많을 것이다. 내장공사의 특수성 때문이다.

「제2장, 10. 유익비」의 내용과 중첩되는 부분이 많으므로 이를 반드시 참조하기 바란다.

---

24) 개산 견적(概算見積, Preliminary Estimate, Rough Estimate) : ① 설계도서가 불완성시 전체 공사비를 개략적으로 실시하는 견적 ②정밀 견적과 함께 견적 종류의 하나 ③ 단위 기준에 의한 견적과 비례 기준에 의한 견적이 있음 ④개산 견적이 산출 방법 1) 면적법(Area Method, Square-Foot Method, Square-Meter Method) : 바닥의 단위면적에 대한 공사를 비슷한 건축물의 실례로부터 상정하여, 여기에 계획안의 연면적을 곱하는 것 2) 체적법(体積法, Volume Method, Cubic Foot Method, Cubic Meter Method Cubing) : 위의 바닥 면적 대신 건축물의 체적을 이용하여 계산하는 방법

10. 유익비

❏ 법적인 요소

○ 부속물 매수 청구권

전세권의 종료 후에 전세권의 목적인 부동산에 부속시킨 물건이나 지상물을 회수하게 되면 일반적으로 그 물건의 가치는 감소하게 되며, 이는 전세권자에게나 또는 사회·경제적으로나 불이익이 된다. 따라서 전세권자는 전세권 설정자에게 그리고 전세권 설정자는 전세권자에게 그 부속한 물건이나 지상물의 매수를 청구할 수 있는 부속물 매수 청구권을 각각 인정하고 있다.

○ 유익비[25)] 상환 청구권

물건의 개량, 이용을 위하여 지출되는 비용을 말하며 목적물의 객관적 가치를 증가시키는 것이어야 하나 목적물 자체의 가치를 증가시켜야 하는 것은 아니다.

민법 제310조 제1항은 「전세권자가 목적물을 개량하기 위하여 지출한 금액, 기타 유익비에 관해서는 그 가액의 증거가 현존한 경우에 한하여 소유자의 선택에 좇아 그 지출액이나 증가액의 상환을 청구할 수 있다」고 규정함으로써, 전세권자는 점유하고 사용·수익하는 전세 목적물의 개량을 위해 지출한 금전, 기타 유익비에 관하여 그 가액의 증가가 현존한 경우에 한하여 소유자의 선택에 따라서 그 지출액이나 증가액의 상황을 청구할 수 있다. 이를 유익비 상환청구권이라 한다.

유의할 점은 전세권자는 목적 부동산의 현상을 유지하고 그 통상의 관리에 관한 수선을 하여야 할 의무가 있으므로 이러한 필요비[26)]에 대해서는 상환 청구권이 없다는 것이다. 또한 유익비인지의 여부에 대해서는 건축물의 사용 목적, 기타 구체적인 사정을 고려하여 판단하여야 한다.

❏ 경 향

부속물 및 유익비 대상과 관련되어 조사·감정의 대상이 되는 시설물이 점차 증가하고 있다. 이는 작금의 임대용 건축물의 용도가 상업용 혹은 업무용 쪽으로 많아지는 경향을 보이고 있으

25) 유익비(有益費) : 필요비에 상대되는 개념으로 물건의 개량·이용을 위하여 지출되는 비용을 말한다. 유익비라고 할 수 있기 위해서는 목적물의 객관적 가치를 증가시키는 것이어야 하나 목적물 자체의 가치를 증가시켜야 하는 것은 아니다.

26) 필요비(必要費) : 물건의 이용·개량을 위하여 지출하는 비용인 유익비에 상대되는 개념으로 수리비 등과 같이 물건을 보존, 관리하기 위하여 필요한 비용을 말한다.

며, 사용 목적에 적합하도록 추가적인 시설 혹은 내·외장시설 공사를 실시하는 경우가 대부분이기 때문이다. 내·외장시설에 투자되는 금액은 보통 건축공사의 기본 건축비와 유사하거나 그 이상인 경우도 많으므로 상당히 이와 관련한 분쟁이 첨예하게 대립되는 경향이다.

물론 이와 유사한 토목공사, 조경공사, 전기설비, 기계설비, 오수정화시설 등과 관련한 다툼도 많아지고 있는 것이 현실이다.

❑ 조사·감정

부속물 혹은 유익비 대상 물건의 구분이 모호해지는 상황으로 건축 문화가 발전하고 있다. 즉 건축물에 실시한 추가적인 각종 시설공사를 부속물 혹은 유익비 대상물로 구분하여 집계하기가 어렵게 되었으나, 현상에 따라서는 구분할 수도 있을 것이다.

현존하는 시설물의 물리적인 가치가 곧바로 유익비의 가치로 평가될 수 있는지는 대상 물건의 사회·경제적 가치를 동시에 평가하고, 현존하는 시설물의 물리적인 가치가 과연 유익비에 기여하는 정도는 얼마나 될 것인가 등 상당히 객관적인 고민이 필요한 부분이다.

필자는 이 부분에 대한 내역서를 작성하고 매 항목마다

- 물리적 가치를 평가한 현존가치와
- 사회·경제적 가치를 고려한 유익비에 대해서는 객관적인 기여도로써 사용가치[27]를 평가하는 방법을 사용하는 것이 적정하다고 보며, 최소한 물리적 현존가치와 유사하다고 본다.
- 사회·경제적 가치를 고려한 교환가치[28] 측면의 유익비의 산출은 기술 감정인의 입장에서는 산출이 거의 불가능하기도 하고 특별한 상황이 아니고는 거의 필요하지 않다고 본다.

따라서 기본적으로 물리적 가치를 세밀하게 평가하는 방법이 최선이라고 보는 것이다.

27) 사용가치(使用價値) : 사람의 욕망을 채울 수 있는 재화나 용역의 유용성
28) 교환가치(交換價値) : ① 화폐를 다른 나라의 화폐와 바꿀 때의 가치 ② 일정량의 물품이 다른 종류의 물품과 어떤 비율로 교환될 수 있는가 하는 상대적 가치

11. 경계선 침범

□ 경계선의 중요성

대지경계선(인지경계선29)) 혹은 도로경계선 또는 도시계획선을 침범하여 건축행위를 하고 사용승인 과정 혹은 사용 과정에서 이 사실이 발견되어 문제가 되는 경우가 있다.

원칙적으로 침범한 부분에 대해서는 침범된 부분 혹은 해당 필지를 매입하든가, 관계인에게 사용 동의를 받지 못한 경우 철거하여야 한다.

대지경계선에서 50cm 떨어져 건축하여야 하는 경우도 마찬가지이기는 하나 이때의 허용오차는 3%로서 48.5cm까지는 허용될 수도 있을 것이다. 물론 상대 토지주의 양해가 전제조건이다.

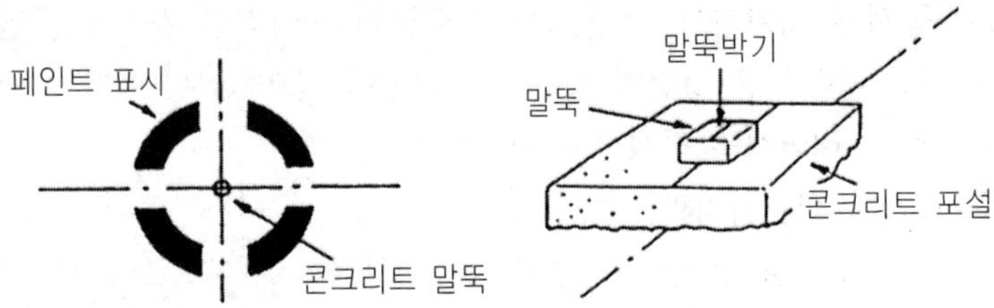

△ 각종 경계선의 기준점 설정이 중요

각종 경계선을 침범하여 잘못 시공된 경우는 시공자, 공사 감리자, 건축주간에 많은 분쟁을 불러일으키고 책임 소재에 대한 다툼이 많이 발생하는 부분이며, 또한 원만하게 합의 처리되지 않고 분쟁이 발생하는 경우가 많은 문제이다. 막대한 손실이 발생할 수도 있는 부분이므로 경계측량 등을 정확히 실시하여 시공 행위에 임해야 할 부분이다.

△ 경계측량 철저!

이 부분에 관해서는「제2장 3. 정밀시공 문제」의 내용을 함께 참조할 필요가 있다.

29) 인지경계선(隣地 境界線, Adjacent Boundary Line) : 터와 터, 이웃 대지 사이의 경계선

□ 조사·감정

건축물이 침범되어 있는 부분을 절단 철거하고 남아 있는 부분을 건축적으로 원만하게 마무리하여 사용하게 된다면 다행스러운 일이다. 철거 및 마무리공사 비용이 산출되고 이에 대한 비용 및 손해배상액은 합의하여 책임질 당사자가 부담하면 될 것이다.

그러나 그렇게 종결되는 사건은 법원에 소송을 제기하지 않는다. 시공자와 감리자의 부실로 인하여 문제가 발생하였다면 건축주측은 이 문제를 당초부터 새로 시공할 것을 요구하거나, 이에 대한 철거비와 기지급된 공사비의 반환을 요구하는 것이 보통이다.

어떠한 상황이든 간에 감정인은 감정 의뢰자측이 요구하는 부분에 대하여 조사·감정할 수밖에 없는 상황이라고 보아야 한다. 철거비, 재시공비, 경제적 손실비용 등이 반드시 수반되는 문제이다.

「제2장, 3. 정밀시공 문제, 12. 설계 관련 문제, 13. 감리 관련 문제」, 「제3장, 2. 표준품셈 및 물가의 적용, 4. 기여도 및 책임 소재에 대한 문제, 5. 건축물 가치의 손실평가」 등의 내용을 함께 참조하길 바란다.

12. 설계 관련 문제

□ 건축 설계 및 설계자[30]

○ 건축 설계

설계란 "건축사가 자기 책임 하에(보조자의 조력을 받는 경우 포함) 건축물의 건축, 대수선, 건축설비의 설치 또는 공작물의 축조를 위한 도면, 구조계산서 및 공사시방서, 기타 건설교통부령이 정하는 공사에 필요한 서류를 작성하고, 그 설계도서에 의도한 바를 해설하며, 지도·자문하는 행위"를 뜻한다(건축사법 제2조 제3호). 건축허가를 받아야 하는 모든 건축물의 설계는 건축사만이 할 수 있고, 다만 신고로서 건축이 가능한 건축물의 설계는 건축사가 아니어도 설계가 가능하다. 일정 규모 이상 되거나 특별한 종류의 건축물 설계에 대해서는 건축사가 반드시 관계 전문기술자의 협력을 받아서 하여야 할 경우가 있다(건축법 시행령 제91조의 3).

○ 건축 설계자

건축사법은 건축사, 건축사보의 자격을 규정하고 있고, 건축법 제19조 제1항의 규정에 의한 건축물의 건축 등을 위한 설계는 건축사가 아니면 이를 할 수 없도록 규정하고 있다. 또한 건축사는 업으로 설계, 감리 등을 하기 위해서는 건축사 사무소를 개설하여 건설교통부장관(광역단체장)에게 신고하여야 한다. 건축물은 소유자에게 가장 중요한 재산이며 거주자, 이용자 및 근린 생활자의 생명·신체의 안전 및 건강에 직접 관련되면서 주위의 환경에도 큰 영향을 미치는 존재이기 때문에, 설계·감리하는 자의 전문성을 위하여 건축법 등 법령에 관한 지식을 포함한 건축에 관한 전문기술적 지식을 갖출 것이 요구된다.

▽ 설계도서의 이해가 중요!

30) 설계자(設計者, Designer) : ① 건축사로서 설계도서를 작성하는 자(건축법 제2조 제20호) ② 설계자는 도면에 의하여 자기가 의도하는 기계, 기구 등의 모양, 재료, 구조 등과 같은 제작에 필요한 사항을 안전하게, 신속히 제작자에게 전달함으로써 좋은 제품을 효율적으로 만들 수 있다.

□ 설계도서

설계도서라 함은 건축물의 건축 등에 관한 공사용의 도면과 구조계산서 및 시방서[31], 기타 다음 각 호의 서류를 말한다.

- 건축설비 계산 관계 서류
- 토질 및 지질 관계 서류
- 기타 공사에 필요한 서류

○ 설계도면

설계도면이란 각종 시설물에 대한 형상이나 치수, 재료의 종류, 숫자 등 필요한 사항을 그림으로 도시한 공학적인 도면이라 볼 수 있다.

○ 시방서

- 도면에서 표현하지 못한 설계 의도의 지시
- 성능의 규정 및 지시(성능 시방)
- 공사 실현을 위한 수단의 지시(공법 시방)
- 각종 시험 및 검사의 내용
- 공사 목적물의 명칭, 구조, 수량 등을 명시한 구체적인 공사지도서

건설부 제정 표준시방서를 기준으로 하여 작성되는 것이 보통이고, 표준시방서 외에 특정 공사에만 적용되는 지시사항을 지시하며 다른 건축공사에는 적용될 수 없는 특기시방서가 있다.

---

31) 시방서(示方書, Specification) : ① 설계자의 의도를 시공자에게 전달함을 목적으로 설계도(서)에 기재할 수 없는 사항을 기재하는 문서 ② 설계자가 작성, 설계도면에 반드시 첨부 ③ 도면상의 약어: SPEC ④ 내용: 재료, 공법, 유의사항, 시공용 기계기구, 기타사항 등 ⑤ 시방서는 Specification으로 번역되지만, 이 한국어와 영어는 반드시 같은 개념이라고는 할 수 없다. 영어의 Specification이란 「Specify하는 것」, 즉 도면 이외의 방법으로 말로써 설계도에 표시되지 않은 시공 방법의 상세, 재료, 계약 조건, 기타를 「규정하는(Specify)」이라는 것이며, 우리말의 시방서보다도 원칙적으로 범위가 넓다. 따라서 계약 일반 조건(General Conditions) 등도 Specification에 포함되는 경우가 있어, 이런 경우 우리들이 말하는 「시방서」에 해당하는 부분은 Technical Section이라든지 Trade Section이라 한다. 이것은 일반 조건(General Conditions) 등의 Legal Section에 대한 호칭이다. Technical Section은 글자 그대로 기술적인 내용만을 모은 부분으로서, 재료, 시공법, 일의 정도(Workmanship) 등에 대하여 상세히 기재한 부분이지만, 시방서의 이 부분은 보통 각종의 직종(Various Trades)별로 구분하여 기재하는 경우가 많으므로 Trade Section이라고도 하는 것이다. 또한 더욱 정확하게 Technical Trade Section이란 표현이 쓰일 때도 있다.

○ 구조계산서

구조계산서란 각종 시설 구조물의 안정성 확보를 위한 역학적인 계산서이며, 응력 계산에 의하여 단면 설정, 구성 형태의 치수 등을 명시하여 설계도면을 작성하기 위한 기본이 되는 중요한 부분이다. 구조물의 종류 및 형태에 따라 법적이든 법 외적요소이든 해당 기준을 적용하여 시설물을 과학적으로 안정시키기 위한 노력이다.

특히 남아시아를 강타한 지진 피해에 대하여 우리나라도 안전지역이라고 볼 수 없다는 전문가 집단의 의견과 현존 건축물의 내진 능력을 조사한 후 정부는 이 부분에 대한 규정을 강화하였다.

▽ 현행법상 구조기준 및 구조계산에 의해 구조 안전을 확인하여야 하는 건축물

구분	대상
구조계산 실시 및 건축사에 의한 구조 안전 확인	- 3층 이상 - 연면적 1000㎡ 이상 - 높이 13m 이상 또는 처마 높이 9m 이상 - 기둥과 기둥 사이(Span)가 90m 이상 되는 구조 등
구조기술사 등에 의한 구조계산	- 층수 16층 이상 - 기둥과 기둥 사이(Span)의 거리가 30m 이상 - 다중이용 건축물 등
지진에 대한 안전 여부 확인	- 3층 이상 - 연면적 1000㎡ 이상 - 지진 구역 안의 건축물 - 국가적 문화유산으로 보존할 가치가 있는 건축물 등

□ 설계자의 과실 및 책임

○ 설계자의 과실

설계상의 과실에 대한 구분은 다음과 같다.

① 설계의 내용이 건축주가 지시한 내용에 반하는 경우(지시 위반의 설계)

② 건축주의 명시적인 지시에는 반하지 않지만 완성한 건축물에 설계에서 유래하는 하자가 있는 경우(하자 있는 설계)

건축주가 ①의 「지시 위반의 설계」를 주장하는 경우, 건축주의 지시 내용이 어떠한 것이었는지가 다루어지는 외에도, 그 지시와 다르다고 인정되는 경우 그 지시의 합리적 해석으로 허용할 수 있는 차이인지의 여부가 문제된다. 그러나 건축주의 지시와 다른 설계라면 특별한 사정이 없는 한 채무불이행이 될 것이다. 설계변경의 필요가 있으면 건축주의 충분한 이해를 받아야 하는 것이기 때문이다.

건축주가 ②의 「하자 있는 설계」를 주장하는 경우에는 그것이 하자라고 할 만한 것인지, 하자

에 해당한다면 그것이 설계에서 유래하는 것인지의 여부가 다투어진다. 그러나 건축물에 하자가 존재하는 경우 대개의 건축주는 우선 건축업자에게 이의를 제기하고, 이에 대해 건축업자는 스스로의 신용을 지키기 위해 또는 설계자와의 좋은 관계를 유지하기 위해 그것이 설계에서 유래한 것인지의 여부를 묻지 않고 보수에 응하는 경우가 많고, 그 때문에 설계자에 대한 정당한 법적 책임 추급이 행하여지는 경우는 적은 것이 현실이라고 할 수 있다.

○ 설계자의 책임

건물이 완성된 후에도 건물이 건축주의 희망대로 되지 않았다든가 통상 갖추어야 할 성능을 갖추지 못하여 이것이 설계자의 설계상 과실에서 기인하였다고 인정되는 경우에는, 설계자는 건축주에 대하여 채무불이행 책임 또는 불법행위 책임을 지게 된다.

또한 설계상의 과실로 인한 건물의 하자에 의해서 제3자가 손해를 입은 경우에는, 설계자는 건축주에 대하여 채무불이행 책임 또는 불법행위 책임을 지게 된다.

설계도서는 건설교통부장관이 정한 설계도서 작성 기준, 기본 설계 등에 관한 세부 시행기준 등 법령이 정한 기준에 따라 작성되어야 한다. 그러나 설계시 단순히 법령상의 사항을 준수하는 것만으로는 부족하고, 경험칙상 또는 그 당시의 기술 수준에 비추어 필요한 주의를 하지 않으면 안되므로 단순히 행정담당관의 지도에 따랐다는 것만으로는 면책되지 않는다.

손해배상 책임 외에 설계 업무에 있어서 과실이 있는 경우에는 설계 업무 자체가 불완전한 것이므로 설계자는 이미 작성·교부한 설계도서를 완전한 것으로 보완하여 다시 교부할 의무도 있다고 할 것이다. 설계도서의 수정은 건축물이 완성된 후에는 의미가 없지만, 건축물을 보수하기 위한 참고자료로서 유익한 경우가 있을 것이다.

❑ 설계도서 관련 분쟁

○ 설계도면의 문제

보통 관급공사 발주를 위한 설계도서를 작성하는 정도의 정밀함과 세밀한 검토를 거친 정도의 설계도서로서, 내역서를 만들기 위한 적산작업에 아무런 문제가 없고 시공상에도 전혀 문제가 없다면 이를 기술적으로는 거의 완벽한 설계도서라고 할 수 있을 것이다.

그러나 소규모 개인 건축물의 경우 시방서나 구조계산서 또는 계약내역서 없이 공사를 시행하는 경우가 많다. 그러다 보니 발주자와 시공자 사이에 합의·해결되지 못하는 공사 관련 문제가 발생하게 되고, 이를 법원에 제소하는 분쟁이 발생되어 여러 사람이 이의 해결을 위해 노력하여야 하며 비용이 발생되는 것이다.

우선 도면의 부실 문제로, 건축물을 구성하는 각 부분마다 명확한 명시가 없는 경우가 많다. 내·외장 마감재의 명시가 없거나 불명확하고 범위가 불확실한 경우가 허다하게 발생한다. 또한 도면의 앞·뒤가 서로 상이하고 무엇을 의미하는 도해인지 알 수 없는 도면도 있다.

설계자에게 지불하는 대가 문제도 있고 건축사사무소가 일감이 없어 경쟁적으로 덤핑 행위를 하는 것도 원인이 될 수 있으나, 여하튼 책임은 설계도서를 작성한 자에게 있다고 보아야 한다.

○ 시방서 및 구조계산서의 문제

관급공사의 경우 반드시 이를 갖추어 놓고 공사를 시행하므로 이와 관련된 분쟁의 소지도 없을 뿐더러 분쟁이 발생해도 판단하기 쉬운 편이다.

▫ 시방서

소규모 건축물의 경우에는 시방서가 없는 것이 보통이다. 따라서 건설부 제정 표준시방서를 기준으로 한다고 계약조항에 명시라도 해주면 좋을 것이다.

사실 시방서를 갖추어야 할 정도의 설계용역 계약 수준이 못되는 경우가 너무도 허다하다.

건축사법의 설계도서 작성 기준에 의하면 시방서의 경우 추가 업무이거나 부가 업무로 규정하여 건축주의 추가 요구에 의하거나 당해 건축물의 용도 등에 따라 선택적으로 수행하도록 되어 있으며, 반드시 설계도서에 포함되도록 한 규정은 없다.

▫ 구조계산서

구조계산서의 경우 앞에서 언급한 바와 같이 명확히 구분하여 의무적으로 실시하여야 하는 범위와 규모가 정해져 있으므로 이를 준수한 경우라면 문제가 없을 것이다.

그러나 이를 지키지 않고 경험과 상식에 의하여 설계도면을 작성하고 이로 인하여 문제가 발생하여 상당한 대가를 치르는 경우가 있다. 혹은 같은 건축물에 대하여 도면의 앞부분과 뒷부분에 서로 다른 명시를 하여 시공자를 혼동시키고 당황스럽게 하여 설계자에게 유권해석을 의뢰하고 당초 견적 입찰 당시의 금액 관계로 다툼이 유발되는 경우도 허다하다.

심각한 경우에는 구조도면의 명시가 불명확하거나 혼돈스럽게 정리되면 이를 해결하고 유권해석을 내릴 때에는 많은 시간과 노력이 소모되고, 이미 육안 관찰이 불가능한 부분에 대한 검사를 시행하여야 하는 경우이다.

또는 구조계산 없이 경험만 믿고 구조도면을 작성할 경우, 이는 심각한 문제를 야기하기도 한다. 예를 들면 철근콘크리트 보의 경우 단면의 명시가 명확하고 철근과 콘크리트의 설계강도도 명확하여 이에 따라 정확하게 시공하였으나 안전진단 과정에서 구조계산을 실시해 보니 소요강도가 현저하게 미달되는 경우도 있다. 누가 책임을 져야 하는 문제인가? 이로 인해 보수·보강에 아주 힘든 절차(사용 중인 건축물)와 비용이 소요되는 것이다.

○ 조사·감정

설계도서의 부실로 인하여 발주자 혹은 시공자에게 막대한 손해를 끼친 것이 명백한 경우라면, 설계자에게 책임이 돌아가야 하는 것은 당연하다. 그러나 현실적으로 설계도면을 작성하는 사람도 약간의 실수나 혼동이 있을 수 있으므로, 이해되지 않는 문제가 있는 부분에 대해서는 반드시 시공자가 설계 감리자에게 협의하고 설계 감리자의 결정이나 합의 해석에 의해 공사를 진행하는 것이 상식이자 의무라고 보아야 한다.

시공자도 공학적인 기술력을 갖추었다고 보고 또 이에 대한 건설업 면허 기준도 정해져 있으므로 설계도서를 검토할 의무와 기술력은 가져야 된다고 보는 것이 타당할 것이다.

문제가 발생한 다음의 책임의 한계는 별도의 절차에 의해 판단되어야 할 부분이다.

❑ 설계도서 작성 기준 및 방법

▽ 설계도서 작성 기준(건설교통부 2003.1.24 고시 제2003-1호)

1. 목적

이 기준은 건축사법 제23조 제1항의 규정에 의하여 업무신고를 한 건축사(이하 "건축사"라 한다)가 건축물을 설계함에 있어서 이에 필요한 설계도서의 작성 기준을 정하여 양질의 건축물을 건립하도록 함을 목적으로 한다.

2. 용어의 정의

2.1. "설계도서"라 함은 건축물의 건축 등에 관한 공사용의 도면과 구조계산서 및 시방서, 기타 다음 각 호의 서류를 말한다.

1. 건축설비 계산 관계 서류
2. 토질 및 지질 관계 서류
3. 기타 공사에 필요한 서류

2.2. "설계"라 함은 건축사가 자기 책임하에(보조자의 조력을 받는 경우를 포함한다) 건축물의 건축, 대수선, 건축설비의 설치 또는 공작물의 축조를 위한 설계도서를 작성하고 그 설계도서에서 의도한 바를 설명하며 지도·자문하는 행위를 말한다.

2.3. "기획 업무"라 함은 건축물의 규모 검토, 현장조사, 설계지침 등 건축설계 발주에 필요하여 건축주가 사전에 요구하는 설계 업무를 말한다.

2.4. "계획 설계"라 함은 건축사가 건축주로부터 제공된 자료와 기획 업무 내용을 참작하여 건축물의 규모, 예산, 기능, 질, 미관적 측면에서 설계목표를 정하고 가능한 해법을 제시하는 단계로서, 디자인 개념의 설정 및 연관 분야(구조, 기계, 전기, 토목, 조경 등을 말한다. 이하 같다)의 기본 시스템이 검토된 계획안을 건축주에게 제안하여 승인을 받는 단계이다.

2.5. "중간 설계"(건축법 제8조 제3항에 의한 기본 설계도서를 포함한다. 이하 같다)라 함은 계획 설계 내용을 구체화하여 발전된 안을 정하고, 실시 설계 단계에서의 변경 가능성을 최소화하기 위한 다각적인 검토가 이루어지는 단계로서, 연관 분야의 시스템 확정에 따른 각종 자재, 장비의 규모, 용량이 구체화된 설계도서를 작성하여 건축주로부터 승인을 받는 단계이다.

2.6. "실시 설계"라 함은 중간 설계를 바탕으로 하여 입찰, 계약 및 공사에 필요한 설계도서를 작성하는 단계로서, 공사의 범위, 양, 질, 치수, 위치, 재질, 질감, 색상 등을 결정하여 설계도서를 작성하며, 시공 중 조정에 대해서는 사후 설계 관리 업무 단계에서 수행 방법 등을 명시한다.

2.7. "사후 설계 관리 업무"라 함은 건축설계가 완료된 후 공사 시공 과정에서 건축사의 설계 의도가 충분히 반영되도록 설계도서의 해석, 자문, 현장 여건 변화 및 업체 선정에 따른 자재와 장비의 치수, 위치, 재질, 질감, 색상 등의 선정 및 변경에 대한 검토·보완 등을 위하여 수행하는 설계 업무를 말한다.

3. 적용 범위
3.1. 이 기준은 건축사가 타인의 위탁을 받아 건축물에 관한 설계도서를 작성하는 데 적용한다.
3.2. 공사 계획의 변경으로 인하여 설계도서를 변경하는 경우에도 이 기준을 적용한다.
3.3. 주택건설촉진법 제33조 제1항의 규정에 의하여 사업계획의 승인을 받아 건설하는 주택을 설계하는 경우에는 동법 제33조의 5 제1항의 규정에 의한다.
3.4. 공공 건축물, 대규모 산업시설 등 건설교통부장관이 별도로 정하여 설계도서 작성 기준을 고시한 경우에는 그에 따른다.
4. 설계도서의 작성
설계도서는 [별표]에서 정하는 설계도서 작성 방법에 의하여 작성하되, 건축사와 건축주간의 설계 계약서에서 정하는 바에 따라 그 범위를 조정한다.
5. 설계도서의 제출
5.1. 건축법 제8조 제1항의 규정에 의하여 건축물을 건축하거나 대수선하는 자가 허가를 받고자 할 때에는 허가신청서에 중간 설계도서 내용 중 건축법 시행규칙 제6조 제1항 [별표 2]에서 정하는 '기본 설계도서'와 기타 관련 구비서류 등을 첨부하여 시장·군수·구청장에게 제출한다.
5.2 건축법 제16조 제1항의 규정에 의하여 건축주가 착공신고를 할 때에는 착공신고에 실시 설계 도서 내용 중 건축법 시행규칙 제14조 제1항 [별표 4의 2]에서 정하는 '설계도서'와 건축주와 설계자, 건축주와 공사 시공자 및 건축주와 공사 감리자 상호간의 계약서 사본, 기타 관련 구비서류 등을 첨부하여 시장·군수·구청장에게 제출한다.
6. 흙막이 구조도면의 작성
지하 2층 이상의 지하층을 설치하는 경우에는 건축법에서 정하는 바에 의거 흙막이 구조도면을 작성하여 착공신고시에 제출한다.
7. 재료의 표기
7.1. 건축물에 사용하는 건축 재료는 품명 및 규격 등을 설계도면에 표기함을 원칙으로 한다.
7.2. 설계도면에 표기할 수 없는 재료의 성능 및 재질 등에 관한 사항은 공사시방서에 표기한다.
8. 공사시방서의 작성
8.1. 공사시방서에는 중간 설계 및 실시 설계 도면에 구체적으로 표시할 수 없는 내용과 공사 수행을 위한 시공 방법, 자재의 성능·규격 및 공법, 품질시험 및 검사 등 품질 관리, 안전 관리, 환경 관리 등에 관한 사항을 기술한다.
8.2. 공사시방서는 표준시방서 및 전문시방서를 기본으로 하여 작성하되, 공사의 특수성, 지역 여건, 공사 방법 등을 고려하여 작성한다.
9. 설계도서 해석의 우선순위
설계도시, 빌링 해석, 삼리사의 지시 등이 서로 일치하지 아니하는 경우에 있어 계약으로 그 적용의 우선순위를 정하지 아니한 때에는 다음의 순서를 원칙으로 한다.

① 공사시방서

② 설계도면
③ 전문시방서
④ 표준시방서
⑤ 산출내역서
⑥ 승인된 상세 시공도면
⑦ 관계법령의 유권해석
⑧ 감리자의 지시사항

10. 구조계산서의 작성

10.1. 층수가 3층 이상이거나 연면적이 1,000㎡ 이상인 건축물(층수가 3층 미만의 경우로서 높이가 13m 이상이거나 처마 높이 9m 이상인 건축물을 포함한다) 또는 기둥과 기둥 사이의 거리(기둥이 없는 경우에는 내력벽과 내력벽 사이의 거리를 말한다)가 10m 이상인 건축물을 건축하거나 대수선하는 경우에는 구조안전을 확인할 수 있도록 구조계산서를 작성한다.

10.2. 층수가 6층 이상이거나 연면적이 10,000㎡ 이상인 건축물 또는 건축물의 구조기준 등에 관한 규칙 제6조의 규정에서 정하는 건축물을 건축하거나 대수선하는 경우에는 지진에 대한 안전 여부를 함께 확인할 수 있도록 구조계산서를 작성하되, 사용승인서를 교부받은 후 5년이 경과한 건축물의 증축(연면적 10분의 1 이내의 증축 또는 1개 층의 증축에 한한다) 및 일부 개축의 경우에는 이를 생략할 수 있다.

10.3. 구조내력의 기준 및 구조계산의 방법 등은 건축물의 구조기준 등에 관한 규칙이 정하는 바에 의하고 이에 필요한 세부기준 등은 건설교통부장관이 작성 또는 승인한 기준이 정하는 바에 의한다.

11. 관계 전문기술자의 협력

11.1. 층수가 16층 이상인 건축물, 기둥과 기둥 사이의 거리가 30m 이상인 건축물 또는 다중이용 건축물에 대한 구조계산은 국가기술자격법에 의한 건축구조기술사 또는 이와 동등 이상의 기술 능력이나 자격을 갖추었다고 건설교통부령이 정하는 자가 하여야 한다.

11.2. 연면적이 10,000㎡ 이상인 건축물(창고시설을 제외한다) 또는 에너지를 대량으로 소비하는 건축물로서 건축물의 설비기준 등에 관한 규칙 제2조의 규정에서 정하는 건축물에 급수·배수·난방 및 환기의 건축설비를 설치하는 경우에는 국가기술자격법에 의한 건축기계설비기술사 또는 공조냉동기계기술사의 협력을 받아야 한다.

11.3. 깊이 10m 이상의 토지굴착공사 또는 높이 5m 이상의 옹벽·흙막이벽 설치와 그 지질 조사 및 토공사의 설계에 대해서는 국가기술자격법에 의한 토목 분야 기술계 기술자격 취득자의 협력을 받아야 한다.

12. 수량 산출 조서의 작성

설계도면을 작성·완료한 후에는 공종별로 재료의 수량 산출 내역서를 작성할 수 있다.

13. 건축제도 통칙의 적용

이 기준에서 규정한 사항 이외에 설계도서의 작성에 필요한 사항은 한국산업규격 KS F 1501 건축제도 통칙이 정하는 바에 의한다.

14. 설계도서 작성자의 서명·날인

설계도서를 작성하는 데 참여한 자 및 협력한 관계 전문기술자는 관계법령 및 그 규정에 의한 명령이나 처분 등에 적합하게 작성되었는지를 확인한 후 당해 도서에 서명·날인한다.

15. 적용의 예외

건축법 제19조 제4항의 규정에 의거 표준설계도서 등의 운영에 관한 규칙에 의한 표준설계도서 또는 특수한 공법을 적용한 설계도서에 따라 건축물을 건축하는 경우에는 이 기준을 적용하지 아니한다.

▽ 설계도서 작성 방법 [별표]　　　(○ : 기본 업무 / 빈칸 : 추가 업무(계약에 따른 업무) / ◇ : 기획 업무)

업무의 내용			도서작성 구분
규모 검토서 (공간 계획)	법규 검토	대지 및 건축물의 규모, 용도 등을 개략적으로 검토하기 위한 법규 검토	
	개략 배치도	건축물의 개략 배치	
	대지 종·횡 단면도	대지의 경사 및 건축물과의 관계 표시	
	개략 평면도	1층 및 기준층 평면도	
		각 층 평면도	
	개략 단면도	층수 층고 표시의 개략 단면	
현장조사	대지 및 주변 현황 확인	대지 상태, 주변 건축물	
	대지 및 주변 현황 분석	교통·수목·시각·기후 분석	
	사용자 조사	면담, 행태 조사, 회의	
	기존 시설물 분석	설계도서, 설비 용량	
설계 지침서		용역 대상 및 범위, 계약 조건	
		설계 목표, 제한, 성능, 요구, 개념	
		공간 프로그램, 운영 프로그램	
		공사 관련 예산서 작성	
프로젝트 공정표		심의·허가 등 설계 공정 및 기타 공정	
기존 유사 건축물 조사·비교		규모, 층수, 용도 비교	
		마감재, 시설 비교	
		공사비 비교	

① 계획 설계의 도서 내용

종 류		내 용	도서작성 구분
건 축	공사비 개산서	재료·장비 선정에 따른 개략 공사비	
	법규 검토	제반 법규 검토, 인허가 절차 파악	○
		설계 구상안	○
	건축 계획서	설계 개요	○
		배치 계획	
		평면 계획	
		입면 계획	
		단면 계획	
		외장 재료 비교 분석	
	모 형	Sketch 또는 Study-Model	

건 축	건축 도면	배 치 도	○
		대지 종·횡 단면도	○
		각 층 평면도	○
		입 면 도(2면 이상)	○
		단 면 도(종·횡 단면도)	○
	심의도서	심의 대상인 경우	
구 조	구조 계획서	구조 계획 개요	
		기존 구조적용 시스템 및 대안, 경제적 타당성 검토	
	심의도서	구조 심의 대상인 경우	
기 계	기계설비 계획서	건축주 요구사항의 수용 여부와 설계 방침의 확정	
		기계설비 계획 개요	
		각종 계통도 및 조닝 계획	
		적용 시스템 비교 검토	
		개략 공사비 추정	
	심의도서	심의 대상인 경우	
전 기	전기설비 계획서	해당 법규 검토	
		설계 방향 설정, 전기설비 계획 개요	
		추정 부하 산정	
		개략 예산 검토	
	심의도서	심의 대상인 경우	
토 목	토목 계획서	개략 흙막이 계획서	
		흙막이 계획도	
		우·오수처리 계획서와 상수 계획서	
		예상 공사비 계산서	
조 경	조경 계획서	녹지 및 공개공지 계획도	
		식재 계획도	
		시설물 계획 및 포장 계획도	
방 재	심의도서	심의 대상인 경우	
일 반 사 항	심의도서	법규 체크리스트 및 소방 개략 계획서	
	개략 시방서	공사용 시방서(초안)	
	공사비 개산서	기본설계 적용기준에 따라 개략 공사비를 산정·작성	
	건축 계획서	공사 개요(위치, 대지면적 등)	○
		건축물 규모(건축면적, 연면적, 높이, 층수 등)	○
		건축물 용도별 면적, 주차장 규모	○
		배치 계획	
		주차 및 동선 계획	
		평·입·단면 계획	
		관련 사항에 따른 법규 검토	○

② 중간 설계의 도서 내용

가. 건 축

종 류			내 용	도서작성 구분
일반 사항	개략 시방서		공사용 시방서(초안)	
	공사비 개산서		기본설계 적용기준에 따라 개략 공사비를 산정·작성	
	건축 계획서		공사 개요(위치, 대지면적 등)	○
			건축물 규모(건축면적, 연면적, 높이, 층수 등)	○
			건축물 용도별 면적, 주차장 규모	○
			배치 계획	
			주차 및 동선 계획	
			평·입·단면 계획	
	법규 검토서		관련 사항에 따른 법규 검토	○
도 면	도면 목록표		공종 구분해서 분류 작성	
	안 내 도		방위, 도로, 대지 주변 지물의 정보 수록	
	구 적 도		대지면적에 대한 기술	
	실내 재료 마감표		바닥, 벽, 천장 등 실내마감	
	배 치 도		축척 및 방위, 건축선, 대지경계선 및 대지가 정하는 도로의 위치와 폭, 건축선 및 대지경계선으로부터 건축물까지의 거리, 신청 건축물과 기존 건축물과의 관계, 대지의 고저차, 부대시설물과의 관계	○
	주차 계획도		법정 주차 대수와 주차 확보 대수의 대비표, 주차 배치도 및 차량 동선도 차량 진·출입 관련 위치 및 구조	○
			옥외 및 지하주차장 도면	○
	각 층 및 지붕 평면도		기둥·벽·창문 등의 위치 및 복도, 계단, 승강기 위치	○
			방화구획 및 방화벽의 위치	○
	입 면 도(2면 이상)		주요 내·외벽, 중심선 또는 마감선 치수, 외부마감 재료	○
	단 면 도 (종·횡 단면도)		건축물 최고 높이, 각 층의 높이, 반자 높이	○
			천장 내 배관 공간, 계단 등의 관계를 표현	○
	투 시 도		투시도 또는 조감도	
상세도	수직 동선 상세도	코어 상세도	코어 내의 각종 설비 관련 시설물의 위치	
		계단 평·단면 상세도		
		주차 경사로 평·단면 상세도		
		주차 리프트 평·단면 상세도		
	부분 상세도	지상층 외벽 평·입·단면도		
		지하층 부분 단면 상세도		
	천장도	천장 평면도		
	창호도	창호 평면도		
		창호 잡철물	각 창호에 적용되는 철물	

기 타	정화조	정화조 평·단면도		○
		용량 계산서		○
	특수 분야 계획 검토	차음, 방음, 방진		
		무대, 조명		
		전시, 미술장식품		
		분 수		
		주 방		
		음 향		

나. 구 조

종 류		내 용	도서작성 구분
일반사항	개략 시방서	구조 일반시방 및 특기 시방서(초안) 작성	
	구조 계산서		
	설계 설명서		
도 면	기초 일람표		
	구조 평면도	기초에서 옥탑까지 작성	○
	가 구 도	골조의 단면 상태를 표현하는 도면으로, 골조의 상호 연관 관계를 표현	○
	앵커 배치도 및 Base Plate 설치도		
	기둥 일람표		○
	보 일람표		○
	슬래브 일람표		○
	옹벽 일람표		
	계단배근 일람표		
	잡배근 일람표		
	주 심 도		

다. 기 계

종 류		내 용	도서작성 구분
일반사항	개략 시방서	기계 일반사항 및 특기 시방서(초안) 작성	
	개략 공사비 계산서	각 공종별 단위면적당 공사비 개념으로 개략 산정	
	설계 설명서	계획 설계시의 내용을 발전 확정	
	개략 부하 계산서	설계 기준에 따라 단위면적당 부하를 기준	
	각종 장비 신징서	부하 분석에 따른 적정 장비 선정	
	에너지 심의 서류	에너지 절약 계획서 및 기타 서류	
	소방시설 계획서	건물 종별, 규모별, 층별 소방시설계획에 관한 종합적 서류	○

도 면	도면 목록표		
	소방 설비도	해당 소방 관리 설비	○
	장비 일람표	규격, 수량을 상세히 기록	
	장비 배치도	기계실, 공조실 등의 장비 배치 방안 계획	
	계 통 도	공조배관설비 계통도	
		Duct설비 계통도	
		위생설비 계통도	
		소화설비 계통도	○
	기준층 및 주요층 기구 평면도	공조배관설비 평면도	
		Duct설비 평면도	
		위생설비 평면도	
		소화설비 평면도	○
	저수조 및 고가수조	저수조 및 고가수조의 설치 기준을 표시	
	설비용 피트 평면 상세도	설비용 피트 상세 및 배치 계획 도면	
	도시가스 인입 확인	도시가스 인입 지역에 한해서 조사·확인	○
	기구 상세도	기구의 선정	

라. 전 기

종 류		내 용	도서작성 구분
일 반 사 항	개략 시방서	전기 일반 시방 및 특기 시방서(초안) 작성	
	공사비 계산서	공종별 단위면적당 개략 공사비	
	설계 설명서	계획 설계시의 내용을 발전 확장	
	각종 부하 계산서	용도별 조도, 부하 계산서 작성	
	소방시설 계획표	각종 설치 시설에 대한 계획표	○
도 면	도면 목록표		
	배 치 도	옥외 조명 설비 평면도	
	계 통 도	전력 계통도	
		조명 계통도	
		통신 계통도	
		소방 계통도	○
	평 면 도	조명 평면도	
		소방 평면도	○
	상 세 도	조명기구의 선정	

마. 토 목

종 류		내 용	도서작성 구분
일 반 사 항	개략 시방서	토목 일반시방 및 특기 시방서(초안) 작성	
	개략공사비 계산서	기본 설계도서에 따라 개략 공사비 산정	
	설계 설명서		
도 면	도면 목록표		
	각종 평면도	주요 시설물 계획	
	대지 종·횡 단면도		○
	토공사 계획도		
	포장계획 평·단면도		
	보도블록 평면도		
	담장 계획도		
	우·오수 배수처리 평·종 단면도		
	상·하수 계통도	우·오수 배수처리 구조물 위치 및 상세도 공공하수도와의 연결 방법, 상수도 인입 계획, 정화조의 위치	○

바. 조 경

종 류		내 용	도서작성 구분
일 반 사 항	개략 시방서	일반 시방 및 특기 시방서(초안) 작성	
	개략 공사비 계산서	기본 설계도서에 따라 개략 공사비 산정	
	설계 설명서		
도 면	도면 목록표		
	조경 배치도	법정면적과 계획면적의 대비, 조경계획 및 식재 상세도	○
	식재 평면도		
	단 면 도		

③ 실시 설계의 도서 내용

가. 건 축

종 류			축 적	도서작성 구분
일 반 사 항	공사 시방서			○
	설계 개요			○
	각 공종별 공사비 내역서			
	각종 계산서			○
	심의에서 각종 인허가 관련 자료			○
일 반 도 면	표 지			○
	도면 목록표			○
	안 내 도			○
	구 적 도			○
	지 적 도			○
	면적 산출표			○
	대지 종·횡 단면도			○
	배 치 도		1/100 이상	○
	주차 계획도		1/100 이상	
	평 면 도		1/100 이상	○
	입 면 도(2면 이상)		1/100 이상	○
	단 면 도(종·횡 단면도 등)		1/100 이상	○
	실내 벽 및 반자의 마감도		1/100 이상	○
상 세 도 면	수직 동선 관련 상세도	코어 평면 상세도	1/5~1/50	
		계단 평·단면도	1/5~1/50	○
		승강기 샤프트 평·단면 상세도	1/5~1/50	
		주차 경사로 평·단면 상세도	1/5~1/50	
		주차 리프트 평·단면 상세도	1/5~1/50	
	부분 상세도	주요 부분 상세도	1/5~1/50	○
		주 출입구 부분 평·입·단면 상세도	1/5~1/50	
		부 출입구 부분 평·입·단면 상세도	1/5~1/50	
		셔터 상세도	1/5~1/50	
		피트 상세도	1/5~1/50	
		발코니 상세도	1/5~1/50	
		출입구 상세도	1/5~1/50	
		지상층 외벽 입·단면 상세도	1/5~1/100	
		지하층 단면 상세도	1/5~1/100	
		주요 부분 내벽 상세도	1/5~1/100	

상 세 도 면	창 호 도	창호 일람표	1/5~1/50	
		창호 평면도	1/5~1/50	
		창호 상세도	1/5~1/50	
		창호 입면도	1/5~1/50	
		창호 잡철물 목록	1/5~1/50	
	천 장 도	각 층 천장 평면도	1/5~1/50	
		천장 상세도	1/5~1/50	
		부분 상세도	1/5~1/50	
		천장 관련 설치 상세도	1/5~1/50	
		로비 바닥 패턴도	1/5~1/50	
	내부 상세도	로비 전개도	1/5~1/50	
		주요 실 전개도	1/5~1/50	
		승강기 홀 전개 상세도	1/5~1/50	
		화장실 전개 상세도	1/5~1/50	
		칸막이 전개도 및 상세도	1/5~1/50	
	실내 부위	실내 마감 상세도	1/5~1/50	
	부 품 도	각 부품도	1/2~1/50	
기 타	정 화 조	건축용 평·단면도	1/5~1/100	
		각종 설비도		
		계 산 서		
	특수 분야 도면	소음·방진, 무대·조명, 주방, 음향·전시, 미술 장식품 등		

나. 구 조

종 류		축 적	도서작성 구분
일 반 사 항	구조 계산서(법령에 의거 작성을 요하는 건축물)		○
	시 방 서		○
	설계 설명서		
도 면	도면 목록표		○
	구조 평면도	1/30~1/200	○
	구조 단면도	1/30~1/200	○
	기초 일람표	1/30~1/100	○
	앵커 배치도 및 Base Plate 설치도	1/30~1/100	
	기둥 일람표	1/30~1/100	○
	보 일람표	1/30~1/100	○
	슬래브 일람표	1/30~1/100	○
	옹벽 일람표	1/30~1/100	○
	계단배근 일람표	1/30~1/100	○
	잡배근 일람표	1/30~1/100	○
	주 심 도	1/30~1/200	○

상세도	계단 및 코어 상세도	계단 상세도	1/30~1/50	○
		경사로 상세도	1/30~1/50	○
		코어 상세도	1/30~1/50	○
	접합 상세도	기둥 접합 상세도	1/5~1/50	○
		보 접합 상세도	1/5~1/50	○
		Brace 접합 상세도	1/5~1/50	○
		Deck Plate 설치도	1/5~1/50	○
		Stud Bolt 설치도	1/5~1/50	○
		Anchor Bolt 상세도	1/5~1/50	○
	잡 상세도		1/5~1/50	
	가 구 도		1/5~1/50	
	각 부 구조 상세도		1/5~1/50	
	기타 상세도	보 Opening 위치도	1/5~1/50	
		캐 노 피	1/5~1/50	
		패 러 핏	1/5~1/50	
		Truss	1/5~1/50	

다. 기 계

종 류			축 적	도서작성 구분
일 반 사 항	시 방 서	당해 공사에 요구되는 일반 및 특기사항을 상세히 기술		○
	공사비 내역서	시방 및 도면에 따라 세부 공사비를 산정하여 작성		
	부하 계산서	설계 기준에 따라 세부 부하 계산		○
	설계 설명서	설계 과정에서 확정된 내용 정리		
도 면	도면 목록표	도면 목차, 번호 등을 알아보기 쉽도록 표기		○
	장비 일람표	주요 장비의 사항을 알아보기 쉽도록 표기		
	옥외 배관 평면도	옥외에서의 급·배수, 도시가스, 유틸리티 등의 인입·인출과 관경 및 위치 등을 표시	1/100 이상	○
	각 설비 계통도	각 설비별 계통 표시		○
	각 설비 평면도	공조, 환기, 위생, 소화설비 등에 대한 내용 등을 표시	1/100 이상	○
	기계실 및 공조실 확대 평면도	각 설비별 기계실 배관에 관한 확대 평면도	1/5~1/50	
	화장실 확대 평면 상세도	화장실 배관 등에 대한 확대 평면도	1/5~1/50	
	저수조, 고가수조 배치 및 상세도	설치 기준을 표시, 평·단면도	1/5~1/50	
	설비용 피트 상세도	설치 및 유지보수 등을 위한 적절한 공간 검토·확인	1/5~1/50	
	연도 상세도	보일러 및 발전기 등의 연도 상세	1/5~1/50	

<table>
<tr><td rowspan="5">도 면</td><td>각종 장비 상세도</td><td></td><td>1/5~1/50</td><td></td></tr>
<tr><td rowspan="3">자동제어 도면
(별도)</td><td>구 성 도</td><td></td><td></td></tr>
<tr><td>장비, 밸브, 관제점, 패널 일람표</td><td></td><td></td></tr>
<tr><td>계통도 및 평면도</td><td></td><td></td></tr>
</table>

라. 전 기

<table>
<tr><th colspan="3">종 류</th><th>축 적</th><th>도서작성 구분</th></tr>
<tr><td rowspan="6">일 반
사 항</td><td>시 방 서</td><td>당해 공사에 요구되는 일반 및 특기사항을 상세히 기술</td><td></td><td>○</td></tr>
<tr><td>공사비 내역서</td><td>물량 산출 및 내역서</td><td></td><td></td></tr>
<tr><td>각종 부하 계산서</td><td>변압기 용량, 부하, 조도, 발전기 용량</td><td></td><td>○</td></tr>
<tr><td>설계 설명서</td><td></td><td></td><td></td></tr>
<tr><td>도면 목록표</td><td>도면 목차, 번호 등을 알아보기 쉽도록 표기</td><td></td><td>○</td></tr>
<tr><td>장비 일람표</td><td>주요 장비의 사양을 표기</td><td></td><td></td></tr>
<tr><td rowspan="20">도 면</td><td>도면 목록표</td><td>도면 목차, 번호 등을 알아보기 쉽도록 표기</td><td></td><td>○</td></tr>
<tr><td rowspan="3">인입 배치도</td><td>전력 배치도</td><td>1/100 이상</td><td>○</td></tr>
<tr><td>통신 배치도</td><td>1/100 이상</td><td>○</td></tr>
<tr><td>소방 배치도</td><td>1/100 이상</td><td>○</td></tr>
<tr><td rowspan="3">계 통 도</td><td>전력간선 계통도</td><td></td><td></td></tr>
<tr><td>통신 계통도</td><td></td><td></td></tr>
<tr><td>소방 계통도</td><td></td><td></td></tr>
<tr><td rowspan="8">평 면 도</td><td>전기실 장비 설치 평면도</td><td>1/100 이상</td><td></td></tr>
<tr><td>기계실 장비 설치 평면도</td><td>1/100 이상</td><td></td></tr>
<tr><td>전력설비 평면도</td><td>1/100 이상</td><td>○</td></tr>
<tr><td>조명설비 평면도</td><td>1/100 이상</td><td></td></tr>
<tr><td>통신설비 평면도</td><td>1/100 이상</td><td>○</td></tr>
<tr><td>방범설비 평면도</td><td>1/100 이상</td><td></td></tr>
<tr><td>소방설비 평면도</td><td>1/100 이상</td><td>○</td></tr>
<tr><td>방송설비 평면도</td><td>1/100 이상</td><td></td></tr>
<tr><td rowspan="5">상 세 도</td><td>조명기구 상세도</td><td>1/5 이상</td><td></td></tr>
<tr><td>설비용 피트 상세도</td><td>1/5 이상</td><td></td></tr>
<tr><td>피뢰침 상세도</td><td>1/5 이상</td><td></td></tr>
<tr><td>접지 설비 상세도</td><td>1/5 이상</td><td></td></tr>
<tr><td>TV 안테나 설치 상세도</td><td>1/5 이상</td><td></td></tr>
</table>

마. 토 목

종 류			축 적	도서작성 구분
일 반 사 항	공사 시방서	당해 공사에 요구되는 일반 및 특기사항을 상세히 기술		○
	공사비 내역서	시방 및 도면에 따라 세부 공사비를 산정하여 작성		
	설계 설명서			
도 면	주요 평면도		필요 축적	○
	대지 종·횡 단면도		필요 축적	○
	토공사 평·단면도		1/5~1/100	
	흙막이 상세도		1/5~50	○
	포장 상세도	굴토 깊이 10m 미만	1/5~50	
	보도블록 및 측구 상세도		1/5~1/100	
	옹벽 평·단면 전개도		1/5~1/100	○
	옹벽 상세도		1/5~1/100	○
	담장 입·단면도		1/5~1/100	
	담장 상세도		1/5~1/100	
	방음벽 상세도		1/5~1/100	
	지하매설 구조물 현황			○
	우·오수 배수 상세도	우·오수 배수처리 노선 상세도(평면도, 종·횡 단면도) 및 구조물 상세도	1/5~1/100	

바. 조 경

종 류			축 적	도서작성 구분
일 반 사 항	공사 시방서	당해 공사에 요구되는 일반 및 특기사항을 상세히 기술		○
	공사비 내역서	물량 산출 및 내역서		
	설계 설명서			
도 면	도면 목록표	도면 목차, 번호 등을 알아보기 쉽도록 표기		○
	배 치 도	공사 계획 및 시설물 배치도	1/100 이상	○
	평 면 도	배식 평면도 및 수량 집계	1/100 이상	
		포장 계획 평면도	1/100 이상	
		시설물 평면도	1/100 이상	
	입 면 도	식재 입면도 및 플랜터 전개도	1/100 이상	
	상 세 도	포장 평·입·단면 상세도	1/10 이상	
		지주목 상세도	1/10 이상	
		식재 및 수목 보호용 덮개 상세도	1/10 이상	
		조명등 상세도	1/10 이상	
		플랜터 상세도	1/10 이상	
		시설물 상세도	1/10 이상	

13. 감리 관련 문제

❏ 감리 및 감리자

감리란 일반적으로 허가 혹은 신고된 건축공사의 시공 과정에서 공사 감리자로 지정된 자가 자신의 책임하에 건축법 등이 정하는 바에 의하여 건축물·건축설비 또는 건축물이 설계도서의 내용대로 시공되는지의 여부를 확인하고, 품질 관리, 공사 관리 및 안전 관리 등에 대하여 지도·감독하는 행위(건축법 제2조 제15호, 건축사법 제2조 제4호)를 말하며 이를 수행하는 자가 감리자이다.

감리제도는 건축물의 건축이 통상 공공의 안녕, 또는 질서에 영향을 줄 수 있다는 전제하에 그 위험을 방지하기 위한 건축규제법의 일환으로 발전되어 온 제도라고 할 것이다.

현실적으로 공사 감리자는 건축주에 대해서는 법적·기술적 측면에서 건축공사를 보조하는 위치에, 건축허가권 혹은 신고수리권을 가진 행정청에 대해서는 그 행정청을 대신하여 건축공사가 허가 혹은 신고된 내용대로 이행되고 있는지의 여부를 감시·감독하는 위치에 있는 것으로 해석된다.

△ 감리의 성패가 시공품질의 척도!

❑ 감리제도

○ 건축법상 감리 규정

□ 대상 및 자격

- 건축법 제21조 제1항은 "건축주는 대통령령이 정하는 용도·규모 및 구조의 건축물을 건축하는 경우에는 건축사 또는 대통령령이 정하는 자를 공사 감리자로 지정하여 공사 감리를 하게 하여야 한다"고 규정하고 있다.
- 건축법 시행령 제18조는 공사 감리를 해야 하는 건축물로서 지역·용도·규모 및 구조상, 연면적의 합계가 100㎡를 초과하는 단독주택 등을 정하고 있고, 시행령 제19조 제1항은 "건축사가 건축하는 경우에는 건축사를 공사 감리자로 지정하되, 다중이용 건축물인 경우에는 건설기술관리법에 의한 건축감리 전문회사 또는 종합감리 전문회사를 공사 감리자로 지정하여야 한다"고 규정하고 있다.
- 건축법에 의한 감리제도는 감리자가 발주자(건축주)를 대신하여 수시 또는 필요한 때에 공사 현장에서 관계법령에 적합하도록 시공 지도, 공사의 지도, 확인 등을 하는 감리로서 설계 감리의 성격을 가진다. 다만 일정 규모 이상의 건축공사 및 아파트의 건축공사에는 건축 분야의 건축사보 1인 이상을 해당 공사 기간 동안 공사 현장에서 상주하며 공사 감리를 하도록 규정하고 있다.(건축법 시행령 제19조 제5항)
- 또한 건축사법 제4조 제2항은 "건축법 제21조 제1항의 규정에 의하여 건축사를 공사 감리자로 지정하는 건축물의 건축 등에 관한 공사 감리는 건축사가 아니면 이를 할 수 없다"고 하여 공사 감리자의 자격을 건축사로 제한하고 있음을 확인하고 있다.
- 한편 건축법 시행령 제91조의 3은 건축사의 감리상 일정한 규격 이상의 건축에 관해서는 토목 분야 기술사, 건축구조기술사, 건축설비기술사 등 전문 분야 기술자의 협력을 받아 행할 것을 규정하고 있다. 이들 협력자는 감리자와 함께 감리보고서에 서명·날인하여야 한다.

□ 감리 업무 내용의 규정

- 공사 시공자가 설계도서에 따라 적합하게 시공하는지 여부의 확인(건축법 시행령 제19조 제6항 제1호)
- 공사 시공자가 사용하는 건축자재가 관계법령에 의한 기준에 적합한 건축자재인지 여부의 확인(동항 제2호)
- 건축물 및 대지가 관계법령에 적합하도록 공사 시공자와 건축주를 지도(건축법 시행규칙 제19조의 2 제1호)

- 시공계획 및 공사관리의 적정 여부의 확인(동조 제6호)
- 공사 현장에서의 안전관리의 지도(동조 제3호)
- 공정표의 검토(동조 제4호)
- 상세 시공도면의 검토·확인(동조 제5호)
- 구조물의 위치와 규격의 적정 여부의 검토·확인(동조 제9호)
- 품질시험의 실시 여부 및 시험성과의 검토·확인(동조 제7호)
- 설계변경의 적정 여부의 검토·확인(동조 제8호)
- 기타 공사계약으로 정하는 사항(동조 제9호)
- 건축법 위반사항 건축주에 통지 및 시공자에게 시정 요청, 건축공사 중지 요청 등
- 감리일지의 기록·유지 의무 및 건축주에 대한 감리 중간보고서, 감리 완료보고서 등 제출 의무(건축법 제21조 제5항) 등 부과
- 기타 공사 감리자의 업무 수행을 위하여 공사 감리자에게 관계법령 위반사항 발견시 건축주에 대한 통지권, 공사 시공자에 대한 시정 또는 재시공 요청권(건축법 제21조 제2항), 공사 시공자가 위 시정 요청을 따르지 않을 경우 허가권자에 대한 보고권(동조 제3항), 일정한 용도 또는 규모의 공사에 대한 상세 시공도면 작성 요청권(동조 제4항) 등의 권한 부여

○ 주택법상 감리 규정

- 주택건설촉진법 제33조의 6은 "주택건설 사업계획을 승인하는 때(단독주택의 경우에는 20호, 공동주택의 경우에는 20세대 이상의 주택 등)에는 당해 주택건설공사를 감리할 자를 지정하여야 한다. 다만 사업주체가 대한주택공사·지방공사 또는 대통령령이 정하는 자인 경우에는 그러하지 아니하다"고 규정하고 있고,
- 시행령 제34조의 6 제1항은 건설교통부장관이 300세대 미만의 주택건설공사에는 건축사법에 의하여 감리자격이 있는 자를, 300세대 이상의 주택건설공사에는 건설기술관리법에 의한 건축감리 전문회사 및 종합감리 전문회사를 감리자로 지정하여야 한다고 규정하고 있다.

감리자의 업무 내용은 건축법상 감리자의 업무와 큰 차이가 없다(같은 법 제33조의 6 제2항).

○ 건설기술관리법상 감리 규정

건설기술관리법은 국가, 지방자치단체 등 발주청이 발주하는 일정 규모 이상의 공사에 대하여 설계감리, 책임감리, 검측감리 및 시공감리 등을 할 것을 규정하고 있는데, 위 법은 국가 등이 발주하는 대규모 건설공사에 대하여 감리의 내용을 보다 세밀히 구분하고 감리자의 의무 및 권한 등을 엄격히 하기 위한 특별법적 성격인 것으로 해석된다. 이 법에 의한 감리는 건설기술자로 구성된 건축감리 전문회사나 종합감리 전문회사에 의하여 수행된다.

• 설계감리란 건설공사의 계획·조사 또는 설계가 관계법령 및 건설기술관리법 제34조 제1항 각 호의 건설공사 설계기준 및 건설공사 시공기준 등에 따라 품질 및 안전을 확보하여 시행될 수 있도록 관리하는 것이고,

• 검측감리란 건설공사가 설계도서, 기타 관계 서류와 관계법령의 내용대로 시공되는지의 여부를 확인하는 것이며,

• 시공감리란 검측관리에 더하여 품질 관리, 시공 관리, 안전 관리 등에 대한 기술 지도까지 포함하는 것이고,

• 책임감리란 시공감리 및 관계법령에 따라 발주청으로서의 감독 권한을 대행하는 것을 의미하되 책임감리는 공사감리의 내용에 따라 전면 책임감리와 부분 책임감리로 구분된다(건설기술관리법 제2조 제9호).

건설기술관리법은 특히 책임감리를 시행하는 공사에 대해서는 발주청이 그 소속 직원으로 하여금 건설공사 시행에 따른 업무 연락 및 문제점의 파악 등의 업무를 수행하게 하여야 하고, 그 직원은 위 업무 및 감리 용역 발주자로서의 감독 업무, 감리 용역업자와 계약으로 정한 사항 등 외에는 정당한 사유 없이 감리원의 업무에 개입 또는 간섭하거나 감리원의 권한을 침해하지 못하도록 하여(동법 시행령 제52조의 3), 책임감리에 있어서의 감리자의 '발주청으로서의 감독 권한 대행' 역할을 제도적으로 뒷받침하고 있다. 따라서 동법 제27조 및 제27조의 2의 규정에 의하여 책임감리의 업무를 수행하는 감리원은 형법 제129조 내지 제132조의 적용에 있어서는 이를 공무원으로 본다(동법 제45조)고 되어 있다.

❑ 감리자의 책임

○ 손해배상 책임

감리자는 감리계약에 기초해서 감리 업무를 성실히 행하여야 하는 의무가 있는데 그 업무가 종료되어 건축물을 완성한 후에도 건축물이 건축주의 희망대로 되지 않았다든가 통상 갖추어야 할 성능을 갖추고 있지 않고(하자나 미완성 부분), 이들이 감리상 과실에서 유래한다고 인정되는 경우에는 감리자는 건축주에 대하여 채무불이행 책임 또는 불법행위 책임을 진다.

다만 건축물에 하자가 발생하였다고 하여 곧바로 감리자에게 하자로 인한 손해배상 책임이 인정되는 것은 아니며, 별도의 감리상 주의 의무 위반 사실에 대한 입증이 필요하다.

또한 건축주 이외의 제3자에 대하여 자신의 주의 의무 위반으로 인한 부실한 감리로 손해를 입혔다면 불법행위에 의한 손해배상 책임을 부담함이 당연하다. 이 경우 건축업자도 채무불이행 책임 또는 하자담보 책임을 지기 때문에, 대개 감리자는 건축업자와 연대해서 손해배상 책임을

지고, 감리자가 건축주에게 손해배상을 한 때에는 건축업자에 대해서 이것을 구상할 수 있을 것이다.

○ 문제가 있는 설계와 감리자의 책임

감리자가 설계상의 오류를 발견하지 못하고 간과한 경우 감리상의 책임을 물을 수 있는지의 문제이다.

건축법에 의한 감리자의 업무 내용을 규정한 건축법 시행령 제19조 제5·6항을 살펴보면 감리자에게 설계 하자를 점검하여 이를 시정할 의무를 부과하고 있지는 않지만, 건설기술관리법 시행령 제52조 제1항 제14호, 시행규칙 제34조 제1항은 책임감리의 경우 비상주 감리원의 업무 내용으로 설계도서의 검토를 포함하고 있다. 이는 설계도서를 감리자의 안목으로 검열하여 기술적인 문제가 있다면 설계자와 협의하여 해결하라는 취지라고 보인다.

공사가 설계도면대로 시공되고 있는지 여부를 확인하는 감리의 본질적 성격상 감리자의 설계의 오류 여부의 점검이 일반적으로 감리 업무에 포함된다고 해석하는 것은 무리일 것이나, 책임감리의 경우에는 설계도서의 검토를 업무의 한 내용으로 포함하고 있는 위 규정에 비추어 통상의 감리원의 수준으로 설계도서를 점검하였더라면 발견할 수 있을 정도의 설계상의 오류라면 이를 간과하고 시공케 한 감리자의 경우에는 손해배상 책임을 면할 수 없을 것이다.

❑ 감리제도의 정리

▽ 감리 주체에 따른 정리

건축법 제21조, 동법 시행령 제19조, 주택건설촉진법 제33조의 6, 동법 시행령 제34조의 6

	구 분	대 상	방 법	범 위
1	종합감리전문회사 건축감리전문회사	• 다중이용 건축물 • 공동주택 300세대 이상 16층 이상 건축물	건설기술관리법의 감리원 감리 * 건축사 : 건설기술관리법 시행령 제52조에 의한 감리원 배치시 감리 가능	• 설계도서가 해당 지형에 적합한지의 확인 • 설계변경에 관한 적정성의 확인 • 시공계획, 예정공정표 및 시공도면 등의 검토·확인 • 건설기술관리법 제24조에 의거 품질시험 실시 여부 확인 • 건축 자재가 법령에 의한 기준에 적합한 건축 자재인지 여부 확인
2	상주공사감리	• 300세대 미만의 공동주택 • 아파트 • 연속된 5개층 이상으로서 바닥면적의 합계 3,000㎡ 이상 • 바닥면적의 합계 5,000㎡ 이상	분야별 건축사보가 해당 공사기간 동안 공사감리 * 현장 상주 : 건축·토목·전기·기계 분야 건축사보는 전체 공사기간 상주	• 건축물이 관계법령에 적합하도록 시공 지도 • 시공 지도의 검토, 자재의 선정 및 공사의 지도 확인
3	일반공사감리	• 제1호 및 제2호에 해당하지 않는 건축물	수시 또는 필요한 때 현장 감리	• 건축물이 관계법령에 적합하도록 시공 지도

▽ 규모 및 용도에 따른 정리

대 상	감리자	감리 방법	관련 법규
• 일반 건축물(소규모) 아래 감리 대상 이외의 소규모 건축물로 허가 대상 건축물	-건축사	수시 또는 필요한 때 공사 현장에서 감리 업무 수행 ○ 공통사항(모든 건축물) -공사 시공자가 설계도서에 따라 적합하게 시공하는지의 여부 확인 -공사 시공자가 사용하는 건축 자재가 관계법령에 의한 기준에 적합한 건축 자재인지의 여부 확인 ○ 감리 보고(모든 건축물의 건축주에게 보고) ① 감리 중간보고 • RC조, SRC조, 조적조, 보강콘크리트 블록조일 경우 -기초공사의 철근 배치를 완료한 때 -지붕 슬래브 철근 배근을 완료한 때 -5층 이상 건축물인 경우 지상 5개 층마다 상부 슬래브 배근을 완료할 때 • 위 구조 이외인 경우 -기초공사시 거푸집 또는 주춧돌 설치를 완료한 때 ② 감리 완료보고 -건축물의 공사 완료시	건축법 제8조 1항, 21조, 동법 시행령 제8조, 제19조 1항
• 다중이용 건축물 -문화 및 집회시설, 판매 및 영업시설, 의료시설 중 종합병원 또는 숙박시설 중 관광숙박시설의 용도에 쓰이는 바닥면적의 합계가 5,000㎡ 이상인 건축물 -16층 이상인 건축물	-건설기술관리법에 의한 건축감리 전문회사, 종합감리 전문회사 -건축사 (단, 건설기술관리법 시행령 제52조에서 정하는 감리원을 배치하는 경우)	• 책임감리원의 자격 -500억 원 이상: (300억 원 이상 공사) 경력 1년 이상의 수석감리사 -300억 원 이상 500억 원 미만: (200억 원 이상 공사) 경력 1년 이상의 수석감리사 -100억 원 이상 300억 원 미만: (100억 원 이상 공사) 경력 1년 이상의 감리사 • 감리원 최소배치 기준 -단순공정, 보통의 공정, 복잡한 공정 여부 및 공시비를 기준으로 하되 현장 상주 감리원은 최소 1~2인 이상 배치	건축법 시행령 제5조 4항 3호, 제19조 1항 건설기술관리법 시행령 제52조

• 중대형 건축물 -바닥면적 합계가 5,000㎡ 이상인 건축물 -연속된 5개층으로서 바닥면적의 합계가 3,000㎡ 이상인 건축물 -아파트(20세대 미만)	-건축사	-건축사보 1인 이상은 전체 공사 기간 동안 공사 현장 상주 -토목·전기·기계분야 건축사보 1인 이상(해당 공정 기간 동안 각각 공사 현장 상주)	건축법 제21조, 동법 시행령 제19조
• 사업승인 대상 건축물 -20세대 이상의 공동주택 -20호 이상의 단독주택	-300세대 이상: 건설기술관리법에 의한 건축감리 전문회사·종합감리 전문회사 -300세대 미만: 건축사·책임감리원		주택건설 촉진법 제33조의 6, 동법 시행령 제34조의 6, 동법 시행규칙 제22조의 5
• 건설기술관리법 제27조의 전면책임 감리대상 건축물 -국가·지자체와 출연기관이 공사하는 총공사비 100억 원 이상 공사 중 공항·철도·지하철공사 등	-건설기술관리법에 의한 건축감리 전문회사	-공사의 설계도서, 기타 관계 서류의 내용대로의 시공 여부 확인 -품질·공사·안전 관리에 대한 기술 지도 -발주자로서의 감독 권한 대행	건설기술 관리법 제27조, 동법 시행령 제50조 1항

14. 하도급 관련 문제

❑ 개 요

도급은 일의 완성에 그 목적을 두는 것으로서 일 자체를 반드시 수급인(원계약 시공자) 자신이 직접 하여야 하는 것은 아니므로, 일의 성질, 당사자의 의사, 법률의 규정에 의하여 금지되지 않는 한, 위탁 받은 일의 전부나 일부 공종에 대하여 제3자에게 맡길 수 있는데, 이러한 경우 원도급인으로부터 맡은 원도급계약상의 일을 원수급인이 스스로 완성하지 아니하고, 제3자로 하여금 그 일을 완성하게 하는 원수급인과 하수급인 사이의 계약을 '하도급계약(Subcontract)'이라고 한다.

❑ 하도급의 법적 성질

- 하도급계약은 원수급인과 하수급인 사이의 도급계약으로서 원도급계약과는 별개의 계약이므로 원칙적으로 하도급계약에 의하여서는 원도급인과 하수급인 사이에 직접적인 권리·의무 관계는 발생하지 아니함이 원칙이다.
- 따라서 원수급인은 일의 완성에 관하여 도급인에게 하수급인의 행위에 관하여도 책임을 부담하여야 한다. 하수급인은 일종의 이행 보조자에 해당하기 때문이다.
- 그러나 하도급 관계는 원도급 관계의 유효한 존립을 전제로 하는 것이므로 원도급계약이 해제 또는 기타의 사유로 효력을 잃는 경우 하도급의 목적이 불능이 되어서 하도급계약은 당연히 종료된다.
- 만약 원도급 관계의 소멸이 원수급인의 책임 있는 사유에 기한 때에는 하수급인은 원수급인에 대하여 채무불이행으로 인한 손해배상을 청구할 수 있다.

이와 같이 하도급계약은 도급계약과 별개의 계약이지만 동시에 도급계약의 존재를 전제로 하기 때문에 도급계약의 내용에 따라 이행이 이루어지는 종속적인 성질을 갖게 된다.

❑ 하도급 관계 관련 조사·감정

○ 원도급 내역과 하도급 내역이 상이할 경우

실제 하도급자가 시공한 물량과 원도급 내역에 근거하여 하도급한 물량의 차이 때문에 발생하는 문제이다. 보통 원도급자가 제시한 도면에 의해 하수급자가 견적하고 총액으로 하도급 금액이 결정된 경우로 견적서 혹은 내역서가 첨부되었으나 실제 물량이 증가되거나 축소되는 경향이 있으며 이를 쌍방이 인정하지 않아 발생하는 분쟁이다.

- 원칙적으로 실측 조사하고 산출 근거(도면, 산출식, 적용 단가)를 명확히 하여 합의되거나 제시된 조건에 따라 확정·산정한다.
- 신규 품목에 대해서는 낙찰률을 추정하여 단가를 적용하고,
- 달라진 규격 역시 상기와 같이 적용할 수 있으나 이러한 방법이 불가능한 경우 여러 유사 품목(동일한 명칭의 규격만 달리하는 경우)에 대한 평균 단가를 적용하여야 할 것이다.
- 기 발주되어 가공이나 제작 처리된 부분이 축소되어 다툼이 있는 경우 등은 상황에 따라 법적인 유권해석에 따라야 한다.

○ 원도급자와 수급자(시공 계약자) 사이에 계약이 중간에 파기되거나 종료되는 경우

① 원도급 관계의 소멸이 원수급자(시공 계약자)의 책임에 의하거나,

② 원도급 관계의 소멸이 원도급자(건축주)의 책임에 의하고 공사비를 지불하지 못하고 있는 경우

등인데, 역시 법적인 문제는 합의된 유권해석이나 법원의 결정에 따라 조사·감정하는 것이 원칙이다. ②항의 경우 하수급자가 원도급자(건축주)에게 직접 공사비의 청구를 요청하고 공사비 감정을 요청하는 경우가 있는데 이때 역시 이에 대한 판단은 감정인이 하기 어렵다.

「제2장 1. 기성고 확정, 4. 변경시공, 6. 추가공사」 등의 내용을 함께 참조하기 바란다.

15. 공사장 인근의 피해 문제

❑ 개 요

인접한 지역에 시설물 등이 있는 곳에서 건설공사를 시행하게 되면 공사로 인하여

① 진동, 지반 침하, 탈수 현상 등으로 인접 시설물에 균열이나 침하, 변형, 붕괴 등의 피해를 줄 수 있다.

② 자재의 낙하, 가시설물 등의 붕괴로 인하여 재산의 손실이 있을 수 있다.

③ 소음, 진동, 비산먼지 등으로 인한 생활환경의 악화를 초래할 수 있다.

이로 인하여 손해배상 문제로 다툼이 발생하게 되고 이를 입증하기 위한 조사·감정이 실시되는 것이다. 때로는 황당하게 시비를 걸어 건설현장의 공사 진행을 방해하고 이권을 취하려는 이들도 많이 있으나 이러한 이들조차도 시비를 걸 구실이 없도록 건설 현장이 완벽해져야 할 것이다.

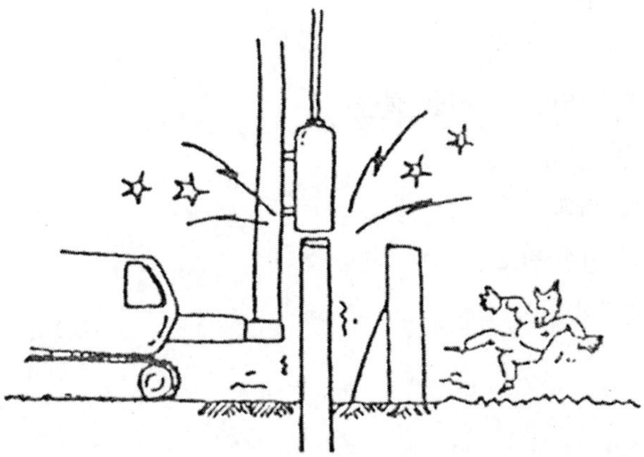

△ 건설공사로 인한 인접 시설물의 피해 최소화가 중요!

주로 ①항의 경우가 조사·감정 업무상 가장 많이 대두되고 심각성이 크므로 이에 대하여 언급하고자 한다. 이러한 조사·감정은 문제 제기의 객관적 타당성을 판단해줄 공적 권위(Public Authority)로서의 역할을 하여야 할 법원이나 당국의 판단근거가 되므로 신중하게 작성되어야 한다.

❑ 지반 및 기초공사 관련 피해의 유형

○ 진동파에 의한 피해

공사장으로부터 발생되는 진동 때문에 주기적 혹은 비주기적인 흔들림으로 인하여 시설물의 강성[32]이 취약하거나, 횡력이든 수직력이든 진동하중[33]에 취약한 부분에 발생하는 균열, 구조재의 절점 파괴, 마감재의 탈락·변형 또는 방수층 균열로 인한 누수 등이 오는 경우이다.

지진파의 일부 유형이므로 비내진 구조(조적조 등)의 시설물이 이에 취약한 현상을 보인다.

○ 가시설물의 부실한 기능으로 인한 피해

흙막이 벽체를 구성하고 이 구조가 터파기 외의 지반으로부터 오는 외력을 감당하게 하여 터파기공사를 진행하는 경우에 주로 발생하는 현상으로,

- 흙막이 벽체의 붕괴
- 흙막이 벽체의 변형
- 차수 기능(물막이)의 역할 부족으로 인한 지하수의 이동, 인접지 탈수 현상

등으로 인하여 인접지의 지반에 물리적인 영향을 미치게 되면 이 지반에 정착되어 있는 시설물에 피해가 발생하는 경우이며,

- 균열
- 내·외장재(창호 등)의 변형 -> 사용 불능
- 내·외장재의 박리 및 박락
- 설비라인의 변형 및 파괴
- 시설물 전체의 침하·변형·전도

등 여러 가지 피해가 발생한다.

---

32) 강성(剛性, Stiffness, Rigidity) : ① 부재나 구조물이 외력(하중)을 받을 때 변형을 작게(저항) 하려는 성질 ② 강성에는 뼈대짜임의 기둥이 수평력에 대한 때와 같이 부재의 굽힘, 전단변위에 대한 강성이나 부재의 회전각에 대한 굽힘 강성 등이 있으며, 축방향 변형에 대한 강성들도 있다 ③ 탄성계수 E가 큰 것은 강성이 풍부

33) 진동하중(振動荷重) : ① 진동에 의한 하중 ② 지진(Earthquake)·충격(Impact)·폭풍(Blast) 하중 등이 있다.

❑ 행위에 대한 책임

○ 피해에 대한 책임의 성립 요건

- 시공자는 각 공사 과정에서 인접한 제3자의 안전, 생활의 평온 등 정당한 이익을 침해하지 않도록 유해 및 위험방지 조치를 취할 주의 의무를 부담하여야 한다.
- 시공자는 시공의 전문성을 가진 자로서 공사 현장의 지질과 환경 등을 충분히 검토하여 인근 토지의 지반 침하 가능성을 예견하여야 하고, 나아가 공사 과정에서 토사나 지하수가 유출되어 지반 침하가 발생하지 않도록 조치를 취하여야 하며, 부득이 지반 침하가 생길 경우에는 인접 건축물에 손상이 가지 않도록 충분한 보강 조치를 취하여야 할 주의 의무가 있다.
- 예견 가능성은 시공자가 전문 건설업자라는 점에서 특별한 사정이 없는 한 당연히 요구된다.
- 결과회피 의무는 자기의 이익을 위하여 시공함으로써 평정 상태를 유지하던 인접 시설물에 피해를 주었다는 점에서 역시 그 범위를 폭넓게 인정하여야 할 것이다. 현재의 토목기술상 더 이상 안전한 방법이 없다면 이론상 불법행위 성립의 요건인 고의나 과실이 성립되지 않는다고 볼 수도 있지만, 지근거리에서 피해가 예상되는 공사를 한 것 자체가 귀책의 근거가 된다고 할 것이다.
- 피해자가 이러한 과실을 구체적으로 입증하는 것은 상당히 어렵다고 할 것이므로 시공자의 시공으로 지반 침하 등이 생겼다고 인정되면 구체적 원인이 불분명하더라도 여러 관련 사정을 종합하여 광범위하게 결과회피 의무를 인정하는 정도로 처리함이 바람직하다 할 것이다.

○ 인과관계의 성립 요건

- 지하수 등의 이동 유출의 가능성
- 지반의 안정성 파괴 가능성
- 시설물의 손상과 시공 현장과의 거리 및 손상 방향
- 지반 및 기초공사의 공법상 인접 지반에 영향을 미칠 가능성
- 지반 및 기초공사 시작 무렵부터 시설물에 손상이 발생하였다는 점 등

❑ 조사·감정

인근 피해의 원인 및 피해 대상물을 조사하고, 그에 따른 비용을 산출한다.

▽ 원인 조사

추 정	방 법
지하수 등의 이동 유출 가능성	• 현재 지반 기초공사 현장의 발생수의 발생 위치, 발생 수량(= 배출 수량) 등의 정확한 파악으로 가능할 것이다.
지반의 안정성 파괴 가능성	• 지하수의 이동 유출 가능성이 사실로 입증되면 발생 수량에 따라 인접지 탈수 현상을 짐작하고 미세점토의 이동으로 인한 지반의 안정성 파괴현상을 추정할 수 있을 것이다. • 흙막이 벽체의 붕괴는 말할 것도 없고 흙막이 벽체의 변형도 당연히 예견되는 것이다. 시공사는 이의 변형에 대비하여 계측관리 등의 기술적인 조치를 취하여야 함도 당연하지만 흙막이의 이상 현상으로 인한 주변 지반의 안정성 파괴 가능성은 시작할 때부터 존재한다고 보아야 한다.
시설물의 손상 형태, 시공 현장과의 거리	• 공사 현장과 인접 피해 시설물을 연결하여 측량하고 종단면도를 작성하여 보면 수평거리, 수직거리, 사거리 등이 명확해져 영향의 가능성을 유추하여 볼 수 있다. • 상황에 따라 피해 건축물의 손상 형태나 손상 방향은 다르지만 공사 현장 방향으로 피해의 정도를 더하는 경우가 있다.
공법상 인접지에 영향을 미칠 가능성	• 시설물의 지반 보강, 기초 지정, 흙막이, 터파기, 양수·차수시설, 암반 제거 등의 공정에는 다양하고 복잡한 공법이 새로이 등장하고 있다. • 따라서 공사 진행에 따른 적용 공법을 정리하고 소음·진동, 양수 현상, 지반의 변형 가능성 등과 관련지어 이로 인하여 미칠 수 있는 가능성을 추정한다.
공사 시작 무렵부터 시설물의 손상이 시작되었다는 점	• 이 시점은 감정인이 인지할 수 있는 것이 아닌 것이 보통이다. • 따라서 시공 전후의 이해 당사자 각각에 의해 확보된 사진 촬영, 비디오 촬영 등의 증거물에 기초하여 현재의 상황과 비교한다.

▽ 피해 대상물 조사

기본사항	• 시설물의 완성 연도 및 사용 이력 시설물의 사용 연수에 따라 내용 연수를 기준으로 한 수명과 현존가치를 추정할 수 있다. • 구조내력의 확보 정도 RC조, 조적식 구조, 철골구조 등 구조 방식에 따라 외력에 대한 저항력이 다르기 때문이다. • 이미 존재하였던 결함의 종류 및 정도 노후화나 기타 이유 등으로 이미 존재하였던 균열, 누수, 변형 등을 파악하여 기여도에 따라 비용 산출에 반영하기 위함이다.
현재의 상황	• 각종 하자의 조사 및 피해 상황도 작성 주장하는 측의 각종 현상과 감정인의 발견 현상을 정리한다. – 균열 조사도 – 누수 현황도 – 변형 측정도 – 강도 측정사항 – 현황 사진 등 • 보수·보강의 가능성 판단 보수·보강이 거의 불가능하여 전체적으로 경제적 가치의 손실로 평가된 경우가 있다.

○ 결과적인 비용 산출

피해의 상황에 따라 「제2장 2. 건축물의 하자 문제, 7.복구 문제, 9. 내장공사 관련, 10. 유익비」, 「제3장 2. 표준품셈 및 물가의 적용, 3. 계약내역서의 존재 유무, 4. 기여도 및 책임 소재에 대한 문제, 5. 건축물 가치의 손실평가」 등의 내용을 종합하여 참조하고, 부록의 「유형고정자산의 내용연수표」, 「정율법에 의한 잔존가치율표」 등을 고려하여 적용 산출할 수 있다.

기타 감정의 기본조건, 지침, 합의된 해석에 따라 감정서를 작성한다.

16. 일조권 및 조망권, 사생활 침해

❑ 일조권

○ 성격

일조권이란 건축물이 인접한 타인의 토지 위를 가로질러서 태양의 직사광선을 받고 있는데, 인접한 토지의 사용권자가 그 토지에 건축물 및 기타 시설물을 축조함으로써 이를 방해 받는 건축물 혹은 토지의 사용권자가 법적으로 그 보호를 요구할 수 있는 권리를 말하며, 특히 북반구에 위치한 우리나라의 경우 북쪽 거주자와 남쪽 거주자 사이에 주로 발생하는 문제이다.

대법원은 일조권을 이웃토지상의 건축물로 인하여 직사광선이 차단되는 불이익이라고 판시하였다. 우리의 판례는 사법상의 권리로서 환경권을 인정하는 명문의 규정이 없는 이상 원칙적으로 환경권에 기하여 직접 권리행사를 할 수 없다고 한다. 다만 어느 토지나 건물의 소유자가 종전부터 향유하고 있던 경관이나 조망, 조용하고 쾌적한 종교적 환경 등이 그에게 하나의 생활이익으로서의 가치를 가지고 있다고 객관적으로 인정된다면 법적인 보호의 대상이 될 수 있다. 그러므로 인접 대지에 건축물을 신축함으로써 그와 같은 생활 이익이 침해되고 그 침해가 사회통념상 일반적으로 수인할 정도를 넘어선다고 인정되는 경우에 토지 등의 소유자는 소유권에 기초하여 방해의 제거나 예방을 위하여 필요한 청구를 할 수 있다고 하고, 소유권에 기한 방해 배제, 예방 청구를 인용하여 일조권이나 전망권 등 환경적 권리의 근거를 물권적 청구권설에 두고 있다.[34)]

○ 위법성의 기준과 수인한도론[35)]

일조 방해 행위가 불법행위를 구성하기 위해서는 일반 불법행위와 마찬가지로 위법성을 띠어야 하는데, 그 판단 기준으로 대법원은 수인한도론을 명시하고 있다. 적법한 건축허가를 받아 행한 건축행위로 인하여 일조 침해가 된 경우에 종전의 위법성 이론으로는 판단이 어렵기 때문이다.

즉, 수인한도론은 일조·채광·통풍의 저해가 사회통념상 일반적으로 수인할 정도를 넘었느냐의 여부에 의하여 그 위법 여부가 결정된다고 보는 것이다. 이러한 수인한도론의 이론적 기초는

34) 윤재윤, 앞의 책

35) 수인한도(受忍限度) : 환경권의 침해나 공해, 소음 따위가 발생하여 타인에게 생활의 방해와 해를 끼칠 때 피해의 정도가 서로 참을 수 있는 한도

권리행사가 사회생활상 감내할 수 없을 정도의 과도한 손해를 야기할 경우에는 권리의 사회성·공공성에 반하는 것이므로 권리 남용에 해당한다는 데에 있다.

수인한도 초과 여부에 대한 판단은 두 단계로 구성되는 바, 1단계는 침해가 위법한지의 여부에 대한 판단이고, 2단계는 침해가 방해배제청구를 인용할 정도로 위법한지 아니면 손해배상으로도 족한 위법성인지에 대한 판단, 즉 위법성 정도에 대한 판단이다.

○ 수인한도의 기준

▽ 피해자측 사정

- 피해의 성질 및 정도
- 피침해 이익의 공공성
- 피해자에 있어서 피해 회피의 기대 가능성 여부
- 피해자의 과실 등

▽ 가해자측 사정

- 가해 행위와 태양의 관련
- 가해 행위의 공공성
- 가해자에 대한 방지 조치 또는 손해 회피의 기대 가능성
- 법령, 조례 등 공법상의 기준
- 환경 영향의 조사 및 그 공개, 설명 의무의 이행 여부

▽ 쌍방의 사정

- 지역성
- 선주성(先住性) 등

상기와 같이 거론되며, 가장 중요한 요소는 피해의 정도와 지역성이고 나머지는 부차적이라 하겠다. 또한 수인한도를 넘었다는 사실은 특별한 사정이 없는 한 피해자가 입증하여야 한다.

○ 피해의 정도와 지역성

□ 피해의 정도

일조권 수인한도의 기준은 객관적이라기보다는 정책적·의제적인 것이 될 수밖에 없다. 일조권에 대해서는 서울고등법원 1996년 3월 29일 선고 94나11806 판결에서 수인한도를 공동주택의 경우 동지일을 기준으로

① 09:00~15:00 사이의 6시간 중 일조시간이 연속하여 2시간 이상 확보되는 경우

② 08:00~16:00 사이의 8시간 중 일조시간이 통틀어서 최소한 4시간 정도 확보되는 경우

로 판시한 이래 이 기준이 일반적으로 통용되고 있다. 동지일을 기준으로 한 이유는 태양의 고도가 가장 낮고 일조시간이 가장 짧아서 일조 침해가 가장 커지기 때문이다.

그러나 현재 실무상 통용되고 있는 위의 수인한도 기준은 일본에서 개발된 이론인데 이를 우리가 적용하는 것은 서울의 위도와 일본 동경의 위도가 거의 비슷하고, 일본열도 전체와 한반도 전체의 위도상 위치가 거의 비슷한 점으로 이해되었을 것이다. 그러나 상기 ①,②항의 계산은 조사 지역의 위도를 정확히 입력하여 계산하므로 이 기준의 적합성 여부와는 관련이 크지 않다. 정밀하게 우리나라에 보편타당하게 적용할 수 있는 일조권 침해의 기준을 정립할 필요는 있을 것이다.

일본 동경지방재판소에서는 동지를 기준으로 오전 9시부터 오후 3시까지의 유효 일조시간 내에 피해 건축물의 거실 개구부를 측정 장소로 하여 일조 투영면적의 1/2 이상이 일영으로 되는 시간을 기준으로 삼고 있다고 한다. 또한 위 수인한도의 기준은 공동주택의 경우를 기준으로 하고 있으므로 피해 건축물이 단독주택에 해당하는 경우나 피해를 주장하는 부동산이 건물이 아니라 농경지[36] 또는 나대지인 경우에는 위 기준을 그대로 사용할 수 없을 수도 있다. 그러므로 이러한 피해의 정도를 감정에 의하여 정하는 것이다.

□ 지역성

일조권의 수인한도는 분쟁지의 지역성이 주거지역인지 아니면 상업지역인지에 따라 그 기준이 달라져야 할 것이다. 도시계획상 전용주거지역에 가까울수록 일조보호의 정도가 두터울 것이고, 전용공업지역에 가까울수록 일조 보호의 정도가 덜할 것이다. 그러나 그 실제적인 상황도 물론 고려해야 할 것인 바, 상업지역이라 하더라도 실상이 주거지역으로서 건축물의 고도화 경향이 없다면 주거지역으로서의 일조 보호의 기준을 적용해야 할 것이다.

대법원도 가해 건축물과 피해 건축물이 모두 일반상업지역 내에 있는 경우

- 일반상업지역은 도시계획법에 의하여 일반적인 상업 및 업무 기능을 담당하게 하기 위하여 마련된 지역으로서 원칙적으로는 주거를 위한 지역이 아닌 점
- 건축 당시 관계법령의 규정에 의하면, 상업지역에서의 건축물의 경우 다른 대지상의 건축물을 위하여 보장되어야 할 일조시간에 관해서는 규정이 없고, 공동주택에 한하여 일조권 확보를 위한 건축물 사이의 이격거리에 관한 규제가 있었으나, 가해 건축물은 위 건축 당시의 건축 관계법령이 정하는 용적률, 건폐율, 건축물 간의 이격거리 등 간접적으로 다른 인접 건축물의 일조권 등 확보에 도움을 줄 수 있는 각종 기준에 위반된 사실이 없는 점
- 피해 건축물 수분양자들이 피해 건축물을 분양 받은 시기는 가해 건축물의 사업계획승인 시점을 전후한 시점으로서 피해 건축물 대지가 일반상업지역으로서 고층 건축물의 건축이

36) 농경지의 경우도 일조권의 침해시 산출량이 감소되는 등 피해가 발생할 수 있다

예상되던 곳이었으므로 피해 건축물 수분양자들은 자신들의 피해 건축물을 분양 받을 당시나 소유권 이전등기를 완료할 당시 인접 대지에 들어서는 건축물로 인하여 일조권 등의 침해가 있을 것이라는 것을 어느 정도 예상한 것으로 보이는 점

등의 제반 사정을 종합하여 일조권 침해를 부정한 바, 이는 일조권 침해와 관련하여 그 건축물 대지의 도시계획상 지역 분류에 따라 일조권 침해의 수인한도 적용을 달리하겠다는 견해를 표명한 것이라 할 것이다.

또한 법규상 지정된 것과 지역의 실태가 다른 경우에 실태를 기준으로 판단하여야 할 것이고, 인접 토지에 건축물이 건축되어 있지 않았다 하더라도 개발 중인 상업용지여서 가까운 시일에 건축물이 건축되리라고 예상할 수 있다면 수인한도의 판단에 있어서 나대지를 기준으로 할 수 없다는 판결, 15층 신축허가를 받아 건축하고 있는 가해 건축물 대지의 도시계획 용도지역이 중심상업지역이긴 하지만 약 20m의 폭의 도로를 사이에 두고 주거지역 위에 건축된 피해 건축물과 인접해 있는 점 등을 감안하여, 건축물 신축이 건축법령상 관계 규정을 준수하였으므로 일조권 침해가 수인한도 내로서, 위법하지 아니하다는 등의 피신청인들의 주장을 배척하고, 건축 가능한 범위를 수인한도 내의 일조시간을 확보할 수 있는 고도인 9층으로 제한한 건축공사 금지 가처분 결정의 판단을 인용한 가처분의 판결이 있다.[37]

○ 부차적인 고려 요소

□ 회피 가능성과 건축물의 용도

가해자 측에서 가해 건축물이 인접 토지나 건축물에 대하여 일조권 침해를 가하지 않도록 구조나 배치에 관하여 경제적, 기술적으로 어느 정도 배려를 하였는지도 고려하여야 한다.

건축물의 용도도 학교, 병원 등 공공시설[38], 상업용 건축물[39], 창고나 공장[40] 등을 종합적으로 고려한다.

□ 토지 이용의 선·후 관계

가해 건축물이 피해 건축물보다 먼저 건축되었다면 피해 건축물을 축조하는 사람은 일조권의 침해를 미리 예측할 수 있었으므로 이를 회피할 수 있고, 매매가격도 이미 이를 반영하였을 것이므로 수인한도가 낮아진다. 가해 건축물이 완성되지 않았더라도 골조가 완공되었거나 건축계획이 알려졌다면 피해 건축물의 취득자는 이를 예상하고 있었으므로 역시 수인한도 판단에서 불리한 입장에 서게 된다.

---

37) 윤재윤, 앞의 책
38) 공공시설 : 공공적 필요성이 높은 점
39) 상업용 건축물 : 건축주의 일방적 이익이 강한 점
40) 창고나 공장 : 일조 확보 필요성이 낮은 점

□ 복수의 건축물에 의한 일조권 침해

가해 건축물들이 비슷한 시기에 건축되었거나, 기존 건축물이 있던 곳에 새로운 가해 건축물이 건축되어 피해 건축물이 일조 침해가 수인한도를 넘게 되거나 넘는 정도가 확대된 경우 최종적인 일조 침해 결과에 대한 책임을 가해 건축물들 및 피해 건축물에 적정하게 배분할 필요가 있다.

○ 건축 관계 법규와의 관련

- 건축법 제53조는 전용주거지역 및 일반주거지역 안에서 건축하는 건축물과 공동주택[41]에 대하여 일조 등의 확보를 위한 건축물의 높이 제한에 관한 규정을 두고 있고, 동법 시행령 제86조는 높이 제한에 관한 세부사항은 건축조례에서 정하도록 하고 있다.
- 서울특별시 건축조례 제29조는 이를 세분한 규정을 두고 있다. 이와 같이 일조 방해는 인접한 건축물 사이의 거리를 멀게 하거나 높이를 제한하는 방법에 의하여 방지할 수 있으므로, 건축법 등 관계법령에서 건폐율의 제한, 대지면적의 최소 한도, 공지지구에 의한 제한, 높이의 제한, 도로사선의 제한, 용도지구의 제한 및 고도지구 내의 제한 등에 관한 규정을 둠으로써 간접적으로 일조권이 보호되는 경우가 있어 건축 관계 법규의 위반 여부가 일조 방해의 위법 여부와 어떠한 관계를 가지는가를 두고 논의가 있다.
- 공법상의 건축 제한에 대한 규정을 위반한 경우에는 일조 침해가 수인한도를 넘었는가를 판단함에 있어서 중요한 요소로 작용할 수 있으나, 규정에 적합하더라도 별도로 수인한도 침해를 인정할 수 있다.
- 대법원은 "위법성을 판단하는 데 있어 건축법 등 관계법령에 일조 방해에 관한 직접적인 단속법규가 있다면 동 법규에 적합한지 여부가 사법상 위법성을 판단함에 있어서 중요한 판단 자료가 될 것이지만, 이러한 공법적 규제에 의하여 확보하고자 하는 일조는 원래 사법상 보호되는 일조권을 공법적인 면에서도 가능한 한 보증하려는 것으로서 특별한 사정이 없는 한 일조권 보호를 위한 최소한도의 기준으로 봄이 상당하고,
- 구체적인 경우에 있어서는 어떠한 건축물 신축이 건축 당시의 공법적 규제에 형식적으로 적합하다고 하더라도 현실적인 일조 방해의 정도가 현저하게 커 사회통념상 수인한도를 넘은 경우에는 위법행위로 평가될 수 있다"고 판시하였다.
- 그러나 일조권 침해는 새로운 건축행위시에 새롭게 발생하는 것이므로 건축 관계 법령에 지역별, 용도별 건축물에 관하여 최소한도의 일조시간을 설정하여 놓고 이를 확보할 수 있도록 신축 건축물의 위치, 규모를 결정하도록 한다면 근본적인 해결책이 될 수도 있을 것이다.[42]

41) 제외 - 일반상업지역과 중심상업지역에 건축하는 것

○ 조사·감정

□ 분석기법 및 자료

▽ 분석기법의 선정

일조시간 및 조망률을 정확히 분석하기 위해서는 정량적으로 검토할 수 있는 분석기법의 적용이 필요하다. 일조 평가를 위한 이러한 분석기법들로는 평면 일영도, 입체 일영도, 월드렘 분석도, 일영시간표 등이 있지만, 최근에는 일조 평가 소프트웨어를 이용하는 것이 일반적이다.
따라서 일조 해석 프로그램을 이용하여 컴퓨터 시뮬레이션에 의해 각 위치별 일조시간을 분석하고 컴퓨터 시뮬레이션은 대지 및 건축물의 형상과 치수 자료를 입력하여 동지의 필요 위치의 일영도를 작성하고 이를 집계하여 일영시간을 분석하는 것이다.

▽ 자료 입력

평가 대상 건축물의 건축물 데이터는 입수된 도면을 근거로 AutoCAD를 이용한 3차원 형상으로 입력하는 것이며 해당 대지의 지면 높이를 기준으로 평가대상 건축물의 높이를 선정한다. 또한 창의 크기와 위치 그리고 주변 건축물과의 관계를 분석하여 건축물 자료를 입력하는 정도이다.

□ 태양의 위치 계산

각 시간별 일조 현황을 분석하기 위해서는 일조 평가 대상일인 동지일의 태양의 위치를 먼저 계산하여야 한다. 이때 태양의 위치는 태양의 고도각과 방위각에 의해 결정된다. 태양의 고도각은 태양과 수평면이 이루는 각도(θ)를 말하며 방위각은 태양을 수평면에 투영한 위치가 정남쪽과 이루는 수평각(ϕ)을 말한다.

태양의 위치를 구하는 수학적 수식 모델은 여러 문헌에서 다양하게 제시되어 있다. 이들 모델 중 일반적으로 가장 타당성이 인정되는 Ashrae Handbook[43]의 수식 모델을 적용하는 것이 보통이다.

▽ 태양적위(Solar Declination) 계산

태양의 적위(δ)는 정오에 적도 지점에 있는 관측자의 머리 위의 천정점과 태양의 평행선이 이루는 각도로 정의할 수 있다. 즉, 정오에 태양이 머리 위의 천정점에 위치하는 경우에 관측지점의 위도가 태양적위가 된다.

그러므로 태양의 적위는 적도를 기준으로 하여 북반구를 "+"로 나타내고, 남반구를 "−"로 표현한다. 태양적위를 계산하기 위한 계산식은 다음과 같다.

42) 윤재윤, 앞의 책
43) Ashrae Handbook : Fundamentals(1993, pp. 27.9~27.12)

$$\delta = -23.45\sin\left(\frac{n + \frac{t_i}{24} + 284}{365} \times 360\right)$$

여기서, - n = 1월 1일을 기준으로 한 계산 대상일의 일
(예; 1월 1일은 1, 9월 21일은 263, 12월 31일은 365)
- t_i = 시간 수

월별 태양적위

평균일	적 위	평균일	적 위	평균일	적 위	평균일	적 위
12월 21일	−23° 27′	3월 21일	0°	6월 21일	23° 27′	9월 21일	0°
1월 15일	−21° 17′	4월 15일	9° 33′	7월 15일	21° 37′	10월 15일	−8° 18′
2월 15일	−12° 58′	5월 15일	18° 44′	8월 15일	14° 15′	11월 15일	−18° 20′

▽ 균시차(equation time) 계산

ⓐ 진태양시

임의의 지점에서 태양이 자오선상에 왔을 때를 남중이라 하며, 남중으로부터 다음 남중까지를 진태양일이라 한다. 진태양일을 24등분, 60등분하여 정한 시각의 체계를 진태양시라 한다. 진태양일의 길이는 지구의 공전궤도가 타원이므로 지구의 공전속도가 일정하지 않고, 황도와 적도가 23.5° 경사져 있기 때문에 매일 조금씩 변화한다.

따라서 진태양시는 하루의 길이가 일정하지 않으므로 일상생활에 사용할 수 없으므로 일반적으로 진태양일을 평균한 평균태양시를 사용한다. 진태양시는 다음 식에 의해 구할 수 있다.

$$AST = LST + ET + 4(LON - LSM)$$

여기서, - AST(Apparent Solar Time : 진태양시)
- LST(Local Standard Time : 지방시)
- ET(Equation Standard Time Meridian : 지방 표준시 경도)
- LSM(Local Longitude : 경도)
- 4(분) : 지구가 1.0° 자전하는 데 걸리는 시간

ⓑ 평균태양시

진태양시의 1년간을 평균한 값을 평균태양일로 생각하고 그 1/24을 1시간으로 한 것을 평균태양시라 한다.

ⓒ 중앙표준시

경도가 15° 차이가 날 경우에 태양이 남중하는 시간은 1시간씩 차이가 난다. 그러나 동일 국가 내에서 시계가 통일되지 않으면 불편하기 때문에 기준이 되는 시각을 선정하고 이를 중앙표준시로 정하고 있다.

그러나 계정에 의하여 평균태양시와 진태양시와의 차가 다소 생기게 된다. 따라서 진태양시를 구하기 위해서는 평균태양시에서 일정한 값을 가감하는 보정이 필요하며 보정계수를 균시차라고 한다.

중앙표준시 T_s와 진태양시 t와의 관계는 다음과 같다.

$$t = T_s + e + \frac{L-135}{15}$$

여기서, - e : 균시차(분)
- L : 경도(°)

ⓓ 균시차

진태양시와 평균태양시와의 차를 균시차라 한다. 균시차는 진태양시를 구하기 위해 평균태양시에 일정 값을 가감하는 보정값으로, 황도면의 경사와 지구의 공전속도가 일정하지 않아 진태양일이 연중 고르지 않기 때문에 발생한다.

균시차는 일년 동안 +16.4분(11월 4일경)에서 -14.3분(2월 12일경) 사이로 변하나 1년 누계는 항상 0이 된다. 이는 순간순간의 진태양시와 평균태양시는 달라도 진태양년과 평균태양년의 길이는 같기 때문이다.

균시차가 「+」라는 것은 진태양이 평균태양보다 먼저 떠서 먼저 진다는 뜻이고, 균시차가 「-」라는 것은 평균태양이 진태양보다 먼저 떠서 먼저 지는, 즉 앞서 간다는 것을 의미한다. 균시차는 다음 식에 의해 구할 수 있다.

$$E = 9.87 \sin 2B - 7.53 \cos B - 1.5 \sin B$$

여기서, - $B = 360(n-81)/364$
- n = 1월 1일을 기준으로 계산 대상일의 수

ⓔ 태양의 남중고도

태양이 정남에 왔을 때(방위각 0°)의 고도를 태양의 남중고도라 하며, 하루 중 이때의 태양고도가 가장 높다. 태양의 남중고도는 태양의 적위와 관측 지점의 위도에 따라 변화한다.

즉 관측 지점의 위도를 ∅, 이때의 태양의 적위를 δ라 하면, 태양의 남중고도는 다음과 같은 식에 의해 구할 수 있다.

$$H = 90(ø - \delta)$$

ⓕ 태양고도 및 방위각 계산

어느 지점에서 어느 시각의 천구상의 태양 위치는 태양방위각과 태양고도에 의해 규정할 수 있다. 태양방위각은 관측점과 태양을 잇는 직선의 지평면상의 투영각과 정남 방향이 이루는 각이다. 태양고도는 태양방위각상에서 태양과 지평면이 이루는 각으로 다음과 같이 계산된다.

$$\sin h = \sin ø \sin \delta + \cos ø \cos \tau$$

$$\cos A = \frac{\sin h \ \sin - \sin \delta}{\cos h \ \cos}$$

- h : 태양고도($0 \leq h \leq 90$)
- A : 태양방위각($-180° \leq A \leq +180°$)
  ; 정남에서 서쪽(오후)이 (+), 동쪽(오전)이 (−)
- δ: 적위(그 지방의 위도)
- τ: 시간각(= 15(hour + minute / 60 − 12)

□ 일조 분석

일조의 기준 및 분석은 다음에 의한다.

▽ 일조 기준

공동주택의 일조에 관한 내용은 건축법 제53조와 영 제86조 및 서울시 건축조례 제30조에 명시하고 있으며, 1년 중 그림자가 가장 긴 동지를 기준으로 일조시간에 의한 일조 기준이 제시되고 있어 이를 기준으로 일조권 침해 여부를 평가한다.

서울시 건축조례에 따르면 최근의 일조권 분쟁을 사전에 예방하기 위하여 기존 건축물보다 지나치게 높거나 공익 측면에서 도시 미관을 해칠 우려가 있는 신규건축물에 대하여 1년 중 그림자의 길이가 가장 긴 동지를 기준으로 오전 9시부터 오후 3시 사이의 일조시간이 연속 2시간 이상이거나 오전 8시부터 오후 4시 사이의 일조시간이 4시간 이상으로 일조권을 규정하고 있다.

▽ 일조시간 분석

일조 분석은 분석 대상일인 동지일(12월 22일)을 기준으로 오전 8시부터 16시까지 매 20분마다 분석하여 평가 위치별로 일조표를 작성하며 각 세대별 일조 가능 시간은 통상 20분 간격으로 중간시간(예; 08:00~08:20 사이는 08:10을 중심으로 평가)의 일조 여부에 따라 분석하는 것이다.

일조표는 ○(일조 가능), ×(일조 불가능), P(부분적 일조)의 세 가지 경우로 표시하여 일조시간을 분석하며 「일조 가능」은 20분 동안 계속 실내로 일조가 사입되는 시간대를 의미하며, 「일조 불가능」은 20분 동안 전혀 일조가 사입되지 않는 시간대를 나타낸다.

또한, 「부분적 일조」는 단위시간(20분) 동안에 50% 이상으로 실내에 일조가 사입되는 시간대를 나타내는 것이다. 그러므로 「부분적 일조」의 경우 일조시간을 10분으로 산정하여 일조시간을 평가하는 것이 보통이다.

❑ 조망권

○ 법적 성질

조망권이란 아름다운 자연적·역사적·문화적 풍물, 즉 경관을 조망하여 미적 만족감이나 정신적 휴식을 향수할 수 있는 조망적 이익 내지 환경적 이익을 말한다.

주로 주거지 인근에 새로운 건축물이 들어섬으로 인하여 기존에 누리고 있던 조망을 할 수 없게 되거나 제한 받게 된 경우 이를 법적으로 보호할 수 있는가가 문제된다. 이는 생활관계나 성질상, 생활에 절실한 정도가 덜하므로 일조권보다는 권리성이 더 취약하다고 하겠다.[44]

○ 법적 요건

조망권을 법적으로 보호할 가치가 있는 이익으로 인정하기 위해서는 다음과 같은 사실을 요건으로 한다.

▯ 지역적 특수성

조망하는 곳이나 조망되는 곳 모두 지역적으로 특수한 위치를 가진 곳이어야 한다. 자연경관이 아름다운 곳이어야 하며 경관이라고 할 수 없는 전망의 이익은 조망권을 구성하지 않는다. 보통의 지역에 인공적으로 특별한 시설(고층 건축물 등)을 갖추어 조망의 이익을 인위적으로 향수하더라도 이는 보호 대상이 될 수 없다. 나아가 건축물 건축 당시에는 전망이 확보되었다 하더라도 인접 토지가 상업용지로, 언제든지 조망을 방해하는 건축물이 건축되리라고 예상되면 지역성은 부정된다. 인접 토지에 대한 행정규제로 인하여 반사적 이익으로 전망이 확보된 경우에

44) 윤재윤, 앞의 책

도 보호 대상이 될 수 없다.

□ 시설의 소유

조망하는 곳에서 거주 또는 활동할 수 있는 시설을 소유하는 자에 대하여만 조망권이 인정된다. 시설을 소유하지 않는 토지 소유자는 잠재적 가능성을 가진 자에 그치므로 보호되지 않는다. 소유권 아닌 물권적 이용권자, 대항력 있는 임차인 등에게도 조망권이 인정될 수 있다는 입장이 있다.

□ 조망의 차단

새로운 건축물로 인하여 기존의 조망이 차단되어야 한다. 어느 정도로 조망이 차단될 때 조망권의 침해를 인정할 것인지에 관해서는 아직 뚜렷한 기준이 없다. 조망률[45]을 제시하는 방법이 현재로선 가장 과학적이라고 보지만 법률적으로 만족할 수 있는 근거가 된다고는 보지 않는다.

□ 시간적 선주(先住)

선주자가 누리던 기존의 조망권이 침해될 때 문제되는 것이므로 나중에 건축물을 지은 자는 선주자의 건축물에 대하여 조망권 침해를 주장할 수 없다.

□ 조망 목적성과 주변 토지 이용과의 조화성

조망의 향수를 목적으로 하여 건축물이 축조되었고, 건축물의 가치가 이에 상당히 의존하며 이러한 조망의 이익을 향수하는 것이 주변 토지의 이용과 조화될 경우에 조망권이 인정된다. 관광지의 호텔, 음식점 등 풍광이 수려한 곳의 조망을 선전 재료로 사용하여 영업을 하고 있는 경우와 같이 조망이 영업상의 중요한 하나의 이익으로서 재산적 가치를 가지고 있는 경우, 한강변의 아파트나 별장 등 조망권이 가격 형성과 사용 이익에 결정적인 원인이 되는 경우가 이에 해당한다.

○ 조망 분석

□ 의 견

분석하는 전문가에 따라 여러 가지로 견해를 달리할 수 있는 소지가 있는 부분이므로 필자와 이에 대한 자문을 하신 분의 의견을 종합하여 다음과 같이 정리한다. 이러한 방법은 실제 법원에 의해 의뢰된 사건에 대하여 적용한 방법이며 많이 사용되는 실례이다.

□ 분석 기준 및 방법

조망 분석을 위해서는 피해 대상 세대의 주요 개구부가 위치하는 실의 중앙점에서 신장

45) 조망률 : 눈을 움직이지 않는 상태에서 시야가 다른 건축물에 의하여 가려지는 비율

170cm인 서 있는 사람의 눈높이에서 연직방향으로 창밖을 바라보았을 때 보이는 장면을 컴퓨터 시뮬레이션에 의해 작성하여 각 실의 조망률을 분석한다. 분석점의 높이는 각 실의 중앙점을 대상으로 관찰자가 바닥[46]에 서 있을 때의 눈높이(150cm)를 기준으로 설정하며, 이때 조망률은 창밖으로 보이는 면적 중 인접 피해 건축물에 의해 가려지는 부분을 제외하고 가해 건축물에 의해 침해 받는 조망 침해율(%)로 계산하여 도표로 정리한다.

❑ 시각적인 사생활 침해

대법원은 건축물의 건축으로 인하여 사생활의 비밀이 침해될 경우에도 수인한도를 벗어난다면 손해배상이나 공사 중단을 청구할 수 있다고 하여 한 건축공사의 일부중지를 명한 사례가 있다.

○ 침해 분석 기준

현재까지는 인접 건축물에 의한 시각적 프라이버시를 판단하기 위해서 공동주택의 프라이버시 침해 여부에 관한 서울고등법원의 「프라이버시 침해 여부 판정 사례」를 근거로 판정할 수 있을 것이다. 이 판정 사례 따르면 인접한 개구부로 인한 프라이버시 침해는 각 세대당 직선 및 사선 거리가 상·하·좌·우 30m 범위 이내에 들어오는 경우에 프라이버시가 침해되는 것으로 판정하였다.

○ 분석의 방법

프라이버시 침해 분석은 피해 건축물과 마주보며 최단거리에 위치한 가해 건축물의 창으로부터 들여다보이는 피해 건축물의 주요 창을 분석하는 것으로 하며, 중앙까지의 최단거리로 설정하는 것이 객관적이라 할 수 있을 것이다. 즉 보이는 창과 들여다보이는 측과의 거리를 도표로서 정리하는 것이다.

46) 입수된 도면에 의한 실 바닥

제3장

주요 사안별 적용 특성

1. 설계도서의 우선순위
2. 표준품셈 및 물가의 적용
3. 계약내역서의 존재 유무
4. 기여도 및 책임 소재에 대한 문제
5. 건축물 가치의 손실평가
6. 견적서의 적용
7. 공사계약에 따른 조건

1. 설계도서의 우선순위

❑ 계약조건에 관한 우선순위의 결정 이론

관급공사의 경우 계약 일반조건은 재정경제부가 작성하고 계약의 특수조건은 조달청이나 발주처 등이 작성한다. 그런데 내용상 충돌이 일어날 경우 어느 문서를 우선으로 할 것인지에 대해서는 학설들이 대립된다.

• 특수조건 우선설 : 특정 공사에 관한 조건이므로 일반조건보다 특수조건이 우선
• 일반조건 우선설 : 일반조건은 발주처보다 상위기관이 작성하였으므로 특수조건에 우선
• 상호보완설 : 문서 내용간 상호 우열 없이 내용상 보완하는 것으로 해석
• 시차설 : 문서의 작성자에 관계없이 시간적으로 후에 작성된 것이 우선

이 가운데 대체적으로 시차설을 지지하는 견해가 유력하며, 감정인으로 지명된 건축사, 기술사 등의 기술 관련 전문가가 판단하기에는 한계가 있을 수도 있는 문제이므로 이에 관해서는 합의되거나 유권해석된 조건에 따라야 할 것이다.

❑ 설계도서의 우선순위

건설교통부 고시 설계도서 작성기준[1] 제9항에 의하면, 설계도서·법령 해석·감리자의 지시 등이 서로 일치하지 아니하는 경우에 있어 계약으로 그 적용의 우선순위를 정하지 아니한 때에는 다음의 순서를 원칙으로 한다.

① 공사시방서
② 설계도면
③ 전문시방서
④ 표준시방서
⑤ 산출내역서
⑥ 승인된 상세 시공도면
⑦ 관계법령의 유권해석
⑧ 감리자의 지시사항

1) 설계도서 작성기준 : 2003.1.24, 고시 2003-11호

위의 각 서면에 우선하는 것이 계약서[2]임은 당연하다.

도면과 시방서에 차이가 있을 경우가 제일 흔한데, 원칙적으로 특기시방서의 내용이 도면에 우선한다. 즉, 도면에 기재된 수치와 시방서의 수치가 다를 경우 시방서의 수치에 더 신빙성을 두어야 한다. 다만 도면과 시방서 어느 한 쪽에만 나타난 것은 모두 인정하는 것이 타당하다.

---

2) 계약서 : 낙찰서, 입찰서, 특수조건, 일반조건을 포함

2. 표준품셈 및 물가의 적용

❑ 개 요

품셈이란 공사용 재료의 수량과 노무공량을 적산하는 물(物)·공(工)량의 산정표로서 공사의 단위당 비용을 적산하는 기준이다.

앞으로는 표준품셈제도를 개혁하여 실적공사비제도[3]를 부분적으로 도입하고 있으나, 점진적으로 보완하면서 시행되어야 할 것이다. 조사·감정 업무에서는 표준품셈 및 물가의 적용을 선별적으로 선택 적용하여야 한다.

❑ 적용 목적 및 범위

- 정부 등 공공기관에서 시행하는 건설공사의 적정한 예정가격을 산정하기 위한 일반적인 기준을 제공하는 데 그 목적이 있다.
- 국가, 지방자치단체, 정부투자기관 및 위 기관의 감독과 승인을 요하는 기관에서는 표준품셈을 건설공사 예정가격 산정의 기초로 활용한다.
- 그러나 현실적으로 민간공사의 경우에도 여타의 다른 기준이 없는 한 이 기준을 적용할 수밖에 없다.

❑ 표준품셈의 적용 방법

① 공사의 예정가격 산정은 표준품셈을 활용한다.

② 본 표준품셈은 건설공사 중 대표적이고 보편적이며 일반화된 공종·공법을 기준으로 한 것이며, 현장 여건, 기후의 특성 및 기타 조건에 따라 조정하여 적용한다.

③ 본 표준품셈에 명시되지 않은 사항은 각종 사업을 시행하는 국가기관, 지방자치단체, 정부투자기관 등의 장의 책임하에 적정한 예정가격 산정기준을 적절히 결정하여 적용한다.

④ 건설공사의 예정가격 산정시 공사 규모, 공사 기간 및 현장 조건 등을 감안하여 가장 합리적인 공법을 채택, 적용한다.

---

3) 실적공사비제도 : 품셈을 이용하지 않고 재료비, 노무비, 직접공사비가 포함된 공종별 단가를 계약단가에서 추출하여 유사공사의 예정가격 산정에 활용하는 방식

⑤ 본 표준품셈에 명시되지 않은 품으로서 타 부문(건축, 전기, 기계 등)의 표준품셈에 명시된 품은 그 부문의 품을 적용하고, 타 부문과 유사한 공종의 품은 주공종의 표준품셈을 우선하여 적용한다.

⑥ 소방법, 총포·도검·화약류단속법, 산업안전보건법, 산업재해보상보험법, 건설기술관리법, 대기환경보전법, 소음·진동규제법 등 관계법령이나 계약조건에 따라 소요되는 비용은 별도로 계상한다[4].

⑦ 각 발주기관에서 ③항에 의하여 별도로 결정하여 적용한 품셈을 표준품셈 보완에 반영할 필요가 있다고 인정되는 경우에는 그 자료를 건설교통부에 제출한다.

⑧ 건설기술관리법 시행령 제33조의 규정에 의해 신기술로 지정·고시된 기술은 신기술 개발자가 작성하여 한국생산성본부, 관련 학회·단체·협회 등에서 인정한 품에 의거하여 발주청에서 예정가격을 산정할 수 있고, 시공시 현장실사를 실시하여 그 자료를 표준품셈 관리단체(대한건설협회)에 제출한다.

⑨ 표준품셈 관리단체(대한건설협회)에서는 상기 ⑧항의 품을 표준품셈의 부록 등에 참고품으로 수록하여 발주청이 예정가격을 산정할 때 활용하게 할 수 있으며, 이 참고품이 발주청의 현장실사 등을 통하여 적정하다고 인정될 때에는 표준품셈의 개정 절차에 따라 표준품으로 전환할 수 있다.

기타 수량의 계산, 설계서의 단위 및 소수 위 표준, 금액의 단위표준, 재료의 할증률, 노임 및 품의 할증률 등에 관해서는 건설표준품셈[5]을 참조하여야 한다.

□ 재료 및 단가

건설표준품셈에서는, 가설재료 및 자재단가의 결정은 거래실례가격을 기준으로 하며, 재료 및 자재단가에 운반비가 포함되어 있지 않은 경우 구입장소로부터 현장까지의 운반비를 계상할 수 있다고 명시하고 있다.

거래실례가격을 결정하기 위해서는 조달청 구매물가 시세표, 시중물가 조사지 등을 비교하여 적용하는 것이 보통이다.

4) 전기사업법, 전기공사업법 포함
5) 전인식 편, 『건설표준품셈 2004』, 건설연구사, 2004

❑ 표준품셈과 조사·감정

통상적으로는 공사비를 산출하기 위해서는 건설표준품셈에 의한 적용 및 조달물가 조사지 또는 시중물가지의 가격 정보에 의한다. 이렇게 산출된 공사비는 입찰 방식이나 사업의 규모에 따라 상기 방식에 의해 산출한 공사비보다 하향 조정되어 낙찰자가 결정되는 경우가 대다수이다. 특히 민간공사에서는 상기 낙찰공사비보다도 그 계약공사비가 더욱 더 현저하게 차이가 나는 경우가 보통이다. 따라서 건설감정의 공사비 산출시에는 민간공사 계약금액의 수준이 정부공사 계약금액에 비해 현저하게 차이가 나는 경우를 충분히 고려하여 적용하여야 한다.

예를 들어, 실제로 면적당 10만 원 정도에 계약된 공사에 대하여 감정사항에 따라 다르지만 상기의 통상적인 건설표준품셈이나 가격 정보에 의거하여 면적당 20만 원 수준의 공사비를 산출하게 되면 매우 불공평하고 무리한 비용산출이 될 수 있다는 것이다.

다만 사용승인 이후에 건축물 사용 과정의 하자 감정시에는 표준품셈이나 그 당시의 물가정보지를 적용, 산출할 수 있으나 이때에도 조건에 따라 실제 실행가격을 적용할 때가 더 흔한 경우일 것이다.

❑ 유형별 적용 방향

○ 기성고 확정

- 계약내역서에 의하는 것이 원칙이다.
- 계약내역서가 없거나 미흡한 경우 「제3장 3. 계약내역서의 존재 유무」를 참조하여 기성률을 산정하기 위한 기준내역서를 작성하여야 한다.
- 기준내역서를 작성하기 위해서는 표준품셈이나 물가정보지를 기준으로 할 수밖에 없다.

○ 하자 문제

- 하자비용의 시기적 산출 기준일을 기준으로 하여 표준품셈 및 물가정보를 적용하여 산출하되, 시중 실행가격에 근접시키는 것이 원칙이다.
- 그러나 상호 합의되거나 별도의 지침이 있을 경우, 또는 소규모의 경우 계약내역서의 단가를 적용하거나 현실적인 품의 수량과 조사된 가격을 적용하여야 할 때도 있다.

○ 변경시공, 미시공, 추가시공 등의 문제

- 계약내역서를 기준으로 하는 것이 원칙이다.
- 계약내역서가 없거나 미흡한 경우 「제3장 3. 계약내역서의 존재 유무」를 참조하여 현실적으로 조정한다.

① 기준내역서의 작성

② 기준내역서의 총금액과 계약된 공사금액의 총액을 비교하여 낙찰률을 결정

③ 결정된 낙찰률에 의하여 신규품목, 기존품목의 단가 결정

④ 소규모이거나 합의된 단가를 도출하기 어려운 경우 표준품셈이나 물가정보지를 기준으로 하되 현실적으로 조정한다.

3. 계약내역서의 존재 유무

❑ 개 요

내역서(내역명세서)라 함은, 공사비의 내용을 상세히 열거한 계산서이며 공사의 내용에 단위가격을 곱하여 계산한 금액으로 표시된다.

국가와의 계약에서는 국가를 상대로 하는 계약에 관한 법률에 의하여 물가의 변동, 설계변경으로 인한 계약금액의 조정시 산정 근거로 삼기 위하여 물량내역서에 단가를 기재한 입찰금액 산출내역서를 첨부하도록 규정하고 있다. 민간공사 역시 계약서에 이 내역서를 첨부하여 국가와의 계약에서와 같은 역할을 담당하게 하는 것이 보통이다. 이를 계약내역서라 통칭한다.

계약의 방식에 따라 계약금액 조정시 계약내역서의 적용 방법이나 유권해석은 달라질 수 있는 점에 유의하여야 한다. 일반적으로 내역명세서[6]는 물량 산출 근거, 기계화비용 산출 근거, 단가 적용 근거, 일위대가표, 계약내역서로 이루어진다. 하지만 관급공사를 제외한 대부분의 경우 최소한 「계약내역서」의 유무 및 그 세부 수준에 따라 유형별 해당 공사비 산정에 상당한 영향을 미치게 된다.

❑ 계약 방식에 따른 내역서의 역할

○ **총액계약**(Lump Sum Contract)

정약계약이라고도 하며 당해 계약 목적물 전체에 대하여 공사비 총액을 정하여 체결하는 계약을 말한다.

계약시 첨부되는 물량내역서 또는 산출내역서는 공사비 산정에 참고적인 기능을 하는 데 불과하다. 따라서 이러한 서류가 계약문서에 포함되어 있지 않은 경우에 추가공사 시공 등으로 추후 계약금액을 조정해야 할 때 어려움이 크다.

○ **단가계약**(Unit Price Contract)

개별 공정 또는 항목에 대한 단가와 요율을 근거로 채결하는 계약을 뜻한다.

---

6) 내역명세서 : ① 공사비의 내용을 상세히 열거한 계산서 ② 도급자가 낙찰된 공사의 계약금액을 그 공사에 포함되는 각종 공사에 대하여 각기 완전히 시공될 수 있도록 금액을 배분하여 각 공종별로 사용할 공사비를 나타낸 것 — 김평탁, 『건축용어사전』, 기문당, 1997

물량내역서 또는 산출내역서가 계약시 필수 서류이고 검측에 의하여 실제 수행물량을 확인하고 공정률에 따라 기성대가를 지급한다는 점에서 총액계약과 구별되며, 내역계약 및 검측계약의 특성상 공사 진행 도중 물가변동 및 단가, 내역의 증감에 따른 계약금액의 변동을 당연한 전제로 한다. 시급한 공사의 경우 착공이 빨라질 수 있으나 공사비가 높아질 우려가 있다. 단순작업이나 단일공사 이외에는 일반적으로 채택되지 않는다.

○ **실비정산계약**(Cost Reimbursement Contract, Cost Plus Contract)

공사비 원가와 보수를 미리 정하고 도급인은 시공자에게 시공을 위임하며 시공자는 도급인을 대신하여 시공하면서, 공사 진행에 따라 미리 결정해 놓은 공사비를 도급인으로부터 받아 건축업자에게 지불하며 이에 대하여 보수를 받는 방식이다. 공사비는 도급인이 직접 지급하며 시공자는 이를 단순히 집행하고 별도의 보수를 받기 때문에 일반적으로 공사비가 낮아지는 장점이 있으나 시공자가 공사비 원가에 직접 이해관계가 없어서 소홀히 할 경우 오히려 도급인의 부담이 더 커질 위험도 있다. 원가가산 보수계약이라고도 한다.

○ **총액단가계약**

총액계약을 하면서 후에 설계변경 등을 예정하여 공사대금 조정을 위한 단가 산정 근거를 별도로 계약의 내용으로 명시하는 방식이다. 이는 총액계약의 단점을 보완하는 것이지만 건축업계의 실정상 단가 산정 자료의 부족 등 여건이 미성숙하여 단가 산정이 잘못되면 한 쪽이 큰 피해를 입게 되는 단점이 있다. 국가와의 계약에서는 국가를 당사자로 하는 계약에 관한 법률에 의하여 물가의 변동, 설계변경으로 인한 계약금액의 조정시 산정 근거로 삼기 위하여 물량내역서에 단가를 기재한 입찰금액 산출내역서를 첨부하도록 규정하고 있다.

우리가 대체적으로 주목하는 것은 민간공사에서 문제의 소지가 다대한 총액계약방식과 총액단가계약방식에서의 내역서의 존재 유무에 관한 대처 방안으로, 다음과 같이 분류하여 방향을 모색한다.

❑ 계약내역서의 존재 유무 구분

계약내역서가 있는 경우와 없는 경우의 특징은 다음과 같다.

계약내역서가 있는 경우	계약내역서가 없는 경우
• 계약내역서를 상세히 갖추고 있는 경우 • 계약내역서 내용이 상당히 미흡한 경우 – 개략적인 계약내역서가 있는 경우 – 공종이 누락되어 작성된 내역이 있는 경우 – 본건과 관련 없는 내용이 내역에 포함된 경우	민간공사에서 종종 소규모 건축공사를 발주할 경우 설계도면을 시공자에게 주고 총 공사금액을 정하거나, 혹은 전체 연면적에 면적당(평당) 얼마로 정하여 공사비 총액을 계약서에 명기하고 계약을 체결하는 경우이다.

❑ 계약내역서가 있는 경우

○ 계약내역서를 상세히 갖추고 있는 경우

일반적으로 계약내역서를 상세히 갖추고 있는 경우 해당 공사비 산정은 계약내역서에 따르면 된다.

○ 계약내역서 내용이 상당히 미흡한 경우

이 경우에는 계약내역서 내용의 상세 및 정확도 수준에 따라 산정 방법을 달리할 수밖에 없다고 본다. 이에 대한 산정 방법으로는 다음의 예를 참조한다.

 개략적인 계약내역서가 있는 경우

이 경우는 다음 표 「공종별 내역」과 유사한 형태로 계약내역서의 수준이 세밀하지 못하고 대공종별로만 비교적 크게 나누어 개략적으로 작성된 경우이다.

▽ 공종별 내역

공 종	금 액
가설공사	–
철근콘크리트공사	–
조적공사	–
수장공사	–
전기공사	–
기계설비공사	–
조경공사	–
계	–

□ 공종이 누락되어 작성된 내역이 있는 경우

일부 공종으로 계약내역서에는 없으나 당초 설계도서에 있고 본공사의 주요 공종에 해당되는 경우이며, 이는 누락된 것으로 취급하여 이 부분을 기준내역서에 포함한다.

□ 본건 공사와 관련 없는 내용이 내역에 포함된 경우

이는 계약내역서에는 있으나 당초 설계도면 및 시방서에 없고 실제 공사도 완성(부분완성 포함)되지 않은 것으로 확인된 경우이며, 객관적으로 보아 잘못 작성된 경우라면 이 부분은 기준내역서에서 제외한다.

상기 「계약내역서 내용이 상당히 미흡한 경우」에 대한 이해를 돕기 위해 다음과 같이 예를 들어 설명한다.

▽ 계약내역서 사례

① 개략내역서

번호	공 종	보할	금액
	가설공사	3	
	토공사	11	
	철근콘크리트공사	15	
	조적공사	7	
	철골공사	10	
	마감공사	31	
	조경공사	2	
	담장공사	2	
	기계설비공사	12	
	전기설비공사	7	
	소 계	100	2억

② 기준내역서

번호	공 종	보할	금액
	가설공사	4	
	토공사	10	
	기초공사	12	
	철근콘크리트공사	12	
	조적공사	8	
	석공사	4	
	타일공사	2	
	목공사	2	
	방수공사	2	
	금속공사	1	
	미장공사	4	
	창호공사	6	
	도장공사	6	
	수장공사	6	
	조경공사	2	
	담장공사	1	
	기계설비공사	10	
	전기설비공사	8	
	소 계	100	4억

③ 적용내역서(신규)

번호	공 종	보할	금액
	가설공사	3	
	토공사	11	
	기초공사	12	
	철근콘크리트공사	15	
	조적공사	7	
	철골공사	–	–
	마감공사	31	
	조경공사	2	
	담장공사	2	
	기계설비공사	12	
	전기설비공사	7	
	소 계	102	2억

① 계약내역서가 없는 경우와 마찬가지로 먼저 해당 설계도서에 의거하여 기준내역서를 작성한다. 이때 그 기준내역서 작성을 위해서는 건설교통부 제정 건축공사 표준시방서 및 표준품셈을 적용하여 산정한다.

② 하지만 일반적으로 기준내역서(신규)상의 공종별 금액과 계약된 개략내역서의 공종별 금액은 서로 일치되기 어렵고 공사비 총액에 대한 분담비율도 각각 다른 경우가 대부분이다.

③ 이 경우 우선적으로 계약된 개략내역서를 기준으로 공종별 분담비율을 확정하고, 기준내역서상의 공종별 분담비율은 계약된 개략내역서의 공종별 분담비율을 기준으로 공종별로 분담비율과 공종별 금액을 조정한다. 즉,

- 철골공사는 본건과 관련이 없는 내용이 개략내역서(계약된)에 포함된 경우로서, 적용내역서(신규)상에서는 철골공사를 제외한다. 즉, 당초 개략내역서(계약된)에 잘못 작성되어 포함되어 있는 경우라 판단되기 때문이다.
- 기초공사는 적용내역서(신규)상에 포함한다. 이는 주요 공정임에도 불구하고 당초 계약내역서에서 누락된 공정으로 판단되기 때문이다.
- 적용내역서(신규)상의 보할은 개략내역서(계약된)상의 보할을 그대로 적용함을 원칙으로 한다. 하지만 당초 개략내역서(계약된)에서 누락되었던 기준내역서상의 기초공사 보할 12Point로 인해 적용내역서(신규)상의 보할 소계가 100Point와 다를 경우가 있게 된다. 이 경우 이를 100Point라 가정하고 적용내역서(신규)상의 보할을 조정하여 적용내역서(최종)를 확정한다. 그리고 적용내역서(최종) 소계 금액은 당초 개략내역서(계약)상의 금액인 2억과 일치하는 것이 원칙이다.
- 간혹 공종별로 분리 발주되어 시공자가 다수일 경우도 있다. 이때는 분쟁의 대상이 되는 부분에 대하여만 기준내역서 혹은 적용내역서 작업이 이루어지면 될 것이다.

❑ 계약내역서가 없는 경우

민간공사에서 종종 소규모 건축공사를 발주할 경우 설계도면을 시공자에게 주고 총 공사금액을 정하거나, 혹은 전체 연면적에 면적당(평당) 얼마로 정하여 공사비 총액을 계약서에 명기하고 계약을 체결하는 경우이다.

① 계약내역서가 없으므로 먼저 해당 설계도면(시방서)에 의거하여 기준내역서를 작성한다. 이때 그 기준내역서 작성을 위해서는 건설교통부 제정 건축공사 표준시방서 및 표준품셈을 적용하여 산정한다.

② ①항에 의해 산정된 공사비 총액이 실제 계약공사비 총액과 서로 상이(증가 혹은 감소)할 경우 실제 계약공사비 총액에 맞춘 보정 작업을 통해 조정하여 적용내역서를 작성한다.

상기 대상에 대한 이해를 돕기 위해 아래와 같이 예를 들어 설명한다.

▽ 계약내역서 사례

기준내역서			
번호	공 종	보할	금액
	가설공사	4	
	토공사	10	
	기초공사	12	
	철근콘크리트공사	12	
	조적공사	8	
	석공사	4	
	타일공사	2	
	목공사	2	
	방수공사	2	
	금속공사	1	
	미장공사	4	
	창호공사	6	
	도장공사	6	
	수장공사	6	
	조경공사	2	
	담장공사	1	
	기계설비공사	10	
	전기설비공사	8	
	소 계	100	4억

적용내역서			
번호	공 종	보할	금액
	가설공사	4	
	토공사	10	
	기초공사	12	
	철근콘크리트공사	12	
	조적공사	8	
	석공사	4	
	타일공사	2	
	목공사	2	
	방수공사	2	
	금속공사	1	
	미장공사	4	
	창호공사	6	
	도장공사	6	
	수장공사	6	
	조경공사	2	
	담장공사	1	
	기계설비공사	10	
	전기설비공사	8	
	소 계	100	2억

기준내역서상의 총 공사금액 합계가 4억으로 나타났지만 당초 계약된 총 공사금액이 2억이라 한다면 2억에 맞추어 적용내역서를 조정하도록 한다.

4. 기여도 및 책임소재에 대한 문제

□ 개 요

건축물에 문제가 발생되면 이에 대한 원인 규명 및 해결 방안 및 해결에 소요되는 비용이 산정된다. 그리고 행위에 대한 기여도 또는 책임 소재의 분담률이 적용되어야 할 것이다.

법원의 합리적인 판단을 돕고, 감정 업무의 원활한 진행을 위해 이해 당사자의 책임소재가 반드시 규명되어야 하지만 그렇지 못한 경우도 종종 있게 된다. 이러한 책임소재 규명 문제는 감정 내용 작성에도 상당한 영향을 미치게 된다.

일반적으로 원인이 규명되면 그에 따라 책임을 부담시키게 되는데, 그 원인이 아래와 같은 경우 등에서는 이해 당사자 어느 한 쪽에게만 100% 책임이 부담되도록 적용하기에는 무리가 있게 된다.

- 설계도서에 오류, 누락, 실수, 불명확 등의 문제가 있어 그로 인한 상황이 발생한 경우
- 설계도서에 오류, 누락 등의 문제가 있으나 하자 등의 가능성을 예견하고 적정의 조치를 취하지 않은 경우
- 설계도서 혹은 상호 합의 내용이 없는 상태에서 쌍방이 서로 상이한 주장을 하는 경우

□ 감정에서의 적용

위의 경우 감정인은 우선 문제의 발생 과정을 조사하여 감정서에 밝히도록 노력하며, 그 과정에서 가능한 이 문제에 대한 객관적인 상황을 판단의 근거로 하여야 한다.

감정인은 감정을 통해 인지한 사실에 대해 감정 업무상[7] 그 책임 소재에 따라 책임부담률을 정해 제시할 필요는 있으나 그렇다고 하더라도 그 책임부담률은 법원의 판단을 돕기 위한 경우라면 법원의 결정에 우선할 수는 없고 단순히 감정인의 의견 제시 차원이라고 보아야 한다.

7) 상황에 따라 책임부담률을 적용하지 않고 모두를 법원 판단 등에 의존한다면 감정보고서 내용이 난해해지는 경우가 대부분이므로, 감정인의 판단에 따라 그 내용을 우선 정리하고 이에 대한 설명(표기 등)을 반드시 명시하여 판단인 혹은 수용인의 인지가 용이하게 하도록 하여야 한다.

5. 건축물 가치의 손실평가

❑ 개 요

시공행위의 미비 등으로 인하여 정상적으로 시공된 완전한 건축물과 문제가 있는 건축물과의 경제적 가치의 차액을 평가하여 손해액으로 정해야 하는 경우라고 볼 수 있다.

일반적으로 다음과 같은 경우에 발생한다.

- 당초 설계대로 시공된 공사의 시공 상태가 조잡하여 전반적으로 미관상 혹은 기능상 성능저하 등이 추정될 경우
- 하자보수 등의 시정공사 완료 후에도 당초 하자가 없었던 상태와 비교하여 볼 때 미관상, 기능상 혹은 구조상 성능저하 등이 추정될 경우
- 당초 설계와 달리 시공되었으나 현시점에서 수정시공을 할 경우 그 수정시공에 소요될 비용이 수정시공 후 그 효과에 비해 현저하게 많이 소요되어 사회적·경제적 손실로 추정이 될 경우
- 당초 설계와 달리 시공됨으로 인해 가치 손상이 추정될 경우

❑ 평가 방향

이 부분에 대한 계산법으로 정해진 바가 없어 감정인마다 견해를 달리할 소지가 다분하지만 사안에 따라 어떤 합리적인 산정 논리를 개발하여 계산할 필요는 있다.

- 일반적으로 문제(하자 등) 없이 시공하였을 경우의 정상시공비용과 문제 있는 상태에서의 수정시공비용의 차액으로 평가하면 되는 경우와,
- 문제에 대한 소요비용(재시공비용, 보수·보강비용)을 산출하고 그 비용과 문제가 있는 상태에서의 교환가치 감소액을 평가한 비용을 비교하여 적은 쪽을 선택하여야 함이 원칙인 경우이다.

그러나 교환가치의 차액을 물리적인 평가에 의하여 산출하기란 거의 불가능하다. 따라서 보편타당성을 바탕으로 사회적 경험이나 상식에 따라 감정인이 평가할 수밖에 없을 것이다. 더불어 법원 감정의 경우에는 법원의 의견이 우선함이 당연하다.

6. 견적서의 적용

견적이란 설계도서의 완비 후 현장 설명이나 질의응답에 따라 공사시공 계약조건에 맞게 공사 수행에 필요한 자재와 인원 및 장비 등 총 공사비를 산출하는 것이며, 이를 미리 적산하여 산출한 계산서가 견적서이다.

소규모 공사에서는 계약 체결 전에 수급인이 견적서[8]를 제출하여 이를 중심으로 공사대금을 정하는 경우가 많다. 이 경우에는 견적서의 일부 항목을 수정하거나 아니면 그대로 공사계약서에 첨부하기도 한다. 따라서 견적서에 대한 판단이 중요한 의미를 갖는다. 견적서가 최종 공사대금으로 결정되지는 않았더라도 공사의 개략적 범위와 품질 수준을 추단할 수 있는 신빙성 높은 자료가 되기도 하고 이에 낙찰률을 적용하여 계약내역서와 갈음하는 경우도 있다.

견적서에는 개산견적, 설계견적, 공사명세견적, 실비정산견적 등의 유형이 있는데, 기본계획 단계에서는 간단한 방법으로 예상 공사비를 산출하기도 하지만 실시설계 단계가 되면 적산 전문가의 협력으로 상세한 적산을 한다.

견적은 적산과 같은 뜻이지만 엄밀하게 보면 차이가 존재한다.

적산(積算)은 공사용 재료 및 품의 수량(공사량)을 산출하는 작업이고 견적은 공사량에 단가를 곱하여 공사비를 산출하는 것으로, 적산은 견적의 첫 단계이며 견적에 적산이 포함되는 것이다. 따라서 견적에는 풍부한 경험, 충분한 지식, 정확한 판단력이 요구된다.

계약내역서 없이 견적서가 첨부된 경우의 문제 발생시 견적서는 아주 중요한 산정 근거나 판단 근거로 적용될 수밖에 없다.

「3. 계약내역서의 존재 유무」의 계약 방식의 내용과 관련하여 이를 계약내역서와 갈음하되 적용에 신중하여야 한다.

8) 견적서(見積書; Estimate) : 개산견적서, 설계견적서, 공사명세견적서, 실비정산견적서 등

7. 공사계약에 따른 조건

□ 계약금액

이 장에서의 계약금액이란 2인 이상의 당사자 사이에 체결·합의된 공사금액으로 정의한다.

계약금액에 대한 분쟁은 주로 소규모 공사에서 많이 발생한다. 상호 약정한 공사금액에 대한 주장이 서로 다르다는 경우이며 주로 문서화되지 않고 구두로 계약하고 공사를 진행하다가 문제가 발생하는 경우로, 이는 감정인이 판단할 수 없는 부분이다.

쌍방이 각각 증인을 채택하여 이를 입증하거나 다른 증거를 제시하여 법원의 판단을 구할 수 밖에 없다. 다만 다른 조건, 예를 들면 면적당 얼마에 하기로 하였다는 등의 조건에 따라 즉 감정 요청 조건대로 조사·감정 할 뿐이다.

그러나 여러 정황을 파악하고 건설현장 종사자로서 감정 의견을 제시하는 경우 또한 없지 아니하다.

□ 공사 범위

시공자가 책임시공하여야 할 범위에 관한 문제로, 설계사무소에서 작성된 도면에는 주로 건축공사 위주로 설계하고 기타 부대시설[9]의 명시가 부정확하거나, 명시가 되었다 하더라도 이를 포함한 것인지 아닌지 불명확하여 도면에 명시된 것은 모두 포함한다는 주장과 본 건축물 이외에는 아니라는 주장이 첨예하게 대립하는 경우가 있다.

명문화된 계약 조건이 없는 경우 증인을 내세워 주장하거나, 별도의 증거로서 주장하는 부분이며, 감정인이 판단할 수 없는 부분이다. 다만 각종 근거를 제시하고 이를 종합적으로 판단해 줄 것을 요청하는 경우는 있다. 이 경우 여러 정황을 추정하고 상식적인 선에서 감정인의 의견을 제시할 수는 있을 것이다.

□ 하자 기간

「제2장 2. 건축물의 하자 문제」에서 언급하였으므로 해당 부분을 참조하도록 한다.

9) 기타 부대시설 : 담장, 대문, 조경 부분, 진입로, 상·하수도, 전기·통신 인입 등

❑ 지체상금

이 장에서는 약정된 공사 완료기한을 넘겨서 공사가 완료된 경우를 대비하여 이에 대한 보상조건을 금액으로 정한 것을 지체보상금이라고 정의한다.

공사 계약을 체결할 때 공사 기간을 정하고 이를 명시한다. 장마철 혹은 동절기, 우천 등 공사를 진행할 수 없는 기간을 고려하여 순공사일수를 적용하는 경우도 있으나, 여러 가지 기상조건을 감안하여 기한을 정하는 경우가 대다수이다.

그런데 이 기한을 지키지 못하고 공사가 완료되지 못할 경우가 있다. 계약 내용에 1일 지체상금률을 명시한 경우, 명시된 내용대로 계산하여 변상할 것을 요구하는 건축주측과 건축주측의 사유로 인하여 지체되었다는 시공자측의 대립이 발생하기도 한다.

보통 관급공사의 경우 총 공사대금에 대하여 1일 2/1000 정도의 지체상금률을 적용하나 민간공사의 경우는 상호 약정 내용에 따라 달리하거나 아예 이 부분의 명시를 하지 않는 경우도 있다.

이 부분에 대한 약정이 없고 실제 공사가 상당히 지연되어 시공자의 사유로 인하여 건축주에게 피해가 발생되었다면 1일당 1/1000 정도의 지체상금률을 계산하고 상황에 따라 책임분담률을 건축주, 시공자에게 각각 적용할 경우가 많이 있다[10].

기타, 지체상금의 적용 기간(시점, 종점), 공제 방법, 적용의 범위 등 특수 조건에 관해서는 당해 규정이나 당국의 유권해석 혹은 법원의 결정에 따라야 할 사항이다.

---

10) 민사소송의 경우 최종 판단은 법원이 한다.

제4장

주요 하자별 유형과 조사·감정

1. 콘크리트의 균열
2. 조적벽체의 균열
3. 결 로
4. 누 수
5. 차 음
6. 단 열
7. 지반보강
8. 석재의 오염
9. 각종 건축재의 부식

1. 콘크리트의 균열

❑ 개 요

구조체이든 비구조체이든 원인에 따라 다르지만 균열이 발생된다는 것은 성능저하의 대표적인 이상징후라고 볼 수 있다.

하지만 구조체에 균열이 발생하였다고 해서 무조건 이를 구조안전진단 등의 과정으로 발전시킬 수는 없다. 그러므로 기술적인 판단에 의하여 적정한 조치를 취하며, 기본적으로 해결될 수 있는 방법을 모색하고 조치를 취하여야 한다.

각종 보수·보강공법에 대해서는 최근 여러 다양한 공법이 시행되고 있는데 현실적으로 많이 사용되는 보수·보강공법에 대하여 기술하되, 균열의 종류와 이에 따르는 적정한 처방을 위하여 균열의 특징 부위별 현상에 중점을 두었다.

❑ 균열의 종류

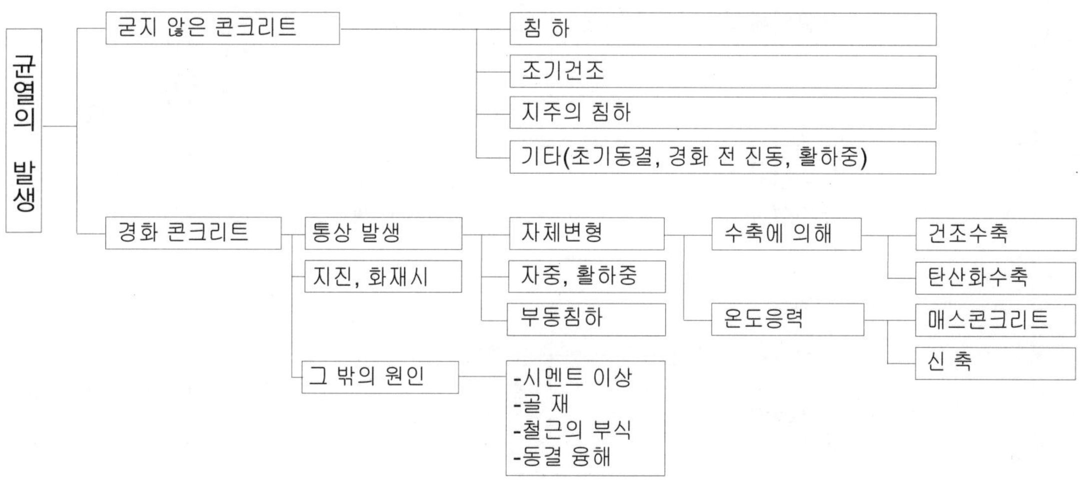

❑ 균열의 발생 요인

균열 발생의 원인

- 설 계
  - 마무리 / 설비배관 / 공조설비
    - 제물 콘크리트 마감
      - 염분 함유
      - 전 해
      - 콘크리트의 중성화
      - 산·염류의 침식
    - 철근 부식
    - 화 재
    - 동결 융해
  - 구조 규모
    - 구조 형태
    - 매스 콘크리트
    - 개구부
    - 큰 스팬
  - 콘크리트 형태
    - 벽 두께, 바닥 슬래브 두께
    - 배 근
    - 줄 눈
    - 시공성
    - 충전성
  - 외 력
    - 부동침하
    - 온도 응력
    - 충격, 반복되는 하중
    - 지진, 풍압
    - 초과하중
- 시 공
  - 콘크리트 / 균열에 대한 인식 부족
    - 기 상
      - 가을, 겨울
    - 경 화
    - 양생 방법
    - 콜드 조인트
    - 수화열
      - 피복 두께(철근)
      - 조합(콘크리트)
      - 거푸집(형틀)
    - 침 강
    - 펌프공법
  - 거푸집 / 설비기관 / 가설하중 / 강제 진동 / 마무리 / 배근 복잡
    - 거푸집의 변형
      - 타설 속도
      - Support
      - 타설 방향
    - 조기 거푸집 해체
    - 조기 Support 제거
- 콘크리트 성질
  - 콘크리트 재료 / 블리딩 / 수화열
    - 혼화재
    - 혼화제
      - 알칼리 골재 반응
    - 골 재
    - 시멘트
  - 콘크리트 강도
    - 압 축
    - 전 단
    - 인 장
    - 부 착
  - 건조·수축
  - 온·습도
  - 신 축
  - 크리프
  - 중성화
  - 열적 성질

❑ 균열의 조사

○ 조사 기법

조사는 균열의 보수를 목적으로 하므로 최종적으로는 한 곳의 균열의 성격을 가려내어 처리방법, 균열 발생량에 관해서 명확하게 할 수 있는 조사방법이 요망된다.

▯ 조사 범위
- 규모, 공법, 지반 및 지역의 상황을 고찰하여 결정

▯ 성능저하 부위 조사
- 건축물 외부, 주변 바닥 및 담장, 지하층, 공용 부분, 필요시 세대 내부의 부위별 조사
  -> 구조체 및 마감재 균열, 누수, 백화, 박리, 박락 상태
  -> 수평, 수직 기울기 상태 및 부동침하 여부
  -> 창호 상태

▯ 변위 조사
- 균열폭 : 최대 균열폭을 크랙 스케일에 의해 측정
  -> 공사 후의 비교를 용의하게 하기 위해 균열의 분기점에서 측정
- 틈새폭 : 최대 틈새폭을 크랙 스케일로 측정
- 균열길이 : 균열의 발생 끝과 선단의 거리를 측정
- 기울기 : 다림추나 수평기를 이용하여 측정

▯ 조사 시점
- 비가 내리고 있을 때는 반드시 실내쪽에서 조사하고, 누수에 관한 체크
- 비가 갠 뒤 벽면이 건조했을 무렵 관찰에 효과적

균열폭은 익숙해지면 육안으로 정확히 판단할 수 있다. 균열폭을 어디에서 측정하느냐가 문제인데, 전장을 4등분해서 중앙점과 양끝과 중앙점과의 중간점 3점 측정을 실시하면, 보수의 필요 여부, 보수 방법, 주입량 등을 파악하기 쉽다.

○ 외관 조사

- 위 치 —— 건축물 전체의 어느 부분에 발생하는지 조사한다.
- 분포 상태 및 형상 —— 발생한 부분의 균열의 분포 및 균열의 길이, 형상을 조사한다.
- 폭 및 깊이 —— 균열의 폭을 조사한다. 폭은 최대값과 평균값을 구해 놓으면 좋다. 강우가 있는 경우는 3일 이상 경과하고 나서 측정을 한다. 균열이 활성이고 경시적으로 폭이 변화할 때에는 오전 10시 전후 경에 계속 측정을 하면 된다. 깊이를 조사하는 일은 곤란한 경

우가 많으나 부재를 관통하고 있는지의 여부를 알았으면 기록해 둔다.

• 발생 시기 —— 균열의 발생 시기를 정확히 조사하기는 어려울 것이다. 따라서 건축물에 관계하는 많은 사람들로부터의 의견을 참고하여 결정한다.

○ 설계도서·시공기록에 의한 조사

• 재 료 —— 콘크리트에 사용한 재료를 조사한다. 같은 재료를 손에 넣을 수 있으면 재시험을 하든지 하여 균열의 원인이 재료에 없었는지의 여부를 검토한다.

• 제조 방법 —— 콘크리트 배합까지 포함하여 제조에 관하여 균열의 원인이 되는 곳이 있었는지의 여부를 검토한다. 특히 최근엔 펌프공법에 의해 콘크리트를 타설하는 경우가 많으므로 단위수량의 증가, 혼화재료의 영향 등을 조사한다. 또 교통체증 등에 의한 콘크리트의 운반시간 지체 등도 균열 발생에 영향을 준다.

• 타설 방법 —— 콘크리트를 아주 밀실하게 타설하는 방법이 취해졌는지의 여부를 검토한다.

• 타설시의 환경조건 —— 콘크리트 타설시의 기상조건(기온, 습도, 일기, 풍향, 풍속, 일사량 등) 또는 근처의 타공사, 교통량 등으로 인한 진동의 정도 등을 조사한다.

• 양생 방법 —— 콘크리트 타설 후의 양생 방법이 적절하였는지 또 실제로 정상적 양생에 의해 시공되었는지를 조사한다. 거푸집(거푸집·서포트)의 제거 시기 등도 조사한다.

• 균열 중에는 굴곡부 등 형태에 의하여 당초부터 어느 정도 예측된 것도 있으므로 조사한다.

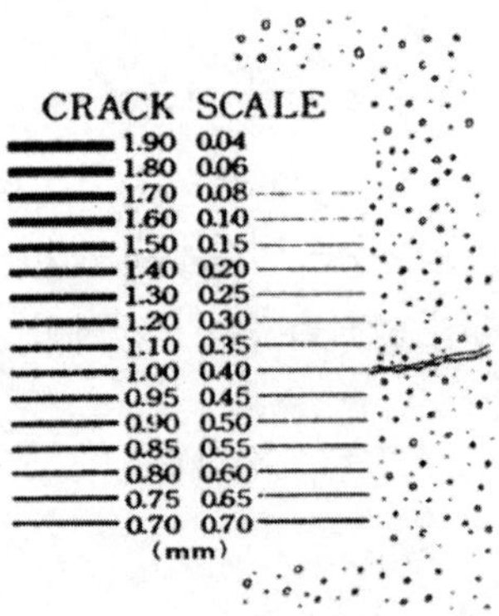

크랙 스케일에 의한 측정

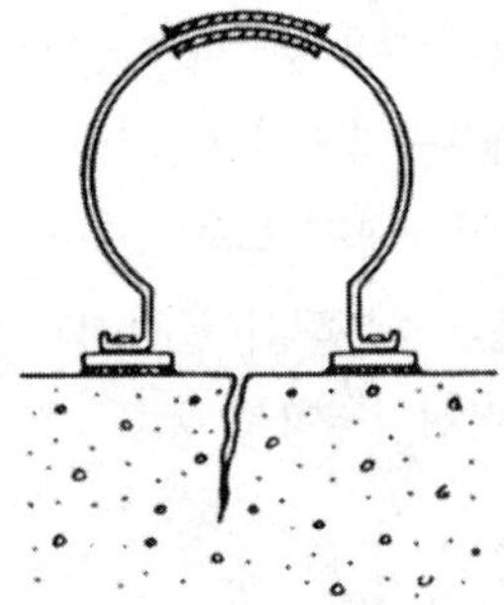

스트레인 게이지에 의한 측정

△ 균열폭 측정 방법

▽ 균열의 원인과 대책

구 분		원 인	대 책
설계 단계		- 온도균열, 수축균열	- Span 부재 단면 축소 - 신축이음, 수축이음 - 최소 철근량의 배치 - 철근 응력도 감소
		- 철근부식에 의한 균열	- 피복 증대
		- 휨균열	- 배근 확보 - 연속 철근
재 료		- Cement 강도 변형 - 골재강도 및 점토 함유량 - 수화열 -> Mass Concrete(800㎜ 이상)	- 3개월 이상 경과된 것 -> 시험 후 사용 - 물·골재의 청결, 적합한 강도, 적정한 입도, 불순물 제거 - 중용열 시멘트, Fly Ash 및 혼화제 사용 - 배합설계, 시공계획 검토(타설 온도, 강하 등) -> 단위시멘트량, 단위수량 감량
시 공	재료·배합	- 혼화제의 불균질 분산 - 장시간 혼합 : Cold Joint - 펌프 압송시 시멘트/수량증가	- 배합기준 Check - 타설 소요시간, 현장 여건 파악, 상호 협조 - 현장에서의 가수 금지
	시공 (타설)	- 급속한 타설 - 불충분한 다짐 - 배근 이동 - 피복두께 부족 - 시공이음 처리 불량	- 공구별/부위별 속도 조정 - 균질한 진동다짐 -> 5~10초 이내, 하층 Concrete 속 100mm 정도 깊이, 밟혀 상부 철근이 주저앉지 않도록 주의 - 시방에 의거한 Spacing, 재료 간격 유지 - 이음 부위 Laitance 제거, 수밀성 유지
	거푸집	- 거푸집 변형 - Cement Paste 노출 - 동바리 침하 - 작업하중 가중 -> 자중 2배 초과 - 거푸집의 조기 해체	- 동바리, Form Tie, Bracing 강도 유지 - 거푸집 밀실 시공 - 타설 적정 동바리 확인 -> 지반상의 동바리, Base Plate 사용 - 타설 하부층 동바리 유지 - 재령 유지, 시방서 규준, 온도변화에 따른 Check
	양 생	- 초기의 급격한 건조 - 경화 전(응결시) 충격, 진동 - 한랭에 의한 동해	- 표면보양 살수, 습기 유지 -> 7일간 - 타설 후 3일 이상 충격·진동방지 -> 최소 5일 - 5℃ 이상에서 양생

○ 사용 환경 조사

- 사용시의 환경조건 —— 건축물 주위의 환경(지반, 공기 중의 불순물질, 강우 등) 및 건축물의 사용 환경(하중조건, 냉·난방 등)을 조사한다.
- 사용 이력 —— 화재, 지진, 용도 변경, 증·개축 등 건축물의 이력을 조사한다.
- 하중 조건 —— 설계시의 하중 조건이 지켜지고 있는지의 여부를 검토한다. 당초 예정되어 있지 않은 중량물이 놓여 있거나 진동이 가해지면 균열이 발생한다.

○ 상세 조사

- 따내기 —— 균열의 깊이, 내부 콘크리트의 상황 등을 조사하기 위해 한다. 철근의 부식 상황 등을 조사하기 위해서도 한다.
- Core의 Sampling 시험 —— 건축물의 콘크리트 강도를 조사하기 위해 한다.
- 단면치수의 설계도면과의 대조 —— 설계도면대로 부위가 만들어졌는지의 여부를 조사한다. 주로 단면치수를 체크하지만 필요에 따라 배근의 체크 등을 하기 위해 따내기 또는 Core의 Sampling 등을 할 때가 있다.

○ 도면 작성

- 균열의 분포에 대하여 측정하고 분포도를 작성한다.
- 균열의 분포도에는 폭, 길이, 형상, 깊이, 발생 시기 등을 표시한다.

□ 기 록

- 주요 균열 부위에 크랙 리스트 부착
- 주요 성능저하 부위에 대한 도면작성, 사진촬영
  -> 사진촬영시 기록판 활용
- 건축물별, 위치별 비디오촬영
  -> 촬영시점을 알 수 있도록 주변 현황을 동시 촬영

공 사 명 : ○○공사
조사가옥 : ○○호
사진번호 : ○○-○○
촬영장소 : ○○ 부위
상　　황 :
　　┌ 북측 모르타르면 균열
　　└ 길이(m), 폭(mm)
기록일자 : 06.07.08

△ 균열 부위 기록판 사례

□ 조사 결과에 의한 판정 및 조치

○ 판정의 기준

보수·보강의 필요 여부 판정은 조사 결과 및 원인 추정 결과에 따라 콘크리트 구조물의 내구성, 방수성, 내력, 대인 안전성, 기밀성 및 미관 등을 고려하여 판정한다.

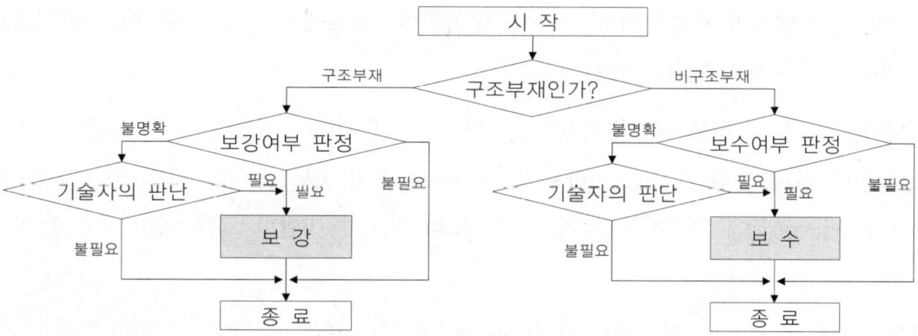

△ 보수·보강의 판정

□ 대상부재에 의한 판정 — ①

대상부재가 구조부재가 아닐 경우에는 아래 ②, ④, ⑤의 내용에 따르며, 대상부재가 구조부재일 경우에는 아래 ②, ④, ⑤를 따르는 외에 ③을 따른다.

□ 내구성 또는 방수성으로 보수의 필요 여부를 판정하는 경우 — ②

조사에 의해 얻은 균열 폭을 다음의 표와 조합하여 보수의 필요 여부 판정을 행한다.

▽ 보수의 필요 여부에 관한 균열폭의 한도

구 분		내구성 측면			방수성 측면
구 분 \ 기타 요인1) \ 환 경2)		심 함	중 간	완만함	–
(A) 보수를 필요로 하는 균열폭(mm)	대	0.4 이상	0.4 이상	0.6 이상	0.2 이상
	중	0.4 이상	0.6 이상	0.8 이상	0.2 이상
	소	0.6 이상	0.8 이상	1.0 이상	0.2 이상
(B) 보수를 필요로 하지 않는 균열폭(mm)	대	0.1 이하	0.2 이하	0.2 이하	0.05 이하
	중	0.1 이하	0.2 이하	0.3 이하	0.05 이하
	소	0.2 이하	0.3 이하	0.3 이하	0.05 이하

1) 표의 기타 요인에서 「대」, 「중」, 「소」란 콘크리트 구조물의 내구성 및 방수성에 미치는 유해성 정도를 제시하며, 다음 요인의 영향을 종합하여 정한다. 균열의 깊이, 패턴, 덮개 두께, 콘크리트 표면 피복의 유무, 재료·배(조)합, 이어치기 등

2) 주로 철근의 녹 발생 조건 관점에서 본 환경

단, 균열 폭이 표의 (A)와 (B)의 중간이 될 경우에는 다음의 「구조기술자의 판단에 의한 판정」에 의해 보수 여부의 판정을 행한다. 또한 이 경우에는 균열폭뿐만 아니라 균열의 원인, 깊이, 밀도, 패턴 등을 종합하여 판단한다.

▯ 내력으로 보강의 필요 여부를 판정하는 경우 — ③

내력 저하가 염려될 경우에는 다음의 「구조기술자의 판단에 의한 판정」에 의하는 것을 원칙으로 한다. 단, 구조형식이 단순하여 손상 정도가 명확한 경우에는 신뢰할 수 있는 방법으로 보강의 필요 여부를 판정해도 된다.

▯ 대인안전성으로 보수 필요 여부를 판정하는 경우 — ④

대인안전성이 문제가 될 경우에는 다음의 「구조기술자의 판단에 의한 판정」에 따르는 것을 원칙으로 한다. 단, 균열에 기인하는 박리, 박락 등의 정도가 명확한 경우에는 「보수요」로 판정한다.

▯ 그 밖의 기능으로 보수의 필요 여부를 판정하는 경우 — ⑤

기밀성, 미관 등에 의해 보수 필요 여부를 판정할 경우에는 다음의 「구조기술자의 판단에 의한 판정」에 따른다.

○ 구조기술자의 판단에 의한 판정

구조기술자는 조사, 원인 추정 및 구조계산 등으로 얻어진 결과에 의거하여 보수·보강의 필요 여부 판정을 행한다.

❑ 보수·보강공법

조사에 의한 균열의 폭이나 진행사항에 따라 그 원인을 규명하고, 외관보수 또는 구조보강의 경우를 분리하여 보수·보강의 시점 및 방법을 결정한다.

- 보수 : 손상된 부위를 당초의 형상, 외관, 성능, 기능으로 복원시키는 것
- 보강 : 구조물의 강도적인 약점을 보완하기 위해 다른 부재를 부착하여 구조적으로 복구시키는 것

❍ 보수공법

▯ 표면처리공법

표면처리공법에 쓰이는 재료는 보수 목적이나 환경에 따라 다른데, 도막 탄성보수제, 폴리머 시멘트 페이스트 등이 쓰인다. 시공은 표면을 와이어 브러시로 문질러 거칠게 하고 부착물을 제거하고 물 등으로 청소한 후 충분히 건조시킨다. 이어서 콘크리트 표면의 기공 등을 퍼티 등의 수지로 충전하고 보수 재료로 손상된 부분을 씌운다.

▯ 주입공법

주입 구멍을 천공하여 두고 주입 파이프 설치 후 밀봉재를 주입한다.

▯ 충전공법

균열폭이 0.5㎜ 이상의 비교적 큰 폭의 균열 보수에 적당한 공법으로, 균열에 따라 콘크리트를 Cutting하고 그 부분에 보수재를 충전하는 방법이다.

- 철근이 부식되지 않은 경우 ── 균열을 따라서 약 10㎜ 폭으로 콘크리트를 V형 또는 U형으로 Cutting한 부분에 실링재, 에폭시수지 및 폴리머 시멘트 모르타르를 충전해 균열을 보수한다. V형으로 Cutting하는 방법이 간단하기는 하지만, 모르타르가 박리될 우려가 있어 U형으로 Cutting하는 것이 바람직하다.

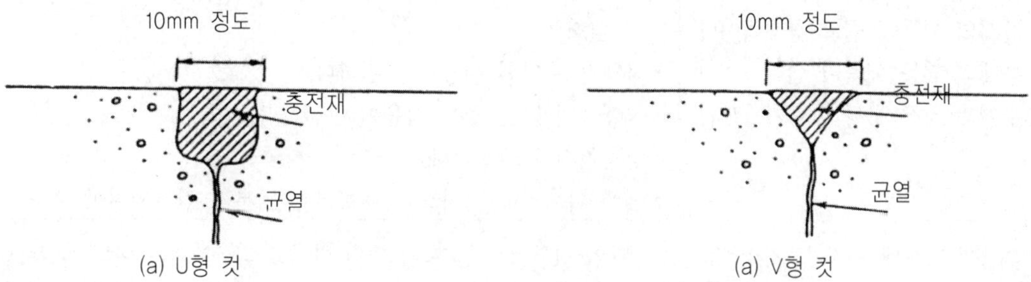

△ V형 및 U형 Cut에 의한 충전공법

- 철근이 부식된 경우 ── 철근이 부식된 경우에는 철근의 녹을 제거한 후에 녹방지 처리하고, 콘크리트에 프라이머를 도포한 후에 폴리머 시멘트 모르타르나 에폭시수지 모르타르를 충전한다.

□ 기타 공법

균열폭이 0.2㎜ 이하의 균열일 경우에는 침투성 도포방수제를 사용할 수 있으나 내구성에는 불명확한 점이 있다.

○ 보강공법

보강공법의 종류에는 강판 보강공법, 탄소섬유시트 보강공법, 단면 증대공법, 부재 증설공법 등이 있으며, 단면 증대공법이나 부재 증설공법은 품질 확보의 문제와 시공의 난이도 등으로 특수한 경우 외에는 채택되지 않는 추세이다.

□ 강판보강공법

강판보강공법은 콘크리트 구조물에서 철근량의 부족에 의한 내력 부족시 구조물의 인장측 표면에 강판을 부착하여 구조물의 내력을 향상시키는 보강공법으로, 강판을 보나 슬래브의 하단이나 상단에 접착하여 휨에 대한 내력을 증가시키거나, 보의 측면에 접착하여 전단강도를 증가시키는 방법이다.

이 공법은 강판을 설치한 후 강판 사이에 에폭시 접착제를 주입하는 방식으로 시공한다. 이 방법은 균열로 인한 강성의 저하 및 진동 장애, 철근 배근량이 부족한 부분에 사용할 수 있어 널리 사용되고 있는 공법이다. 그러나 에폭시 접착제의 선택에 따라 구조적 성능과 내구성이 좌우되므로 접착제의 선택에 유의하여야 한다. 균열이 많을 경우 균열의 보수가 선행되어야 한다.

▽ 강판보강공법의 특징

장 점	단 점
• 공정이 비교적 단순하다. • 자재의 취득이 쉽고 경제적이다. • 부재의 거동 예측이 쉽다. • 부재의 강성 보강 효과가 크다.	• 앵커 볼트 등을 사용하게 되므로 노출마감일 경우 미관이 좋지 않다. • 자재가 무거워 시공이 불편하다. • 장애물이 많은 경우 적용이 곤란하다. • 방청처리가 필요하다. • 에폭시는 열에 약하므로 내화피복 여부가 검토되어야 한다.

☞ 최종파괴 형태는 강판보강일 경우 보강판의 단부에서 콘크리트와의 박리로 최종파괴가 이루어지는 반면, 탄소섬유시트 보강은 중앙부에서 탄소섬유와 콘크리트의 요철면에서부터 박리가 시작되어 단부로 급속히 진전된다. 따라서 강판보강의 경우 충분한 정착 길이를 확보하거나 기둥보강 강판 등과 일체화시키는 것이 좋다.

□ 탄소섬유시트 보강공법

탄소섬유시트 보강법은 콘크리트 내부에 배근된 철근이 하중의 증가나 내력 저하 등의 요인으로 인하여 철근의 내력이 부족하게 되었을 때, 탄소섬유시트를 콘크리트의 외부면에 부착하여 철근의 내력을 보완하는 공법이며, 부드러운 상태대로의 탄소섬유를 한 방향으로 배열한 시트에 상온경화형 에폭시수지를 탄소섬유시트 속에 침투시켜 콘크리트 표면에 붙여 경화시킴으로써 CFRP(Carbon Fiber Reinforced Plastic)화하여 구체를 보강하는 공법이다.

▽ 탄소섬유시트 보강공법의 특징

장 점	단 점
• 인장강도가 30,000kgf/㎠ 이상으로 강재의 약 10배이다. 강도가 높으므로 보강량이 적어 보강 후에도 콘크리트 구체의 형상 변화가 거의 없다. • CFRP로서 비중이 약 1.6으로 철의 1/4~1/5이고, 보강에 의한 중량 증가가 적다. • 시트상에 탄소섬유가 한 방향으로 배열되어 있기 때문에 탄소섬유가 갖는 우수한 강도 특성이 최대한 발휘되도록 필요한 방향만을 보강할 수 있다. • 적층 수의 조절에 의해 보강량을 조절할 수 있으며 결손부의 보수가 용이하다. • 공정이 간단하며 적은 인원으로 짧은 기간에 공사가 가능하다. • 경량으로 운반 및 반입이 용이하고 좁은 장소에서도 작업이 용이하다. • 복잡한 구조물의 형상에도 유연하게 대응할 수 있고 자유롭게 절단이 가능하다. • 부식 및 성능저하에 대하여 안정하며, 피로에 대하여도 강재 이상의 내구성을 발휘한다.	• 재료의 특성상 파괴의 거동이 취성적이므로 보강설계시 유의해야 한다. • 에폭시 접착제에 의해 전적으로 보강 효과가 좌우되므로 재료 및 시공에 대한 엄격한 품질 관리가 필요하다. • 탄소섬유는 불연재이나 접착제인 에폭시는 열에 약하므로 내화성이 없다.

• 보강의 종류

- 휨 보 강 : 인장면측 표면에 부재 축 방향으로 탄소섬유시트를 부착시키는 보강공법
- 전단보강 : 부재 표면에 축 직각 방향으로 탄소섬유시트를 감거나 부착시키는 보강공법
- 인성보강 : 탄소섬유시트를 기둥에 띠철근 형태로 감아 콘크리트 극한 변형의 증대, 피복 콘크리트의 박락 및 기둥철근의 좌굴을 방지하여 기둥의 변형 성능을 향상시키는 보강공법

❑ 균열 발생의 원인과 형태별 특징

▯ 요인별 특징

- 콘크리트의 재료적 성질에 관계되는 것
- 시공상의 부주의에 관계되는 것
- 사용조건, 환경조건에 관계되는 것
- 구조, 외력 등에 관계되는 것

○ 각종 요인에 의한 균열의 현상

부호	균열 발생의 원인	균열의 특징
A1	시멘트의 이상 응결	짧고 폭이 넓은 불규칙한 균열이 비교적 조기에 발생
A2	콘크리트의 침하	타설 후 1~2시간 만에 철근 상부, 벽과 바닥의 경계에 단속적으로 발생
A3	골재 중의 오염 성분	표면의 건조에 따라 불규칙한 그물 모양의 균열 발생
A4	시멘트의 수화열	1~2주 후에 직선상의 균열이 등간격으로 규칙적으로 발생. 표면만 그런 것과 관통하는 것이 있음.(매스 콘크리트)
A5	콘크리트의 경화, 건조 수축	2~3개월 후 발생. 균열이 점차 커짐. 개구부나 기둥과 벽과 보로 싸여진 구석 부분에서는 비스듬히 발생. 가늘고 긴 바닥, 벽에는 긴 쪽의 직각 방향에서 등간격으로, Cantilever Slab에서는 선단에 발생
A6	반응성 골재나 풍화암의 사용	내부에서 조금씩 폭렬(爆烈) 모양으로 발생. 다습한 장소에 많음
A7	골재나 수분 중에 포함된 염분	철근에 녹을 발생시킴
B1	장시간의 레미콘 운반	전면에 그물 모양의 균열 또는 길이가 짧은 불규칙한 균열 발생
B2	펌프 양수 때의 물시멘트비의 증대	A2, A5의 균열이 발생되기 쉬움
B3	잘못된 배근, 배관의 피복 불량	지붕 슬래브나 바닥 슬래브는 보 주변을 따라 사이클 모양으로 발생. 배관 배근에 따라서도 발생
B4	급속한 타설	B6, A2의 균열이 발생하기 쉬움
B5	양생 부족 콘크리트 주위의 불량	각종 균열의 발생 요인이 됨
B6	거푸집이 튕겨 나옴	거푸집이 움직인 방향에 직각으로 균열이 부분적으로 발생
B7	이어치기 처리의 불량	이어 친 곳(수평, 수직)이나 콜드 조인트에 균열 발생
B8	경화 전의 진동이나 활하중	외력에 의한 균열
B9	초기양생의 불량(급격건조)	타설 후 물 빠짐에 따라서 표면에 짧은 균열이 불규칙적으로 발생
B10	초기양생의 불량(초기동결)	미세한 균열로 탈형되면 흰빛을 띰
B11	Support 침하	바닥, 보의 양단부 상단, 중앙부 하단에 여러 개
C1	환경 온·습도의 변화	균열은 온·습도의 변화에 따라 발생
C2	부재 양단의 온·습도차	저온측, 저습측 표면에 구부러진 방향과 직각으로 발생
C3	동결·융해의 반복	표면이 너덜너덜해짐
C4	화재, 표면 가열	표면 전체에 거북 등판 모양의 균열 발생
C5	내부 철근의 녹 발생, 팽창	철근을 따라 큰 균열이 발생. 피복 부분의 콘크리트가 떨어져나가 녹 유출
C6	산, 염류의 화학작용	표면의 시멘트 페이스트 부분이 없어져 골재가 노출되면 그 면에 균열 발생
D1	설계 이외의 외력(휨 균열)	보나 바닥면의 인장측에 수직으로 30~50㎝ 간격으로 중립축까지 균열 발생
D2	설계 이외의 외력(지진, 활하중, 전단균열)	기둥, 보, 벽 등에 45° 방향으로 발생. X자형이 됨
D3	콘크리트 단면, 철근의 부족	D1, D2와 같음
D4	구조물의 부동침하	45° 방향으로 큰 균열 발생. 긴 건축물에는 부분인 八자형 균열
D5	건축물 전체의 신축(건조수축)	입면에서 건축물 선단의 스팬 하층부에는 역八자형으로 발생
D11	건축물 전체의 신축(온도변화)	지붕면의 팽창에 의해 입면에서 건축물 양단의 스팬 최상층부에 八자형으로 발생. Expansion Joint 부위가 압쇄되어 균열 발생

① 재료의 이상에 의해 발생하는 균열		부 호
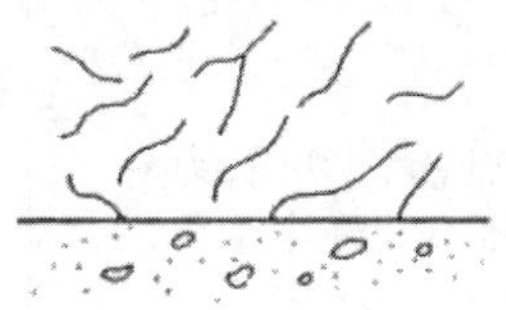	시멘트의 이상응결에 의한 것으로 짧고 불규칙한 균열이 비교적 조기에 발생	A1
	급격한 건조 등의 초기양생 불량에 의하여 물이 빠짐에 따라 짧고 불규칙한 균열 발생	B9
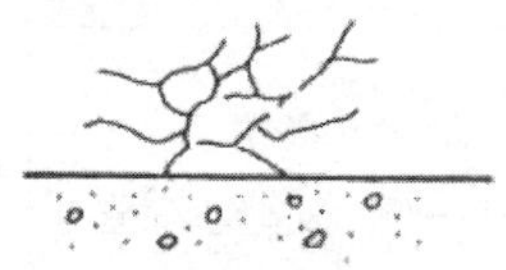	골재 중의 오물에 의한 것으로 콘크리트의 건조에 따라 불규칙한 그물코 모양의 균열 발생	A3
	너무 비볐거나 운반시간이 길 때 발생하는 균열로 전체적으로 그물코 모양	B1
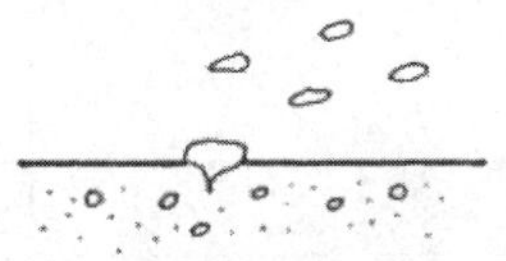	반응성 골재나 풍화암에 의한 것으로 드물게 발생	A6
② 콘크리트의 침하에 의해 발생하는 균열		
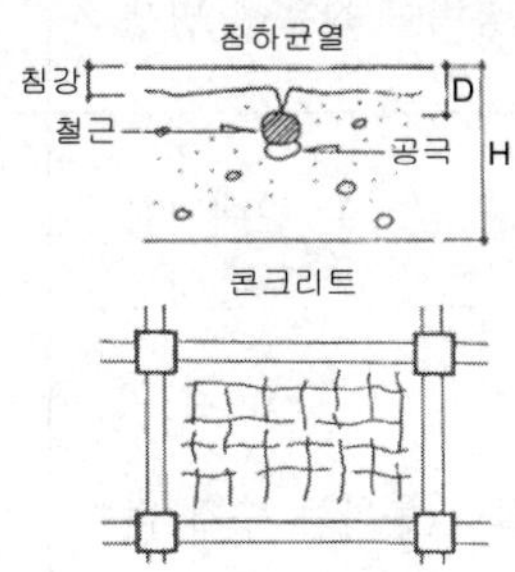	상부근 상부에 발생하는 침하균열로 콘크리트 타설 후 1~2시간 사이에 철근 방향을 따라 발생	A2
	D가 작을수록, H가 클수록, 또 콘크리트가 묽게 반죽될수록 발생하기 쉬움	B2
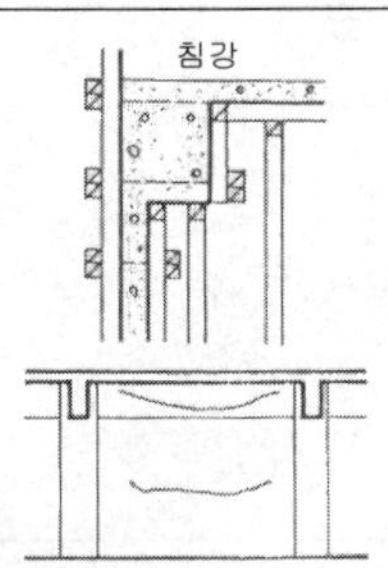	부재 단면이 바뀌는 곳에서 침하량의 차이가 생겨 발생하는 균열	A2 B2
	급속한 콘크리트 타설에 의해 발생	B4
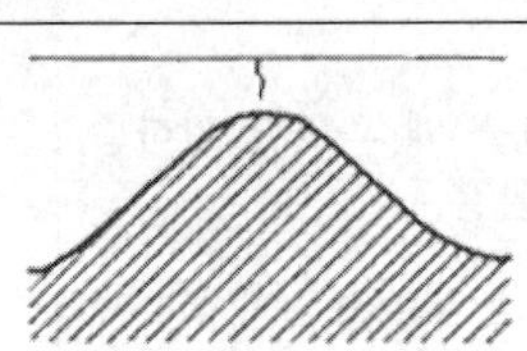	어느 정도 응결된 콘크리트가 산(山) 모양을 이룬 위에 새 콘크리트를 타설하면 침하량의 차이에 의해 균열 발생	A2 B2

③ 매스 콘크리트에 발생하는 균열

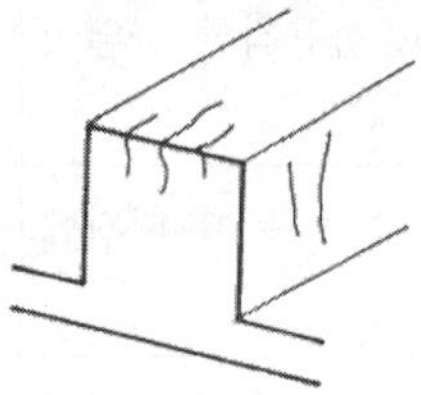	시멘트의 수화열에 의한 균열. 큰 단면(한 변이 80cm 이상)의 지중 보, 두꺼운 지하 벽 등에 발생하기 쉬움	A4
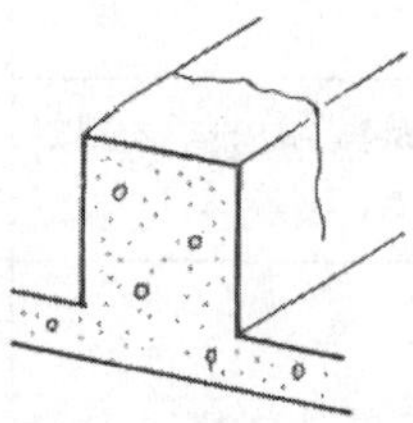	일단 팽창된 콘크리트가 수축을 구속당한 경우는 관통하는 균열 발생	A4

④ 바닥 슬래브에 발생하는 균열

가. 보로 둘러싸인 바닥 슬래브에 발생하는 균열

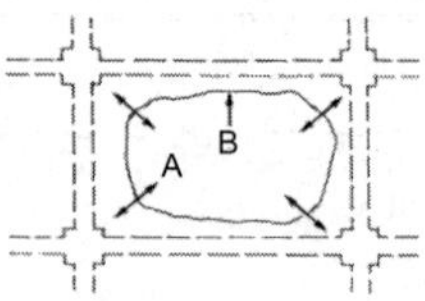	(A)는 구석부에 건조수축에 의해 인장력이 작용해 발생	A5
	(B)는 휨모멘트에 의해 발생하며 수축 균열을 증대시킴	D1 D3
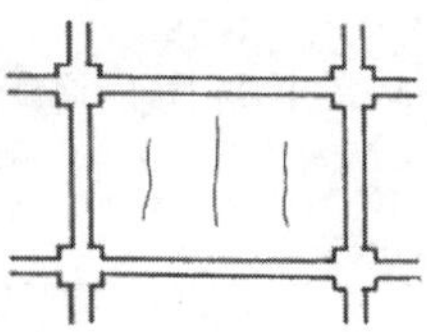	수축에 의해 발생하는 균열로 상하를 관통하는 수가 많음	A5
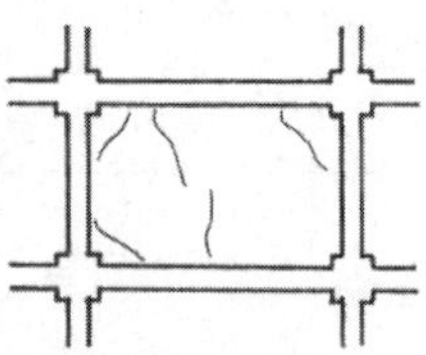	슬래브 주변의 구속이 큰 경우 발생	A5
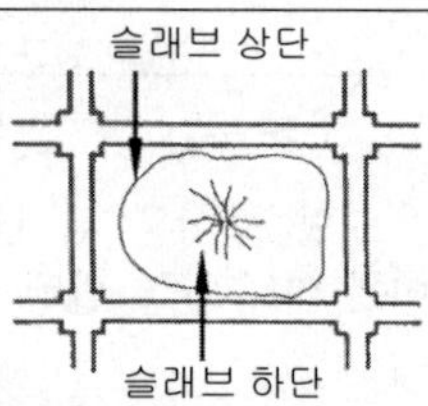	철근 부족, Support 존치기간이 짧을 때 과다한 활하중, 시공상의 부주의에 의해 발생하는 균열	D1 D3 D8

나. 건축물 전체에 본 바닥 슬래브에 발생하는 균열		
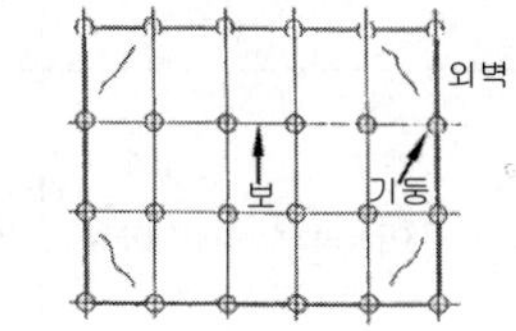	바닥 슬래브의 건조 수축에 의해 건축물의 구석에 경사지게 균열 발생	A5
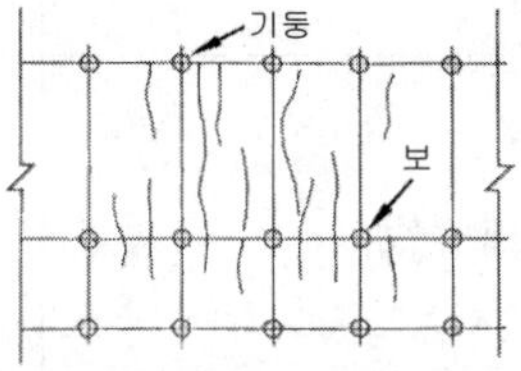	도리 방향이 긴 건축물에서는 보간 방향으로 많이 발생	A5
다. 캔틸레버 슬래브에 발생하는 균열		
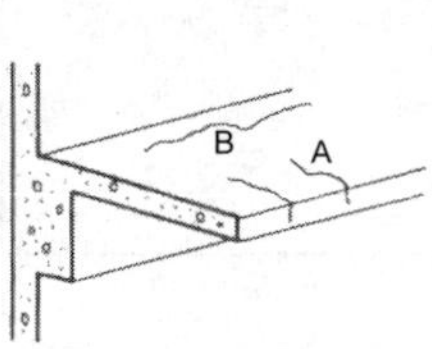	바닥 슬래브만 튀어 나온 경우	A5
	(A) 건조 수축에 의한 것 (B) 휨모멘트에 의한 것	D1 D3
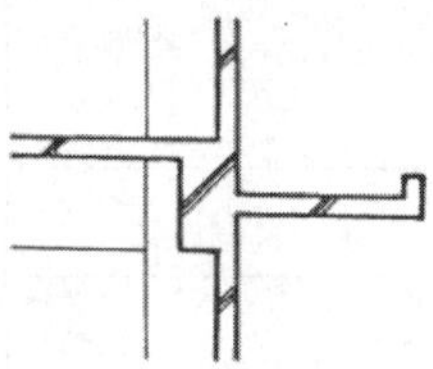 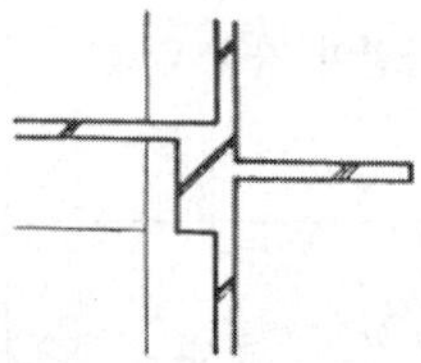	선단에 난간 모양의 턱이 있는 경우에는 위와 같은 균열 발생 보에서 캔틸레버로 튀어나온 경우에도 위와 같음	
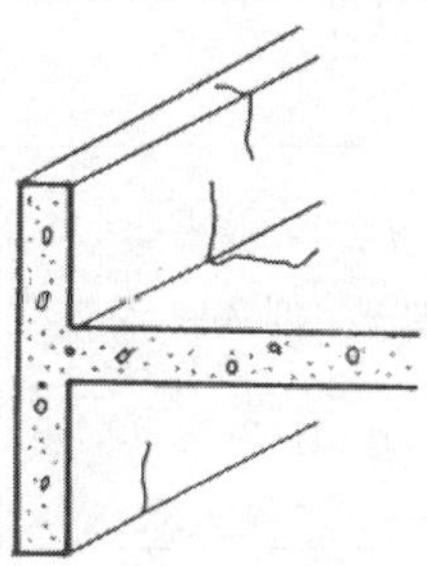	캔틸레버 슬래브의 선단에 옹벽이나 내림벽이 있는 경우는 그림과 같은 균열 발생	A5

⑤ 벽에 발생하는 균열		
가. 기둥과 보로 둘러싸인 개구부가 없는 벽에 발생하는 균열		
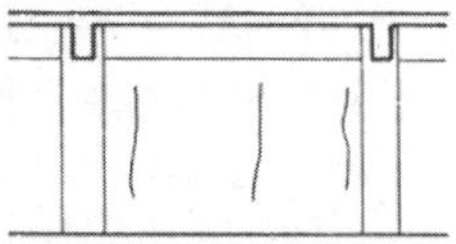	건조 수축에 의한 집중 균열. 균열은 거의 관통하여 발생	A5
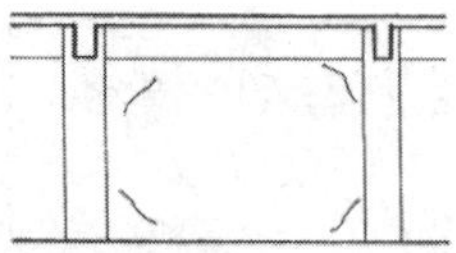	주변 구속이 클 때 건조 수축에 의해 발생	A5
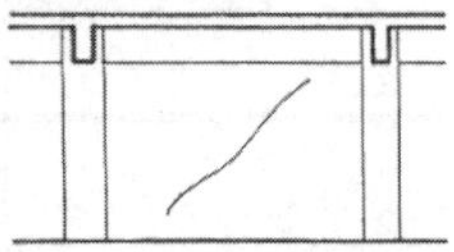	각종 요인으로 발생	A5 C1 D2 D4 D6
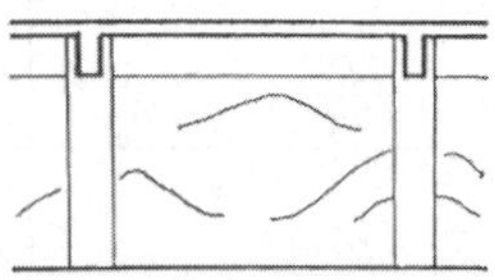	콜드 조인트에 의해 발생	B7
나. 기둥과 보로 둘러싸인 개구부가 있는 벽에 발생하는 균열		
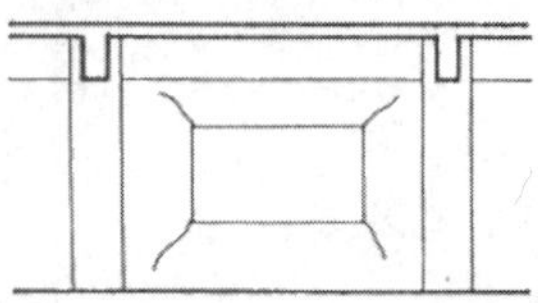	개구부의 구석에 발생하는 비스듬한 균열이 가장 많음	A5
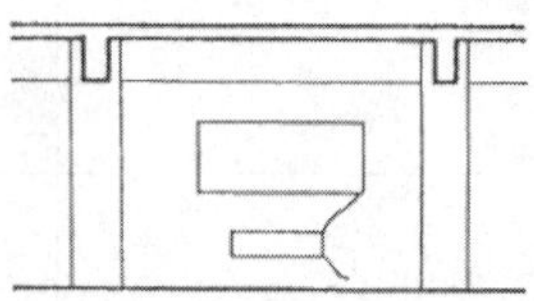	크고 작은 개구부가 서로 겹쳐 있는 경우, 경사 균열은 적고 개구부를 연결하는 균열이 많이 발생	A5
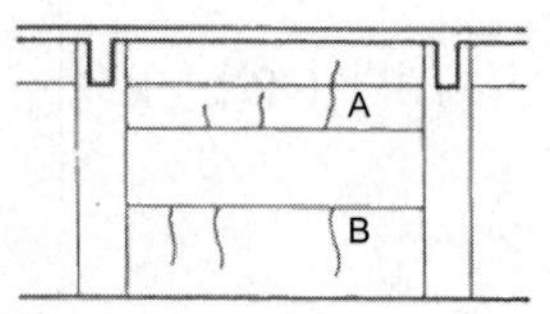	내림벽 , 올림벽에 수직으로 균열 발생. 때로는 보까지 들어가는 수도 있음	A5

다. 건축물 전체의 벽에 발생하는 균열		
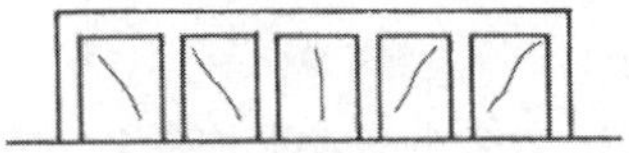	높이에 비해 길이가 긴 건축물은 구조적으로 구분된 부분의 구속이 크며 균열 발생	A5
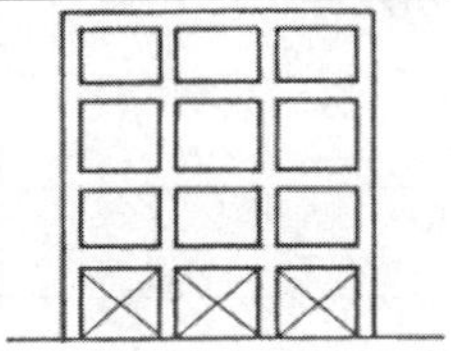	1층이 필로티 형식의 건축물인 상부의 벽에 균열이 비교적 적게 발생	
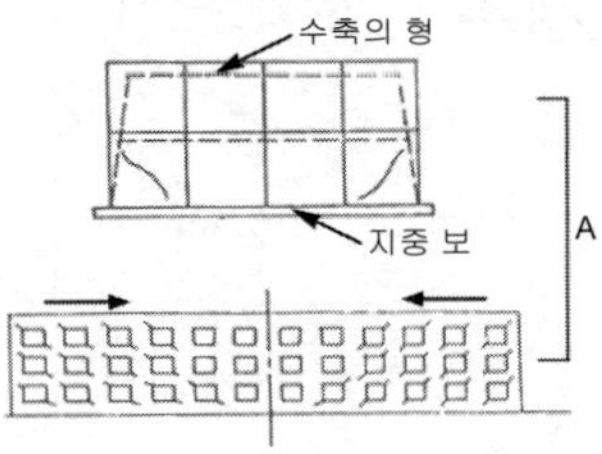	지상 부분과 지하 부분의 건조 수축 차이에 의해 역八자형의 균열 발생	A5
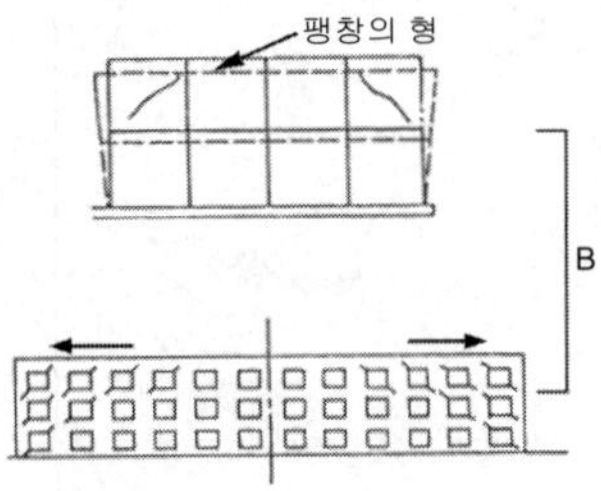	지붕면의 온도 상승에 의한 팽창으로 발생하는 八자형 균열	C1 D6
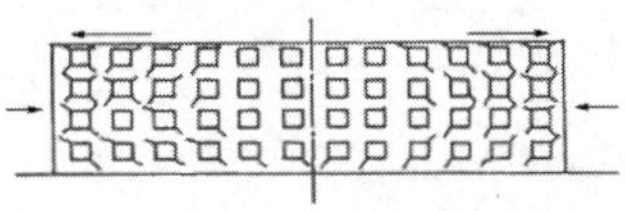	(A)와 (B)의 균열이 복합된 형태	A5 D5 C1 D6 D2
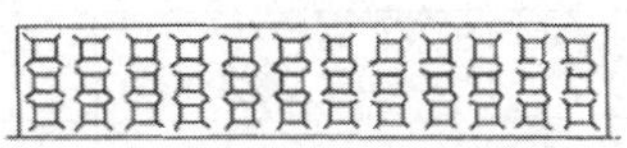	지진에 의한 전단 균열	D3
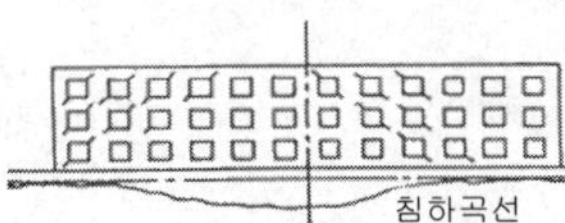	기초의 부동침하에 의한 균열	D4
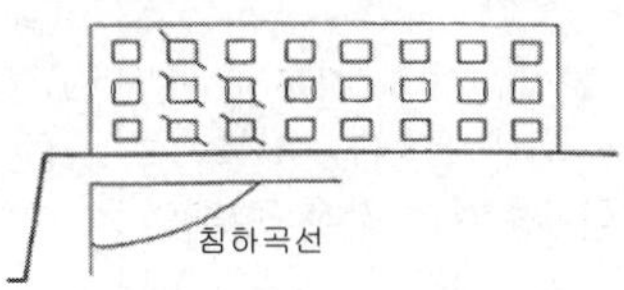	근접한 굴착공사시 흙막이벽의 부실로 인한 부동침하에 의한 균열	D4

⑥ 패러핏에 발생하는 균열		
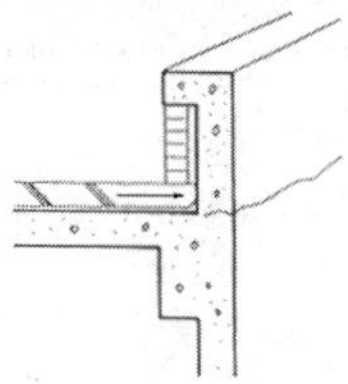	방수층의 열팽창에 대해 누름 콘크리트에 적절한 신축줄눈이 없으면 패러핏 벽이 밀려 균열 발생	
⑦ 기둥에 발생하는 균열		
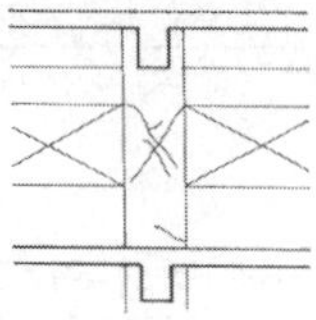	지진력 등 외력(설계 이상의 것)에 의한 전단력으로 45° 방향으로 균열 발생	D2 D3
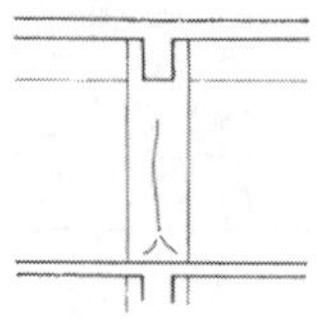 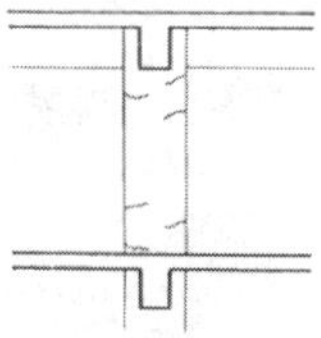	설계응력 이상의 휨모멘트를 받을 경우 주두(柱頭), 주각부(柱脚部)에 수평으로 발생 압축력에 의한 균열	D1 D2
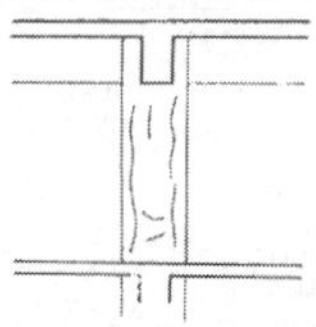	기둥 주근(主筋)의 녹 발생에 의한 균열로 피복 콘크리트가 뜨는 경우도 있음	C5
⑧ 보에 발생하는 균열		
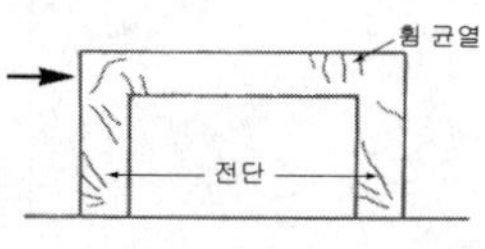	지진 하중에 의한 균열	D1 D2
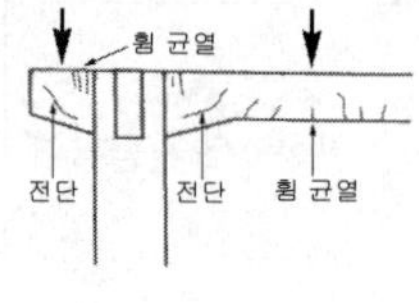	장기하중에 의한 균열 휨 균열은 인장측에서 중립 발생. 전단균열은 단부에 45° 방향으로 발생. 거푸집의 Support 해체가 너무 빠를 때 소요강도 발생 전에 활하중을 가할 경우도 같은 형태의 균열 발생. 또 보 중앙 하단근의 단부 정착이 부족할 때 보 밑 1/4 지점 부근에서 발생	D1 D2

⑨ 지붕 슬래브에 발생하는 균열		
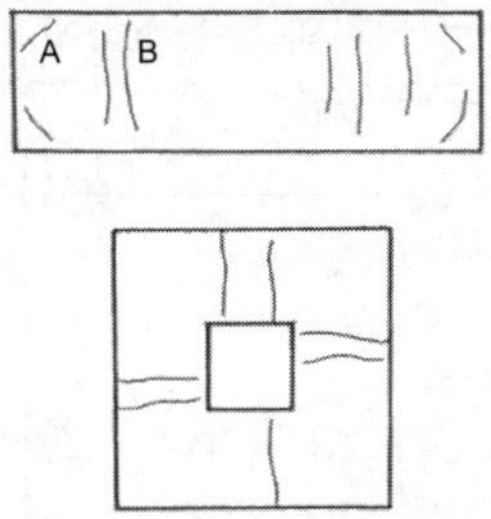	구석에 발생하는 균열로 내진벽 등 벽면으로 둘러싸인 곳에 많음 전단균열 (B)는 타설 후 3~6개월은 0.03㎜ 정도 이하의 경우가 많음 문제는 적지만 1년 정도로 균열이 커져 누수의 원인이 되는 수가 있음 폐쇄형 건축물의 경우에 발생하는 균열	A5 B2
⑩ 시공상의 부주의에 의해 발생하는 균열		
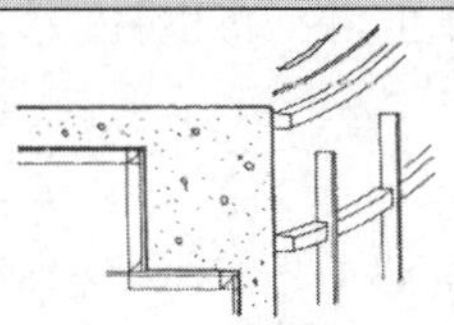	거푸집의 이탈에 의한 균열	B6
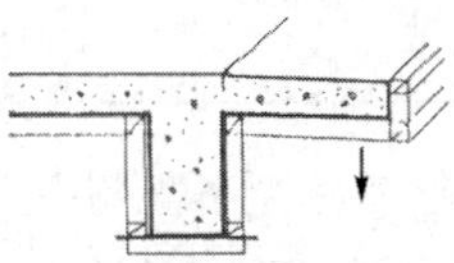	Support의 침하에 의한 균열	B11
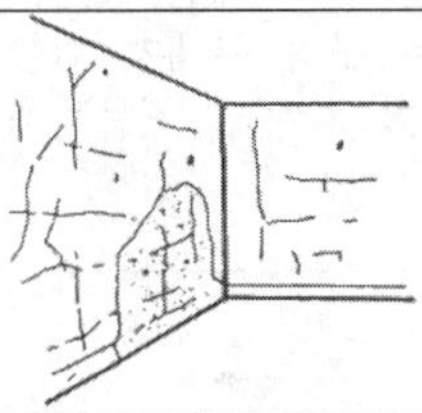	산, 염류의 화학작용에 의해 콘크리트 표면이 침식되어 대개의 철근 위치에 균열이 생기며 일부 콘크리트 표면이 박락하는 경우도 있음. 노출된 철근의 녹이 심함	C7
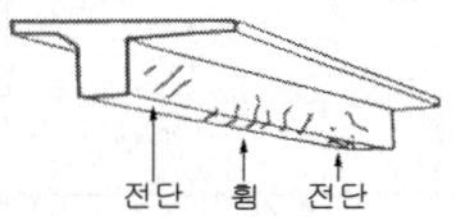	V 하중 통상 휨모멘트를 받는 부재는 미세한 균열(폭 0.1~0.2㎜)이 발생하지만 폭이 0.2㎜를 넘는 경우, 또는 전단력에 의한 균열 발생은 문제시되며 상세한 검사 필요	D1 D2
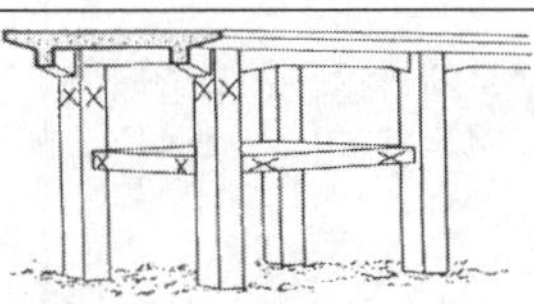	하중(주로 지진에 의한 것) 그림과 같은 균열은 지진시 수평력에 의한 대표적인 예	D3
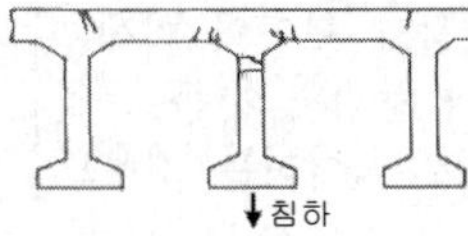	콘크리트 단면, 철근량 부족 단면, 철근량 부족에 의한 균열은 D1과 같으며 설계도서 등에 의한 하중인지 단면 철근량 부족에 의한 것인지 심사할 필요가 있음. 그리고 철근 배근량 부족에 의해 그림에 표시된 균열이 발생하는 수도 있음	D4

	구조물의 부동침하 라멘 등의 부정정(不靜定) 구조물에는 지점의 부동침하에 의해 그림과 같은 균열이 발생하는 수도 있음	D5
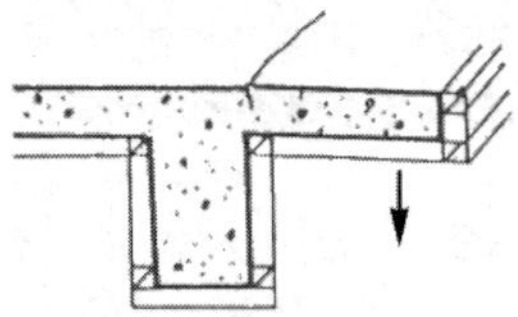	Support의 침하에 의한 균열	B11
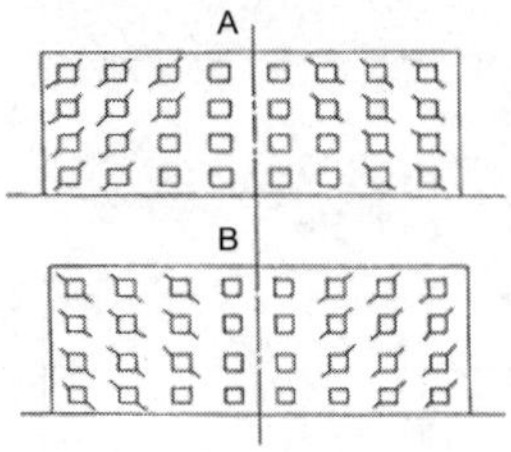	(A) 옥상부가 고온 또는 다습한 상태가 되어 팽창하는 경우 八자형의 균열 발생 (B) 옥상부가 저온 또는 건조상태가 되어 수축하는 경우 역 八자형의 균열 발생	C1
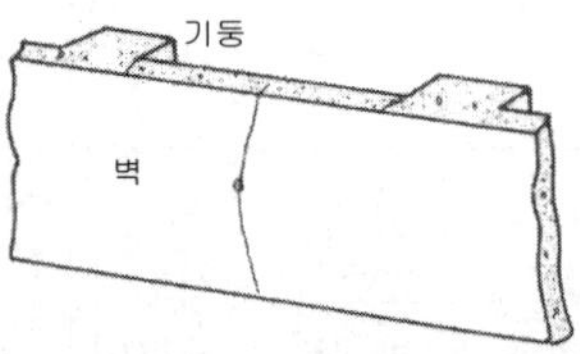	외측이 고온 또는 다습, 내측이 저온 또는 건조할 경우, 균열은 고온 또는 다습한 쪽에서는 구속 부재간의 거의 중앙에 발생. 저온, 건조한 쪽에서는 구속 부재에 접한 부위에 발생 초기에 양쪽의 균열이 별도이지만 거듭됨에 따라 관통하는 수 있음	C2
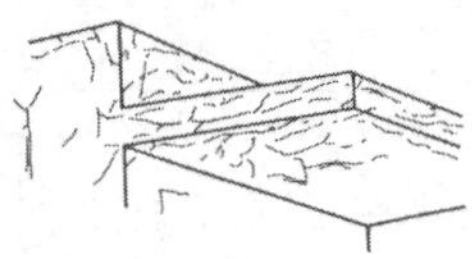	구석 부분과 수평 조인트 부분의 경사 균열, 긴 쪽 방향의 균열	C3
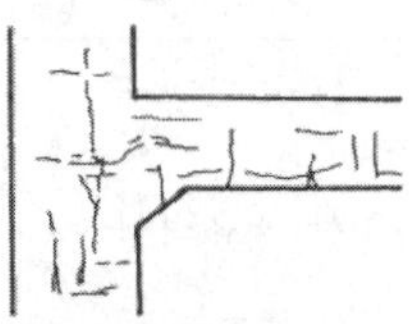	균열은 철근을 따라 발생. 균열 부분에서 녹이 유출되어 콘크리트 표면을 지저분하게 하는 경우가 많음. 녹이 심할 때는 콘크리트의 박락 발생 가능	C5
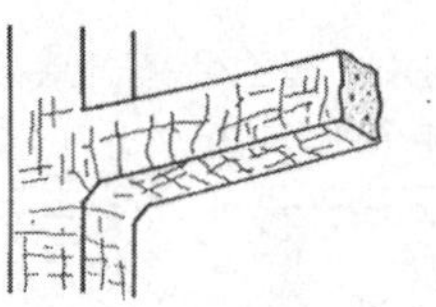	급격한 온도 상승과 균열에 의해 그물코 모양의 미세한 균열과 함께 발생되며 기둥에는 거의 등간격의 큰 균열 발생. 또 부분적으로 폭열(爆熱) 되어 박락하는 경우도 있음	C6

2. 조적벽체의 균열

❑ 개 요

조적벽의 균열로 인한 피해는 Claim 발생 및 사후처리에 많은 비용의 손실을 가져오는 경우가 많으나 근본적인 해결책은 별로 없는 것이 현실이다. 여기에는 설계, 재료, 시공 등 복합적인 요인이 있다.

조적된 벽체가 내력벽인지 비내력벽인지에 따라 균열에 대한 대비책은 현저하게 다르다.

이러한 균열은 사용자에게 심각한 우려와 불안을 갖게 하며 이에 따라 다툼의 소지가 되는 경우가 허다한 것이 현실이다.

❑ 균열의 발생 요인

○ 구조 설계상의 문제

- 수직 및 수평하중을 부담하는 내력벽의 응력 부족
- 벽 배치의 불균형 또는 벽량(壁量)의 부족
- 줄눈을 통해 발생하는 경우, 벽돌과 줄눈에 동시 발생하는 경우, 벽돌 자체의 Crack 발생으로 인한 경우
- 보강의 결여 또는 미흡

○ 재료상의 문제

- 온도 변화에 의한 열의 영향으로 재료의 수축·팽창 현상
- 건습(乾濕)에 의한 재료의 수축 현상
- 벽돌 자체의 강도 부족
- 모르타르의 강도 부족

○ 시공상의 문제

- 기초의 부동침하 작용
- 기초의 동결 깊이
- Lintel 및 Wall Girder의 부실시공
- 신축줄눈의 불량 시공

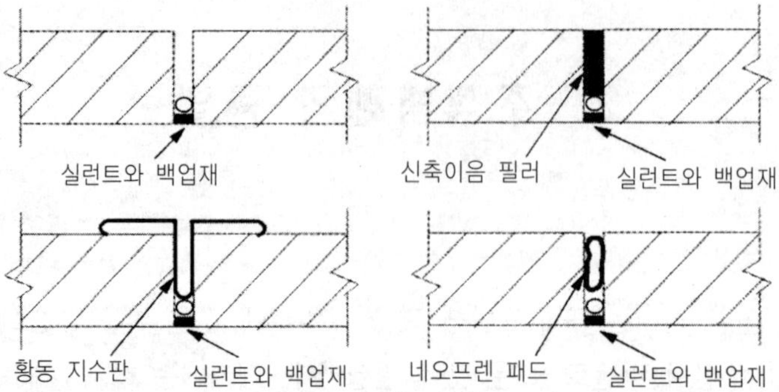

△ 신축줄눈 시공 방법

❑ 원인의 규명

○ 내력벽

- 하중에 대한 내력벽의 응력 부족, 벽량의 부족이 의심될 경우 구조계산을 실시할 필요가 있다.
- 하중 분포도에 의해 소요응력의 부족 여부가 쉽게 판가름된다.
- 만약 내력이 부족하다면 보수·보강 대책은 쉽지 않으나 가능한 모든 공법을 적용·검토하여야 할 것이다. 이 경우 재료 자체의 적용 내력은 현장 Sampling에 의하는 것이 가장 정확할 것이다.
- 조적체를 받치고 있는 기초의 부동침하나 기타 이상현상의 경우는 이를 먼저 해결해야 한다.[3)]
- Lintel 및 Wall Girder는 조적체의 하중을 고루 분포시키는 역할을 하기도 하지만, 조적벽체의 이상현상을 잡아주기도 하므로 이를 면밀히 관찰하여야 한다.

○ 비내력벽

- 온도 변화에 의한 열 영향에 대항하지 못하는 경우가 대다수이다.
- 비내력벽이라도 높이가 높고 길이가 길어, 즉 벽량이 과다하면 균열이 오는 경우가 많다.

---

3) 지반 보강, 기초부 보강

❑ 균열의 조사

○ 균열의 조사 방법[4)]

- 외관 조사
- 설계도서·시공기록에 의한 조사
- 사용 환경 조건 조사
- 상세조사

부위별 조사 철저

❑ 보수·보강 방법

○ 온도 변화 등 열 영향에 의한 수축, 균열

- 각종 모르타르나 실링재를 사용하여 균열을 보수하고 도장한다.
- 적정한 위치에 신축줄눈을 설치하고 각종 조이너 재료로 마감 처리하는 방법의 가능 여부를 검토·적용한다.
- 벽량이 과다한 경우 별도의 보강 대책을 검토·수립한다.

○ 내력 부족에 기인하는 균열

- 별도의 부벽 설치 등 보강시설의 가능 여부를 검토한다.
- 하중의 집중적 분포를 분산할 수 있는 방법에 대해 검토한다.
- 해당 벽체를 부분적으로 철거하고 벽체를 재시공하는 문제를 검토한다.

---

4) 자세한 내용은 앞 절「1. 콘크리트의 균열 조사」항목을 준용하며, 분포도 작성 역시 앞 절의 도면 작성 방법을 준용한다.

3. 결 로

□ 개 요

건축물의 각종 부위 즉 벽, 바닥, 천장 등에 발생되는 결로로 인해 해당 부분이 오염되거나 생활에 막대한 지장을 초래하므로 이 문제로 인한 다툼 역시 높은 빈도로 발생한다. 따라서 이 문제에 대해 감정인이 취해야 할 조치를 중심으로 기술한다.

다만 고도의 공학적인 산식이나 명확한 과학적인 규명을 위해서는 별도의 전문서적을 활용하기 바란다.

□ 결로 발생의 메커니즘

컵에 차가운 물을 넣으면 컵 바깥쪽 표면에 물방울이 맺힌다. 이는 공기가 찬 부분에 접촉하면 접촉 부분의 공기는 온도가 낮아진다. 그리고 낮은 온도의 공기는 그만큼 허용할 수 있는 수증기의 양(포화수증기량)이 적어지므로 허용량 이상의 수증기는 물방울 즉 결로가 된다.

이러한 결로 현상이 건축재료의 표면이나 내부에 발생하면 재료의 노후화나 곰팡이 발생 등의 심각한 문제를 일으키게 된다.

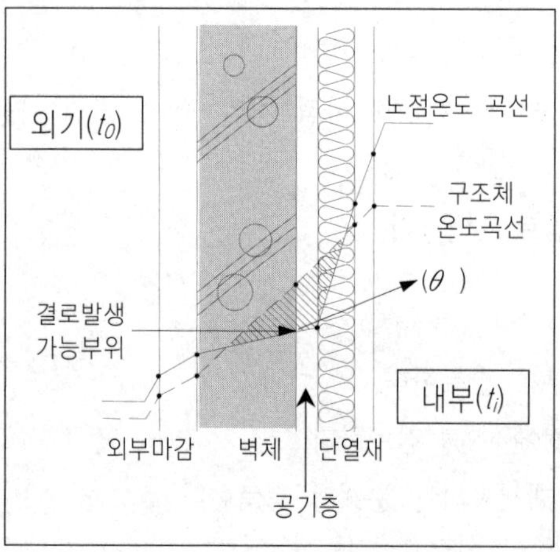

- 벽의 실내측 표면온도(θ)를 노점온도보다 높게 한다.

$$\theta > t_i - \frac{K}{\alpha_i}(t_i - t_0)$$

여기서,

θ : 벽의 실내측 표면온도(℃)
t_i : 실온(℃)
t_0 : 외기온(℃)
K : 열관류율(W/㎡K)
α_i : 실내측 열전달률(W/㎡K)

△ 결로 발생 Mechanism

□ 결로의 진단 및 대책

일반적으로 겨울에 건축물에 결로가 발생했을 경우의 대책은 아래와 같다.

○ 외벽면의 단열·방습층의 배치에 대하여

표면결로의 방지 방법으로 고온측(실내측)의 내표면의 충분한 단열, 고온측(실내측)의 방습, 또한 외기측의 방습이 중요하다.

여기서 주의해야 할 것은 실내측에 단열재를 시공할 경우, 투습저항이 실내측에서 외기측으로 가면서 점차 작아지도록 하지 않으면 내부결로가 발생할 가능성이 있다는 것이다.

□ 외벽면의 실내측 결로방지 대책

예를 들면 아래 그림과 같이 외벽면의 콘크리트벽 실내측 내표면에 표면결로가 발생하고 있을 경우, 이에 대한 대책으로 실내측에 단열재를 설치하면 단열재와 콘크리트벽 사이의 온도는 외기측 온도에 근접하므로 단열재 시공 전보다 더욱 저온이 되어 버린다.

- 단열재 중 발포폴리스티렌 보드 등과 같이 비교적 투습저항이 큰 단열재는 사용상 별 문제가 없다.
- 그러나 글라스월(유리벽) 등과 같이 투습저항이 작은 단열재를 사용하면 실내측으로부터의 습기는 단열재를 쉽게 투과하여 콘크리트벽 표면에 도달하게 되고, 투습저항이 큰 콘크리트벽에 의해 습기 투과가 저지되어 이전보다 더욱 심한 결로 발생을 유발한다.

따라서 내부결로를 방지하기 위해서는 단열재의 고습측(高濕側; 실내측)에 방습층이 필요하다. 또한 재료의 열저항은 절건상태에서는 수분이 포함되어 있지 않아 실제와 크게 달라지므로 기건상태의 열저항값을 사용하여 산정해야만 하며, 재료의 카탈로그 값은 어떤 상태에서의 값인지에 유의해야 한다.

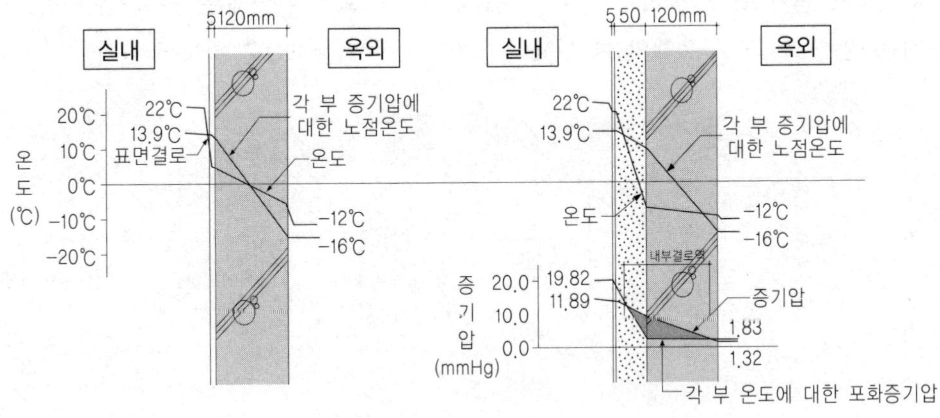

단열이 없는 경우 표면결로의 예　　　　내단열의 경우 내부결로의 예

△ 외벽면의 실내측 결로방지 대책

□ 실내 마감재 사이 결로방지 대책

다음 그림과 같이 콘크리트벽의 실내측 마무리 재료로 플러스터 보드를 시공하고 있는 경우가 있다. 이 경우 콘크리트벽과 단열재 사이는 공기층이 있어 단열재를 투과하는 습기 이상으로 천장면에서 이동해 오는 습기가 많아진다. 또한 단열재를 설치했기 때문에 콘크리트 내면의 온도가 낮아져 위와 같이 내부결로가 발생한다. 이러한 단열재가 붙은 플러스터 보드를 사용할 경우에는 공기층을 만들지 않도록 실내측 표면에 투습저항이 큰 방습층을 설치할 필요가 있다.

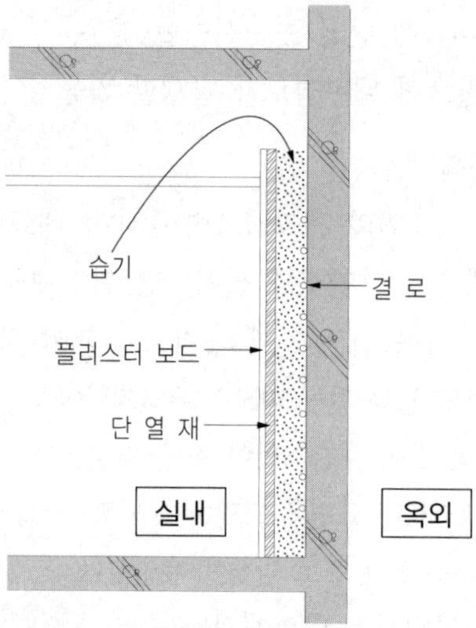

△ 방습층 불비에 의한 결로방지 대책

□ 외벽에 접하는 내벽(기둥·보·바닥)의 결로방지 대책

다음 그림과 같이 외벽에 접속된 내벽·기둥·보 바닥 등은 연속하는 외벽의 구조체를 통해 외기온도의 영향을 받기 쉽다. 따라서 결로방지를 위해서는 외벽 단열재를 연속시키거나, 혹은 외벽에 접하는 면에 적어도 구조체의 벽 두께 d의 3배 이상 단열보강을 하도록 한다.

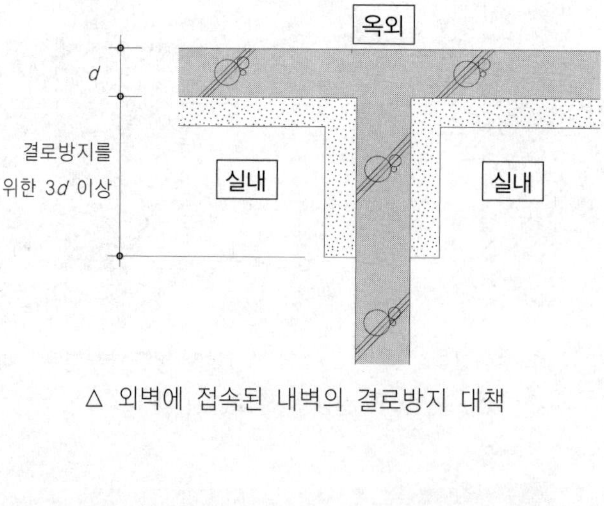

△ 외벽에 접속된 내벽의 결로방지 대책

□ 가구류와 외벽면 사이 결로방지 대책

다음 그림과 같이 가구·집기의 외벽면에 접한 설치가 예상될 경우, 실내 난방에도 불구하고 가구·집기에 의해 실내 기류에 장애가 생겨 일반 부분과 비교하여 외벽면 표면온도가 저하된다. 따라서 일반 부분에 대해 결로방지 단열두께 산정을 해도 가구·집기 안쪽 부분의 외벽면에는 저온다습한 환경이 되어 결로가 발생할 위험성이 높다. 이것을 방지하기 위해서는 가구·집기의 안쪽 부분 외벽면은 저온다습이라는 조건에서 단열 두께를 결정하거나, 또는 가구를 실내측 표면에서 50mm 정도 떨어지게 하고 가구의 하부에는 실내 기류가 충분히 흐를 수 있도록 가대를 설치할 필요가 있다.

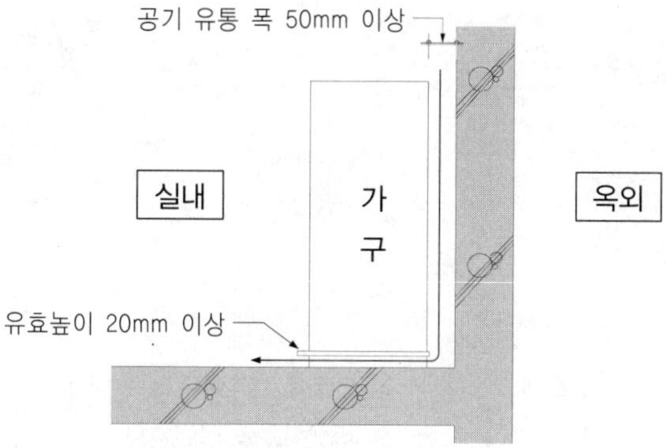

△ 외벽면에 접한 가구류 사이 결로방지 대책

□ Cold Bridge 방지

다음 그림과 같이 철골이 단열층의 두께만큼 배치되어 있으면 외기가 열전도율이 큰 철골을 관통하므로 실내측 표면온도는 일반 부분보다 낮아져 이 부분에만 표면결로가 발생한다. 이러한 Cold Bridge에 의한 표면결로 방지 방법으로는 단열층의 두께를 증가시키거나, 혹은 철골의 길이를 짧게 하여 철골 부분의 실내 표면온도를 저하시키지 않도록 하는 방법이 있다.

또 다음 그림 하단과 같은 단열재의 못박기 멈춤이나 단열재를 통한 마무리재의 못박기 멈춤은 Cold Bridge가 형성될 뿐만 아니라 방습층의 파손도 초래한다.

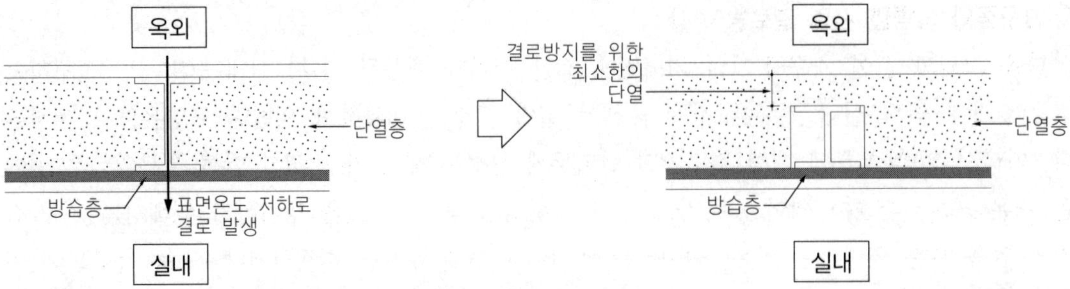

Cold Bridge에 의한 결로 및 결로방지 대책

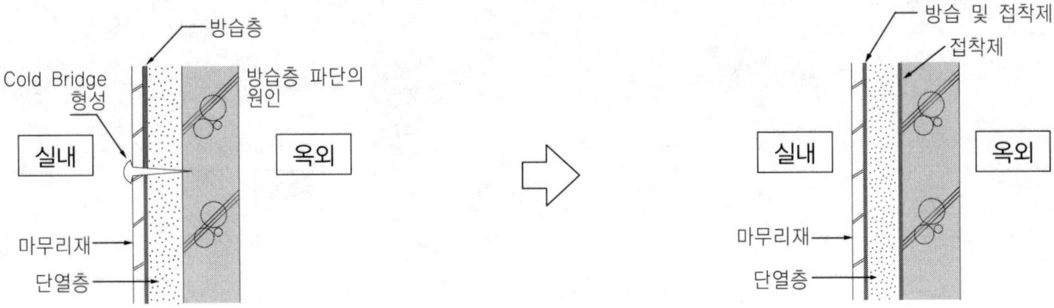

단열재 못박기에 의한 결로 및 결로방지 대책

△ Cold Bridge 방지 대책

□ 외단열 공법의 채용

다음 그림과 같이 외단열은 난방으로 몸 전체에 축열을 시키면 실온(室溫) 변동이 작고 실내 표면온도가 실온과 별 차이 없이 유지되어 노점온도 이하로 좀처럼 내려가지 않는다. 따라서 표면결로에 있어서 내단열보다 우수하다.

또 내부결로에 있어서도 단열재의 고온측(실내측)에 투습저항이 큰 콘크리트 몸체가 구성되어 있기 때문에 내단열보다 우수하다.

외단열은 큰 열용량을 갖는 콘크리트 몸체가 실내측에 있기 때문에 난방 개시시에는 실온을 소정의 온도로 끌어올리는 데 시간이 걸리지만, 한 번 소정 실온에 도달하면 콘크리트 몸체의 온도는 쉽게 내려가지 않으므로 외단열을 채용한 경우에는 난방을 지속적으로 하는 편이 결로나 실내온도 환경면에서도 바람직하다.

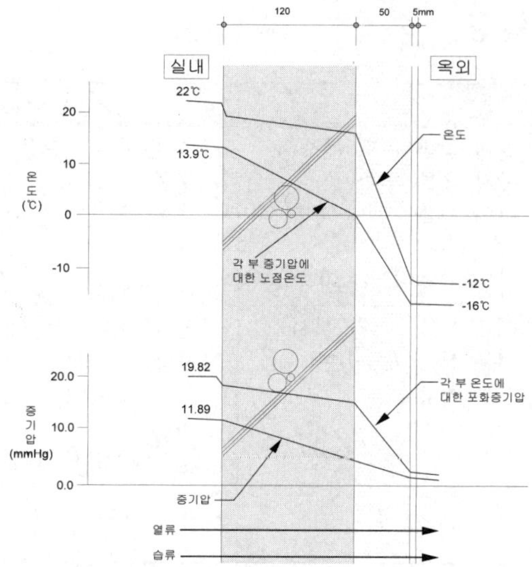

△ 외단열 벽 단면의 온도 분포와 증기압 분포

○ 유리창에 대하여

유리창이나 새시 주위의 결로 대책으로 유리창이나 새시부의 실내측 표면온도를 실내공기의 노점온도 이상까지 가온(加溫)하는 방법이 있다. 이 방법은 단열성 향상을 위해 페어 글라스나 이중새시 등으로 설계, 시공되는 것이 보통이다. 또한 유리면의 표면온도 가온(加溫)을 방열기나 온풍기 등의 설비적인 배려를 통한 결로방지도 생각할 수 있다.

그리고 실내공기의 노점온도 저하를 위해서는 실내측 표면 부근 공기와 외기의 치환도 유효하므로 실내 온·습도 설정조건을 완화하는 것도 중요하다.

○ 환기에 대하여

철근콘크리트 주택에서는 콘크리트 자체가 투습저항이 크기 때문에 목조주택 등과 달리 수증기를 외기로 좀처럼 배출하기 힘든, 구조체에 따른 기본적 특성차가 있다. 주택에는 항상 신선한 공기를 받아들여야 하는데 최근 냉난방 부하 저감을 목적으로 외풍방지를 위해 각종 새시 등을 채용, 주택의 개구부를 기밀하게 하는 경향이 있다. 그러나 기밀하게 할수록 실내에서 발생한 수증기의 배출이 곤란하여 건축물 내의 수증기량은 계속 증가하게 된다.

이처럼 수증기의 증가는 실내 상대습도나 절대습도의 증가로 이어져 노점온도가 상승하므로 결로에 대해 불리하다. 따라서 최근의 기밀화 주택에는 환기 성능이 우수한 설비가 필요하다.

❑ 부위별 결로의 특징

부위	결로 발생 위치	원 인	대 책	과거 사례
벽	- 벽, 바닥의 우각부 - 가구 뒤쪽의 벽 - 벽 표면 - 벽체 내부	- 실내 상하 온도 분포 - 공기 유통 부족 - 단열 부족, 해당 부분 온도 저하 - 방습층 불비, 냉교 구조	- 주벽(바닥, 천장, 지붕 포함) - 가구, 벽간의 틈새 - 단열 시공 - 환기 촉진	- 일반주택, RC주택 - 일반주택, RC주택 - 일반주택, RC주택 - 주택 커튼월
천장·지붕	- 최상층 슬래브 밑 - 지붕 밑면 - 천장, 표면	- 단열 부족, 야간 복사 - 지붕 안 온도 상승 - 냉교 작용 - 실내온도 상승	- 단열 시공, 조습재 의존 - 천장, 벽 방습 - 냉교부 단열, 천장, 벽 방습 - 조습재 시공, 천장 단열	- RC주택 - 일반주택, 공업화 주택 - 공업화주택
지하 바닥	- 바닥 부재 표면	- 단열 부족	- 환기 촉진	- 각종 지하실
벽장	- 벽장, 벽면	- 벽장 안 습도 상승 - 벽장 안 온도 저하 - 벽 단열 부족 - 평면 계획 - 벽장 설계 - 주거 방식 - 난방기구	- 환기 촉진 - 집중 보온 - 벽장 설계 개량 - 벽장 위치 개선 - 활용 등 - 생활 개선 - 연통 부착 난로	- 특히 RC주택
개구부	- 문 실내면	- 철문 단열 부족 - 목구 냉교 작용 - 단면상의 냉교	- 외단열	- 일반주택, RC주택
	- 창 실내면 - 2중·3중창 내부 - 새시 틀 표면	- 부속물에 의한 온도 저하 - 수증기 침입 온도 저하 - 표면온도 저하	- 공기 유통 촉진 - 온도억제 새시 기밀도의 적정 조합 - 단열방로형 새시 사용	- 각종 건축물

❑ 조사·감정

① 발생된 결로 현상에 대한 원인 조사를 실시한다.

② 원인이 설계에서 기인한 것인지 시공상 결함에 의한 것인지를 확인한다.

③ 또는 설계가 보편타당하게 이루어졌고 시공 역시 정상적으로 이루어졌다고 보이는데도 발생되는 현상인지의 규명이 우선이다.

④ 따라서 원인에 따라 해결방법을 선택하고, 이에 수반되는 소요비용을 산정한다.

⑤ ③항의 경우라면 별도의 기계적인 조치가 필요할 것이다.

⑥ 비용의 분담 문제에 대해서는 감정인이 판단한다.

4. 누 수

❑ 개 요

건축물에 누수가 발생하게 되면 이유를 불문하고 결정적인 하자라고 본다. 보통 지붕 및 외벽 또는 지하실의 바닥 및 벽체에서 발생되는 빈도가 높고 사용자는 나름대로의 노력과 비용을 투자하나 이 문제가 해결되지 못하여 이해 당사자간의 다툼으로 발전된다.

누수의 해결 방법은 원인 규명이 우선이다. 원인이 명확하게 규명되면 이를 해결할 수 있는 방안이나 공법은 얼마든지 강구될 수 있기 때문이다.

□ 누수의 종류

- 지붕이나 외벽의 누수
- 지하벽체 및 바닥의 침투수
- 패러핏 부위의 누수
- 개구부 주위 및 창호 자체의 결함에 의한 누수
- 실링재 및 방수재의 결함에 따른 각종 부위의 누수
- 설비배관류의 누수
- 드레인 하자에 의한 누수

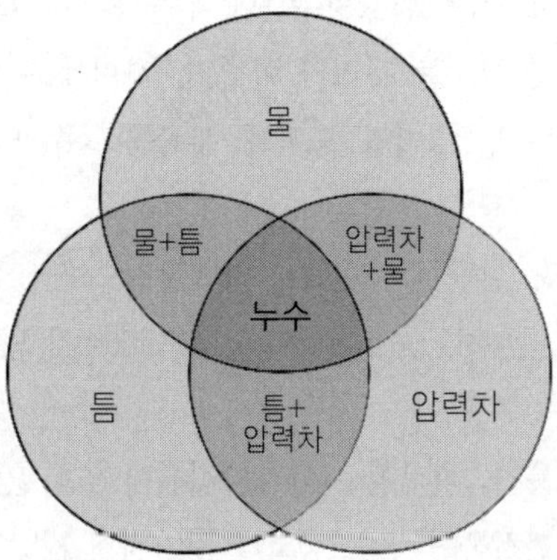

- 누수는 물+틈+압력차가 공존할 때 발생
- 1가지 요인만 제거해도 누수 발생을 억제

△ 누수의 Mechanism

❑ 진단의 초점

▯ 누수 부위별 보수 방법

- 옥 상
  - ① 방수층의 수선(패러핏부 포함)
  - ② 루프 드레인 주위 보수
  - ③ 패러핏 주위 보수
  - ④ 옥상 보수
- 외 벽
  - ⑤ 콘크리트 균열 보수
  - ⑥ 창 주위 보수
  - ⑦ 표면 성능저하 부분 보수
  - ⑧ 커튼월 등의 실링 보수
  - ⑨ 외벽 이중화에 의한 보수
- 지하벽체 및 바닥
  - ⑩ 콘크리트 균열 보수
  - ⑪ 방수층의 보수
  - ⑫ 결로수와의 구분

① 방수시트에 주름 부풀음이 없는지, 치올림부에 균열이나 들뜸은 없는지, 천장면에 누수는 없는지

② 배수구 주변에 먼지나 토사가 없는지, 배수구 주변의 방수층이 파손되지 않았는지

③ 가로대의 균열·들뜸이 없는지, 치올림의 방수층에 부풀음이나 파손이 없는지

④ 오래되어 노후화가 심해 부분 보수는 무리가 아닌지, 과거에 보수 이력이 있는지

⑤ 우천시 물이 침투하지 않는지, 내벽면 도막에 부풀음·들뜸이 없는지, 외벽면에 균열이나 Rock Pocket은 없는지

⑥ 창 주위 벽에 균열은 없는지, 실링이 파단되지 않았는지, 새시 주위 내벽 도막은 정상인지

⑦ 콘크리트의 경년 노후화는 없는지, 균열이나 Rock Pocket이 많은지, 타일의 Joint 이외에 균열이 있는지

⑧ 실링재가 파단되어 있지 않은지, 피착제로부터 박리되어 있지 않은지, 실링재가 연화하지 않았는지

⑨ 시간이 지날수록 노후화가 현저하여 누수 장소가 많아지지 않았는지

⑩ 콘크리트 구조체 자체의 균열인지, 균열의 원인은 무엇인지

⑪ 방수층의 훼손인지, 적정한 방수공법의 선택이었는지, 수압의 정도는 어느 정도인지

⑫ 단열 부족에 의한 결로수인지

❑ 원인 규명

○ 사용자의 감지

대체적으로 건축물을 사용하고 있는 사람이 감지하여 발견되는 것이 대부분이다. 따라서 현장 조사시 사용자의 설명에 의해 누수 현상이나 누수 부위, 누수 수량, 누수 흔적 등을 인지할 수 있고 이에 따라 원인을 규명하는 절차에 임하는 것이 보통이다.

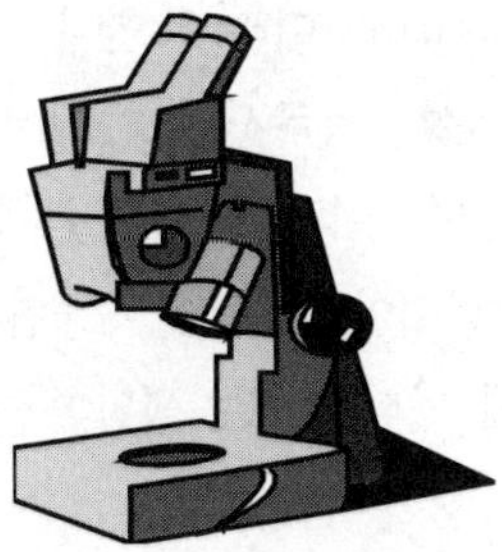

△ 철저한 원인 규명이 중요!

△ 웨트 게이지

○ 장비를 이용한 진단

앞서의 노력으로도 규명되지 않을 경우 다음과 같이 장비를 이용하여 진단, 조사하는 경우도 있을 수 있다. 그러나 특별한 경우를 제외하고는 이에 소요되는 비용과 노력이 과다하다고 보기 때문에 차라리 의심되는 부위를 광범위하게 또는 전부를 보수하기도 한다.

진단에는 가스 주입법, 자외선 영상장치의 응용, 내시경, 점검용 잠망경 등이 사용될 수 있다.

5. 차 음

❏ 개 요

공기 중이나 구조체 등으로 전파되는 음파를 차단하여 반대쪽으로 음 에너지가 투과되지 않도록 하는 것을 차음(遮音, Sound Insulation)이라고 한다. 다세대, 아파트 등의 공동주택 및 오피스텔, 또는 음향이 발생되는 영업시설, 업무시설 등에서 인접 공간 사이에 음향이 차단되지 않아 문제가 발생되는 경우가 많이 있다. 이러한 문제를 해결하기 위하여 차음에 대한 기본 이론과 차음용 재료 등에 대한 숙지가 있어야 처방이 가능한 것이다. 실제로 이러한 문제로 인한 다툼 및 분쟁이 점차 증가하는 추세에 있다. 이는 생활환경의 개선 현상, 고급화 추세에서 기인하는 것으로 보인다.

▽ KS 방음성의 등급과 성능

등급	방음 등급선	성 능	시험방법 (KS F 2808 건축물 부재의 공기 전달음 차단 성능 실험실 측정 방법)
25	Ts-25 등급	해당되는 등급에 대하여 방음 등급선에 적합할 것	음원실과 수음실의 중앙을 나누고 있는 벽의 열린 입구 부위에 시험체를 설치하여, 125Hz~4000Hz까지의 1/3 옥타브대 지역(16 주파수 밴드)의 중심 주파수에 대해 측정하여, 소리가 나는 방의 음압 레벨에서 시험체를 투과한 수음실의 음압 레벨을 감하여 수음실의 흡음력을 보정해 음향투과 손실의 값을 산출
30	Ts-20 등급		
35	Ts-35 등급		
40	Ts-40 등급		

[주] 1. 측정값(16점)이 모두 해당되는 방음 등급선을 상회할 것. 또한 각 주파수 대역에 해당하는 방음 등급선에 미달하는 측정값의 합계가 3dB 이내의 경우에는 각각의 방음 등급선을 상회하고 있다고 볼 수 있음

2. 전체 주파수 대역에서 관련 식에 따라 측정값을 환산하여 그 환산값(6점)에 해당하는 방음 등급선을 상회할 것

❑ 차음 성능의 기본 이론

○ 공기 전파음

▯ 투과율과 투과손실

$$투과율(\tau) = \frac{I}{I_1}$$

여기서, − I_1 : 어떤 벽면에 입사하는 음의 강도
− I : 반대쪽에 투과하는 음의 강도

▯ 차음과 흡음

차음을 좋게 하기 위해서는 투과음 에너지를 되도록 작게 만드는 것이 필요하다. 입사음 대부분을 입사쪽에서 반사해 버리는 것이 차음을 좋게 하는 가장 효과적인 방법이다.

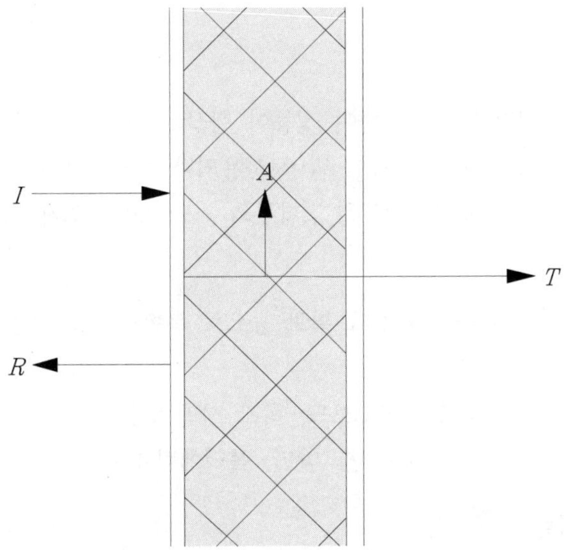

△ 벽면의 차음과 흡음

그림에서, 벽면의 입사 에너지$(I)=R+A+T$
− R : 반사음
− A : 흡음에 의한 손실 에너지
− T : 투과음 에너지

○ 고체 전파음

진동원에서의 진동이 구조체의 고체 속을 전파하면서 그것이 건축물의 천장, 바닥, 벽 등을 진동시킴에 따라 공기 중으로 방사되는 음을 고체 전파음(Solid-Borne Sound)이라 하며, 그 예로 공동주택에서 세대 위층의 바닥 충격(뛰거나, 물건 이동, 문짝 여닫음, 상하수도 통수 등)으로 아래층 세대 내로 음이 방사되는 현상을 들 수 있다.

고체는 체적 변화에 저항하는 성질인 체적탄성과 형상의 변화에 저항하는 성질인 전단탄성을 갖기 때문에 각종 파(波)가 발생한다.

- 종　파 : 체적탄성에 의해 발생
- 횡　파 : 전단탄성에 의해 발생
- 굴곡파 : 휨 변화에 대한 탄성에 의해 발생

□ 차음 재료

○ 벽체의 차음 재료

▯ 구체 재료

차음 효과는 재료의 질량에 정비례하여 성능이 향상되므로 구체 재료는 철근콘크리트, 무근콘크리트, 콘크리트 블록조, 벽돌조 등이 많이 사용되나 콘크리트가 가장 적합한 재료이다. 특히, 공업화 건축의 PC 조립공법(구조물)은 접합부의 기밀성으로 인해 정밀시공을 요한다.

▯ 차음 재료

건축물의 구조체 경량화와 공간의 유효 확보 등으로 복합구조에 적용되는 차음 재료를 양분할 수 있다.

- 복합 패널 형태의 부착 재료 : 석고보드, 목모 시멘트판 등
- 섬유상 형태의 충전형 재료 : 유리면, 암면, 폴리에틸렌 폼 등

○ 바닥충격음 완충 재료

▯ 구체 재료

- 철근콘크리트가 쓰이며 콘크리트, 콩자갈, 모르타르층 등의 구체의 일부분으로 뜬 바닥층 구성
- 경량기포 콘크리트 : 구체의 일부를 형성하면서 단열재로 사용(ALC Block, ALC Panel, PALC Panel 등)

▯ 바닥충격음 완충 재료

- 유리면, 암면 스펀지, 고무, 코르크판 등

❑ 차음 공법

○ 벽체의 차음 공법

□ 단일 벽체 공법

- 투과손실은 경계벽의 면밀도와 주파수 곱의 대수에 비례(이것을 질량법칙이라 한다)
- 특히 통기성이 많은 조적벽체의 경우 마감 모르타르를 충실하게 하고 Skin Plaster, 페인트 등으로 마감하고, 크랙 유도줄눈에 Sealing을 하면 성능 개선 가능

□ 중공 이중벽체 공법

- 간벽 연결부가 음교(Sound Bridge)를 초래하지 않도록 독립, 절연, 지지하여 사용
- 공명 투과 현상을 방지하도록 간벽의 간격과 재료를 고려

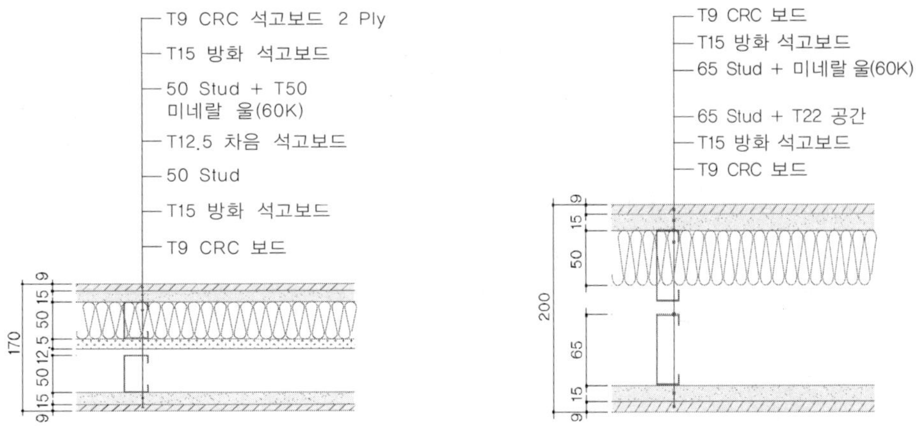

(a) T170 CTC 보드 + 석고보드 벽체 (b) T200 CRC 보드 + 석고보드 벽체

△ 벽체 차음 공법

□ 충전 이중벽체 공법

- 내부에 충전물을 넣어 투과손실 증가
- 흡음물 충전 : 내부에 유리면, 암면, 폴리에틸렌 기포 등을 충전해 음에너지 감소
- 강성재 충전 : 이중재료(철판, 석고판 등) 내부에 강성재 접착[5)]

□ 절연 벽체 공법

- 보다 적극적인 차음공법으로, 고도의 차음성능 유지나 가변성을 지닌 벽체 등에 필요한 공법
- 구조체와의 완전한 절연을 위해 절연 Bracket 사용[6)]

---

5) ISO Wall, Sandwich Panel 등, 단열벽과 동시 효과

○ 바닥충격음 저감 공법

- 바닥 구체의 중량화와 강성의 향상으로 충격에 대한 고체 전달음 감소
- 뜬 바닥층 구법으로 습식 또는 건식 채용7) 및 표면 충격 완충재 사용8)
- 차음 이중천장 공법9)

□ **공동주택 바닥충격음 차단구조10)** (공동주택 바닥충격음 차단구조 인정 및 관리기준 ; 별표 1 참조)

▽ 경량 충격음

등 급	역A특성 가중 바닥충격음 레벨
1 급	< L'n,AW ≤ 43
2 급	43 < L'n,AW ≤ 48
3 급	48 < L'n,AW ≤ 53
4 급	53 < L'n,AW ≤ 58

▽ 중량 충격음

등 급	역A특성 가중 바닥충격음 레벨
1 급	< L'i,Fmax,AW ≤ 40
2 급	40 < L'i,Fmax,AW ≤ 43
3 급	43 < L'i,Fmax,AW ≤ 47
4 급	47 < L'i,Fmax,AW ≤ 50

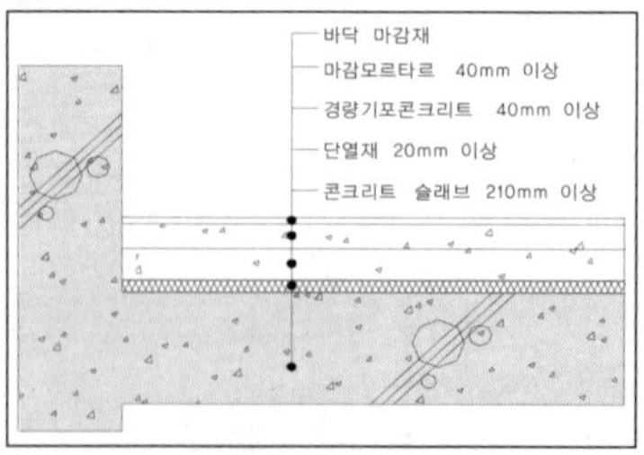

(a) 표준바닥구조-1

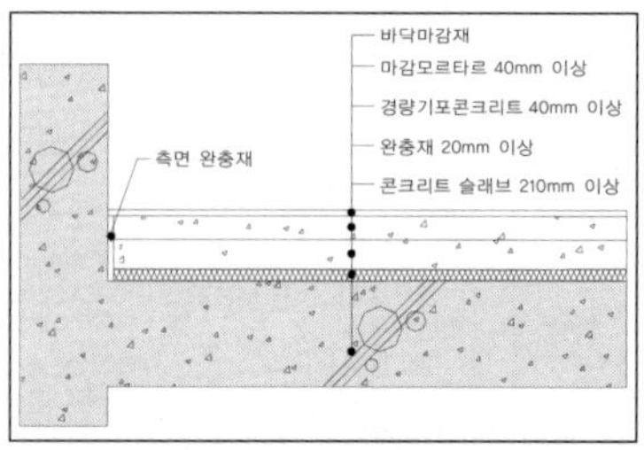

(b) 표준바닥구조-2

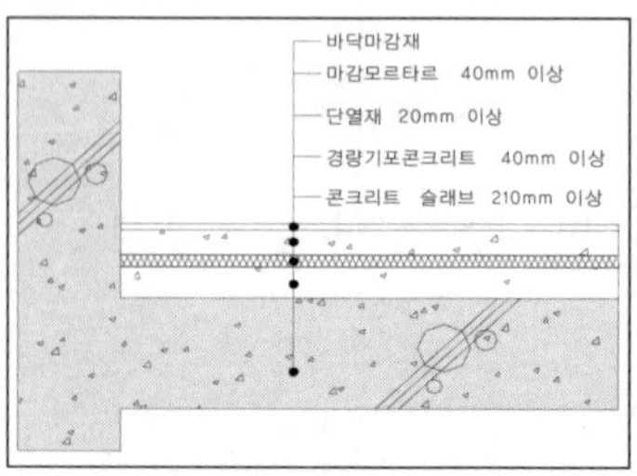

(c) 표준바닥구조-3

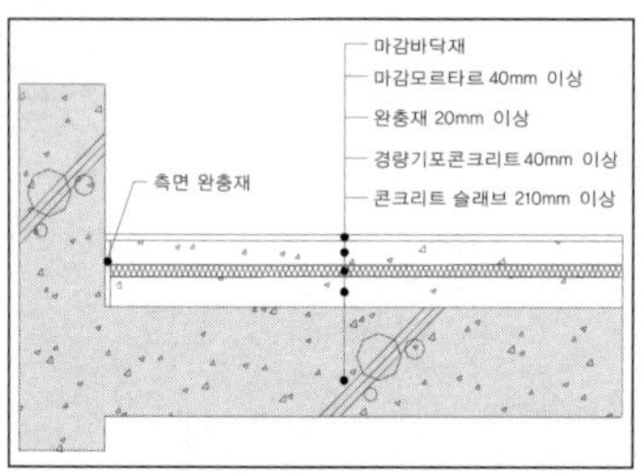

(d) 표준바닥구조-4

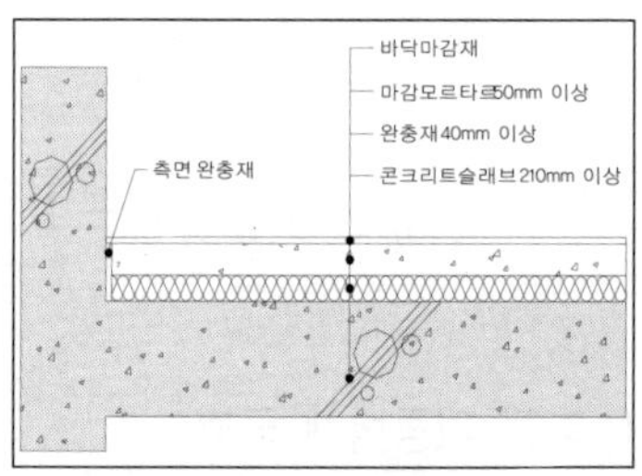

(e) 표준바닥구조-5

△ 표준바닥구조 사례

(공동주택 바닥충격음 차단구조 인정 및 관리기준 ; 별표 5 참조)

---

6) Polyethylene Form 등
7) Hollow Core Slab, Access Floor System 등
8) 카펫, 염화수지 시트 등
9) 공기층을 충분히 하며 천장재의 면밀도를 크게 하고 방진 지지를 한다.
10) 「공동주택 바닥충격음 차단구조 인증 및 관리 기준」 (건교부고시 제2005-189호) 참조

○ 천장 차음

- 실내 칸막이 벽체를 지붕 또는 바로 위층 바닥판까지 닿게 처리
- 이중천장을 설치하여 공기층을 두어 소음 완화
- 천장 판재를 방음이 되는 Acoustic Tax 사용

○ 개구부의 차음(창호)

- 유리는 이중유리(Pair Glass) 사용[11]
- 창문을 이중창으로 시공
- 창호의 표면을 흡음성 재질로 선정
- 개구부 틈새는 기밀성 재료로 충전
- 출입문 하부는 Door Closer 설치

○ Service Area 고체 전파음 방지

전기, 설비 Pipe 등의 고체 전파음은 계획, 설계시 이격거리 및 재료 적용 등을 사전에 충분히 검토하여 설비적인 소음을 차단, 완화시킨다.

- 펌프 등의 진동 -> 방진고무, 스프링 등의 완충장치 설치
- 파이프 Hangering -> 방진 커버 설치
- 파이프의 팽창·수축 -> 신축줄눈 설치
- 위생배관 -> 배수관에 통기관 및 트랩(봉수) 설치
- 공조 덕트 -> Balancing Valve 설치
- Elevator 소음 -> 기계실, 레일 등에 방진 및 방음재 처리

---

11) 두께 : 12, 16, 18㎜ 등

❑ 관련 기준

각종 건축물의 차음 성능 기준에 관해서는 건축법 시행령, 주택건설기준 등에 관한 규정 및 공동주택 바닥충격음 차단구조 및 관리기준 등에서 다음과 같이 명시하고 있다.

▯ 건축법 시행령

▽ 경계벽 및 칸막이벽의 설치(제53조)

법 제39조 제2항의 규정에 의하여 다음 각 호의 1에 해당하는 건축물에는 건설교통부령이 정하는 기준에 따라 경계벽 및 칸막이벽을 설치하여야 한다.(1999.4.30 본조 개정)

1. 공동주택(기숙사를 제외한다)의 각 세대간 경계벽(발코니 부분을 제외한다)
2. 공동주택 중 기숙사의 침실, 의료시설의 병실, 교육연구 및 복지시설 중 학교의 교실 또는 숙박시설의 객실간의 칸막이벽

▯ 주택건설기준 등에 관한 규정

▽ 세대간의 경계벽 등(제14조)

① 공동주택간 세대간의 경계벽 및 공동주택과 주택 외의 시설간의 경계벽은 내화구조로서 다음 각 호의 1에 해당하는 구조로 하여야 한다.
   1. 철근콘크리트조 또는 철골, 철근콘크리트조로서 그 두께(시멘트 모르타르, 회반죽, 석고플라스터, 기타 이와 유사한 재료를 바른 후의 두께를 포함한다)가 15㎝ 이상인 것
   2. 무근콘크리트조, 콘크리트 블록조, 벽돌조 또는 석조로서 그 두께(시멘트 모르타르, 회반죽, 석고플라스터, 기타 이와 유사한 재료를 바른 후의 두께를 포함한다)가 20cm 이상인 것
   3. 조립식 주택 부재인 콘크리트판으로서 그 두께가 12cm 이상인 것
   4. 제1호 내지 제3호의 것 외에 건설교통부장관이 정하여 고시하는 기준에 따라 한국건설기술연구원장이 차음 성능을 인정하여 지정하는 구조인 것(1998.12.31 본항 개정)

② 제1항의 규정에 의한 경계벽은 이를 지붕 및 또는 바로 위층 바닥판까지 닿게 하여야 하며, 소리를 차단하는 데 장애가 되는 부분이 없도록 설치하여야 한다.

③ 공동주택의 바닥은 각 층간 바닥충격음이 경량충격음(비교적 가볍고 딱딱한 충격에 의한 바닥충격음을 말한다)은 58dB 이하, 중량충격음(비교적 무겁고 부드러운 충격에 의한 바닥충격음을 말한다)은 50dB 이하가 되도록 하여야 한다. 이 경우 바닥충격음의 측정은 건설교통부장관이 정하여 고시하는 방법에 의한다.(2003.4.22 본항 개정)

④ 건설교통부장관은 제3항 전단의 규정에 의한 바닥충격음 기준을 충족하는 표준바닥구조 및 바닥충격음 차단 성능 등급을 각각 정하여 고시할 수 있다.(2003.4.22 본항 신설)

⑤ 공동주택의 3층 이상인 층의 발코니에 세대간 경계벽을 설치하는 경우에는 제1항 및 제2항의 규정에 불구하고 화재 등의 경우에 피난 용도로 사용할 수 있는 피난구를 경계벽에 설치하거나 경계벽의 구조를 파괴하기 쉬운 경량구조 등으로 할 수 있다. 다만, 경계벽에 창고, 기타 이와 유사한 시설을 설치하는 경우에는 그러하지 아니하다.(2003.4.22 본항 개정)

▽ 공동주택 바닥충격음 차단구조 인증 및 관리기준 (건교부고시 제2005-189호)

제1장 총칙

용어의 정의(제2조)

이 기준에서 사용하는 용어의 정의는 다음과 같다.

1. "인정기관"이라 함은 공동주택 바닥충격음 차단구조의 성능확인을 위하여 신청된 바닥구조가 주택건설기준 등에 관한 규정 제14조 제3항의 규정에 의한 바닥충격음 차단성능 기준에 적합한지 여부와 별표 1(본문 참조)의 바닥충격음 차단성능의 등급기준에 의한 등급을 시험하여 인정하는 기관을 말한다.
2. "표준바닥구조"라 함은 주택건설기준 등에 관한 규정 제14조 제3항의 규정에 의하여 건설교통부장관이 정하여 고시한 바닥구조를 말한다.
3. "경량충격음 레벨"이라 함은 KS F 2863-1에서 규정하고 있는 평가방법 중 역A특성곡선에 의한 방법으로 평가한 단일수치 평가량 중 "역A특성 가중 규준화 바닥충격음 레벨"을 말한다.
4. "중량충격음 레벨"이라 함은 KS F 2863-2에서 규정하고 있는 평가방법 중 역A특성곡선에 의한 방법으로 평가한 "역A특성 가중 바닥충격음 레벨"을 말한다.
5. "가중 바닥충격음 레벨 감쇠량"이라 함은 KS F 2865에서 규정하고 있는 방법으로 측정한 바닥마감재 및 바닥 완충구조의 바닥충격음 감쇠량을 KS F 2863-1의 '6. 바닥충격음 감쇠량 평가방법'에 따라 평가한 값을 말한다.
6. "역A특성곡선에 의한 평가"라 함은 KS F 2863-1 및 KS F 2863-2에서 규정하고 있는 평가방법 중 역A특성곡선에 의한 방법으로 평가하는 것을 말한다.

제2장 바닥구조의 충격음 차단성능 인정기준 및 절차

적용범위(제3조)

① 주택법(이하 "법"이라 한다) 제16조의 규정에 의하여 주택건설사업 계획 승인신청 대상인 공동주택(주택과 주택 외의 시설을 동일건축물로 건축하는 건축물 중 주택을 포함하되, 부대시설 및 복리시설을 제외한다)에 대하여 적용한다.

② 이 기준에 의한 표준바닥구조 이외의 바닥충격음 차단구조로 시공하는 경우에는 인정기관으로부터 성능확인을 위한 인정(이하 "성능인정"이라 한다)을 받아야 한다.

성능인정 기준(제4조)

① 바닥충격음 차단성능의 등급별 성능기준은 별표 1(본문 참조)에 의한다.

② 성능인정은 해당 주택건설사업에 적용하고자 하는 구조형식(벽식구조, 혼합구조, 라멘구조, 무량판구조 등)으로 한다.

③ 성능인정을 받은 바닥충격음 차단구조 중 인정받은 당시의 바닥마감재와 다른 재료를 사용하고자 하는 경우에는 그 마감재가 성능인정을 받은 당사의 마감재보다 가중 바닥충격음 레벨 감쇠량이 동등 이상의 재료임을 인정기관으로부터 확인을 받아야 한다.

인정기관(제5조)

바닥충격음 차단구조를 인정하는 기관이라 함은 "한국건설기술연구원"과 "대한주택공사"를 말한다.

인정의 통보 등(제13조)

① 인정기관의 장은 제7조의 규정에 의하여 신청된 바닥충격음 차단구조의 성능을 인정하는 경우에는 신청자에게 제2호의 규정에 의한 성능인정서를 교부하고 제1호의 규정에 의한 인정공고 내용을 제2항의 규정에 의한 방법으로 공고하여야 하며, 건설교통부장관 및 시·도지사, 대한건축사협회·한국주택협회·대한주택건설협회 등 관련단체의 장에게 인정공고한 내용을 통보하여야 한다.

1. 바닥충격음 차단구조의 인정 공고내용(바닥구조의 구조방식, 단면상세도, 시공방법 등)
2. 별지 제2호 서식의 바닥충격음 차단구조 성능인정서

② 인정기관의 장은 성능이 인정된 바닥충격음 차단구조에 대하여 건설교통부 또는 인정기관의 정보통신망을 이용하여 1회 이상 게재하는 방법으로 공고한다.

제3장 바닥충격음 차단성능 측정 및 평가방법

측정방법(제20조)

① 바닥충격음 차단성능의 측정은 KS F 2810-1 및 KS F 2810-2에서 규정하고 있는 방법에 의하여 실시하되, 경량충격음 레벨 및 중량충격음 레벨을 측정한다.

② 수음실에 설치하는 마이크로폰의 높이는 바닥으로부터 1.2m로 하며, 거리는 벽면 등으로부터의 0.75m(수음실의 바닥면적이 14㎡ 미만인 경우에는 0.5m) 떨어진 지점으로 한다.

제4장 바닥충격음 차단성능의 확인방법

측정대상 세대의 선정방법 등(제22조)

기술표준원이 인정한 시험기관 또는 인정기관이 사용검사 후 바닥충격음에 대한 차단성능을 평가하거나, 성능확인 요청 등에 의하여 성능평가를 하고자 하는 때에는 다음 각 호의 1에 의한 시료에 대하여 시험을 실시하여야 한다.

1. 하나의 동인 경우에는 중간층과 최상층의 측벽에 면한 각 1세대 이상과 중간층의 중간에 위치한 1세대 이상으로 한다. 다만, 하나의 동에 서로 다른 평형이 있을 경우에는 평형별로 3개 세대를 선정하여 측정을 실시한다.
2. 2동 이상인 경우에는 평형별 1개동 이상을 대상으로 중간층과 최상층의 측벽에 면한 각 1세

대 이상과 중간층의 중간에 위치한 1세대 이상

측정대상 공간 선정방법(제23조)

바닥충격음 차단성능의 확인이 필요한 단위세대 내에서의 측정대상 공간은 거실(living room)로 한다. 단, 거실(living room)과 침실의 구분이 명확하지 않은 소형 평형의 공동주택의 경우에는 가장 넓은 공간을 측정대상 공간으로 한다.

측정 위치(제24조)

바닥충격음 시험을 위한 음원실의 충격원 충격 위치는 다음 그림과 같이 중앙점을 포함한 4개소 이상으로 하고, 수음실의 마이크로폰 설치 위치는 4개소 이상으로 하여야 한다. 이 경우 수음실에서의 실내 흡음력 산출시 적용되는 측정대상 공간의 용적은 실제 측정이 이루어지고 있는 공간으로 하되 개구부(문 또는 창 등)가 있는 경우에는 닫은 상태에서 측정하거나 용적을 산출하여야 한다.

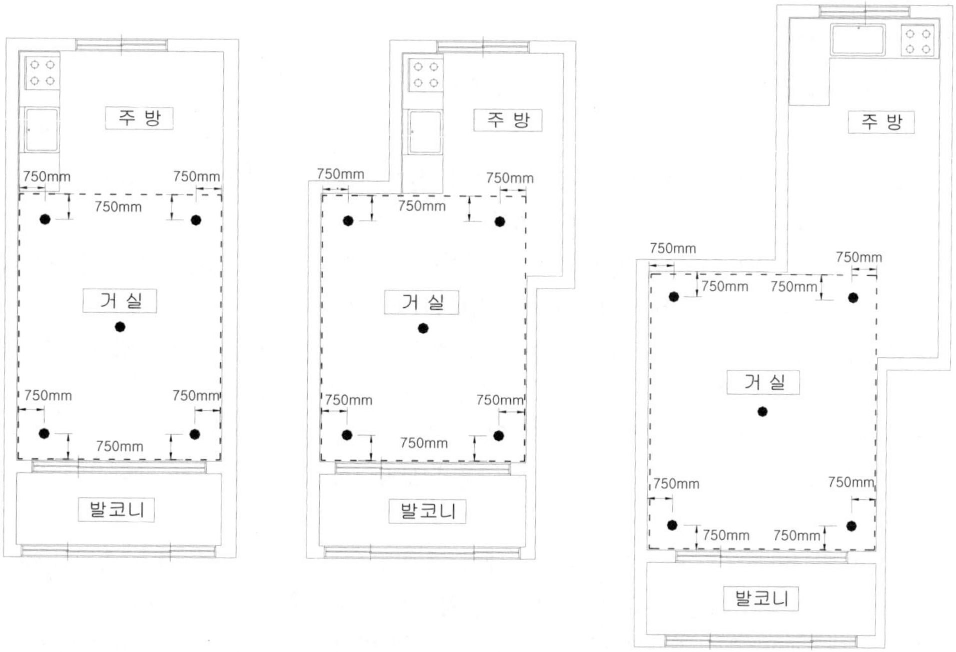

△ 측정 위치(충격원 충격 위치 및 마이크로폰 위치)

제5장 표준바닥구조 및 완충재의 성능기준

표준바닥구조(제26조)

벽식 및 혼합구조, 무량판구조, 라멘구조의 습식온돌구조에 대한 표준바닥구조는 별표 5(본문 참조)와 같다.

표준바닥구조의 품질 및 시공방법(제27조)

① 콘크리트 바닥판의 품질 및 시공방법은 건축공사표준시방서의 보통콘크리트공사 시방에 의한다. 다만, 콘크리트 상부면에 직접 단열재 또는 완충재가 설치되는 경우에는 보통콘크리트공사 시방 표 05010. 14에 규정된 양호한 표면상태 조건으로 하여야 한다.
② 단열재 또는 완충재는 건축물의 설비기준 등에 관한 규칙 제21조의 규정에 의한 단열기준에 적합하여야 한다.
③ 바닥에 설치하는 완충재는 완충재 사이에 틈새가 발생하지 않도록 밀착 시공하고, 접합부위는 접합 테이프 등으로 마감하여야 하며, 벽에 설치하는 측면 완충재는 마감모르타르가 벽에 직접 닿지 아니하도록 하여야 한다.
④ 경량기포콘크리트는 KS F 4039(현장 타설용 기포콘크리트) 규정에 따른다.
⑤ 완충재를 적용하는 표준바닥구조의 경우 완충재의 품질이 제28조의 성능기준에 적합함을 확인한 후 시공하여야 한다.

표준바닥구조용 완충재의 성능평가 항목 및 기준(제28조)

① 별표 5(본문 참조)의 표준바닥구조에 사용하는 바닥설치용 완충재의 경우 다음 각 호에서 정하는 기준에 적합한 재료를 사용하여야 하며, 벽에 설치하는 측면 완충재는 동탄성계수 150MN/㎥ 이하, 두께 5㎜ 이상의 재료를 사용하여야 한다.
  1. 밀도는 KS M ISO 845에서 정하고 있는 시험방법에 따라 측정하여야 하며, 시험결과는 완충재의 구성상태나 형상에 대한 설명이 포함되어야 한다.
  2. 동탄성계수의 손실계수는 KS F 2868에서 정하고 있는 시험방법에 따라 측정한 값이 동탄성계수는 40MN/㎥ 이하, 손실계수는 0.1 내지 0.3의 범위 내이어야 한다.
  3. 흡수량은 KS M ISO 4898에서 정하고 있는 시험방법에 따라 측정한 값이 4%v/v 이하이거나 현장 적용시 물이 침투되지 않는다는 것이 보장(시공방법의 제시를 포함한다)되어야 한다.
  4. 가열 후 치수안정성은 KS M ISO 4898에서 정하고 있는 시험방법에 따라 측정한 값이 5% 이하이어야 한다. 다만, 시료의 높이방향의 치수안정성은 평가에서 제외한다.
  5. KS M ISO 4898에서 정하고 있는 치수안정성 시험방법(70℃, 48시간 가열)에 따라 가열하고 난 후 완충재의 동탄성계수는 가열하기 전 완충재의 동탄성계수보다 20%를 초과하여서는 아니되며, 손실계수는 0.1 내지 0.3의 범위 내이어야 한다.
② 완충재의 성능시험은 인정기관이나 기술표준원으로부터 상기 시험항목 중 동탄성계수 시험방법에 대하여 공인시험기관으로 인정을 받은 시험기관에서 실시하여야 한다.

6. 단 열

❑ 개 요

건축사가 작성한 설계도서에 의한 모든 건축물은 법령이나 기준에서 정하고 있는 단열 성능에 의해 설계된다고 여겨진다. 그러나 시공 과정에서 이 부분을 누락 시공하거나 졸속 시공하여 이 기준을 충족시키지 못함으로써 열 차단 성능의 저하, 결로 현상 등으로 영업 및 주거 환경의 악화 및 그로 인한 냉·난방비용 및 환기를 위한 비용 등 별도의 비용의 소요되는 것이다. 특히 완성된 건축물에 단열 성능 확보를 위하여 적정한 조치를 취하기 위해서는 이미 사용되고 있는 건축물이므로 여러 가지 장애요소 및 비용 발생이 필수적으로 생기는 것이 보통이다.

▽ KS 단열성의 등급과 성능[12)]

등 급	열관류저항 (㎡·K/W)	성 능	시험방법 (KS F 2278 창호의 단열성 시험방법)
0.22 0.25 0.28 0.34 0.43	100 150 250 350 500	해당되는 등급에 대하여 대응하는 열관류 저항값에 적합할 것	가열상자와 저온실 사이에 시험체를 설치하고, 온도차가 20℃(저온실 0℃, 가온실 20℃)의 상태에서 발생하는 열량에서 새시문을 통과하는 열량을 구해 열관류 저항 및 열관류율 산출

❑ 기본적인 고려사항

단열재를 사용한 부위별 설계를 할 때는 다음 사항을 고려하여야 한다.

- 열관류율[13)]
- 설치 위치와 주변 조건
- 가격
- 내압강도, 내충격성, 내구성, 방화성, 미관 등

12) KS F 3117 창 세트 참조
13) 단위 ; W㎡(kcal/㎡h℃)

❏ 부위별 단열공법

○ 벽체의 단열

- 건축물을 구성하는 부위를 통과하는 전열은 고체 재료의 경우는 대부분 전도전열이며 재료의 두께 증가에 비례해서 전열량도 증가한다. 그러나 중공층 속을 통과하는 열량은 복사전열 60~70%, 대류 및 전도전열이 30~40%이므로, 중공층의 복사전열을 줄이는 재료로서 열반사율이 매우 높은 알루미늄 포일을 이용한다.
- 열전도율이 낮은 재료를 사용한다.
- 중공벽 사이의 단열재는 성형 단열재 공법, 현장 발포 공법이 있다.
- 경량 패널의 단열법은 벽에 열전도율이 낮은 성형 단열재를 붙인다.

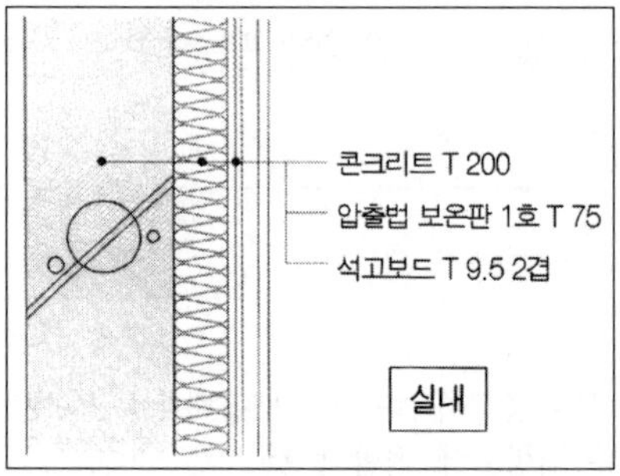

△ 벽식구조 벽체(남부지방)

○ 바닥의 단열

바닥 단열은 건축물 안으로부터 땅 속으로의 열손실을 줄이기 위한 것과, 냉동고처럼 지중의 동결을 방지하는 것으로 분류할 수 있는데, 단열 방법의 원칙은 동일하며 적당한 단열재의 사용, 중공층의 이용, 열교의 방지를 고려하여야 한다.

▯ 높은 바닥의 단열공법

유리섬유, 암면, 플라스틱 등의 성형 단열재를 바닥의 일부에 사용하는 것이며, 보통 슬래브 구조체의 중공 등에 삽입한다.

□ 바닥 단열공법

바닥으로부터의 열손실을 막기 위해서는 바닥 구조 부분에서 단열하는 방법과 바닥 구조의 아래쪽에 경량 골재 등과 같은 단열성이 있으며 흡수성이 적은 재료를 까는 방법이 채택된다. 콘크리트 구조일 때는 콘크리트 바닥의 위쪽 또는 아래쪽에 발포 스티로폼 등의 성형 단열재의 층을 설치한다.

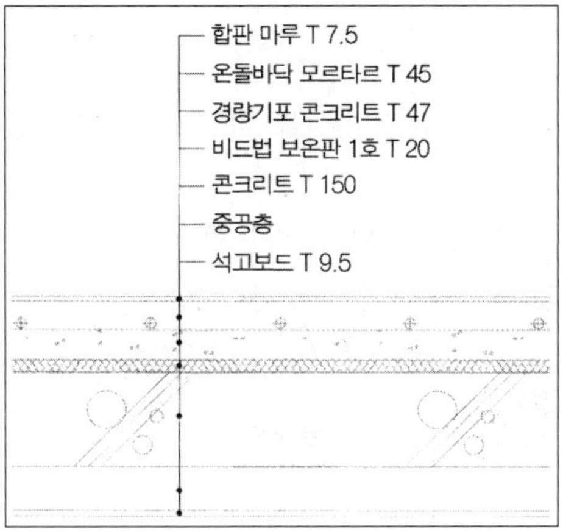

△ 라멘구조 바닥(중부지방)

□ 냉동고 바닥 단열공법

콘크리트로 보통 바닥 구조의 상부에 공기층을 사이에 두어 완전히 단열된 바닥을 설치한다. 바닥을 가끔 물로 청소해야 하므로 사용할 단열재는 흡수율이 적은 것을 선택하거나 완전한 방수 시공을 하여야 한다.

○ 지붕의 단열

지붕 단열공법은 겨울철에 실내로부터의 열손실을 막는 공법과 여름철에 실외로부터 열의 실내 유입을 방지하는 공법으로 나누어 생각할 수 있다.

□ 천장에 의한 단열공법

- 최상층에는 가급적 천장을 설치함으로써 단열성이 크게 향상되도록 한다.
- 천장 안은 옥외로 향하여 환기 구멍을 설치할 필요가 있으며, 암면 천장재, 유리섬유 천장재, 각종 단열 텍스 천장재 등을 사용한다.
- 종래의 목조 반자의 경우는 루핑을 깔거나 유리섬유의 매트 등을 깔아도 된다.

□ 지붕 슬래브의 단열공법

- 콘크리트 슬래브의 경우
  - 일반적으로 슬래브 하단에 단열재를 시공하는 경우가 많으며, 성형 단열재 공법, 현장 발포 공법, 뿜칠 공법 등이 사용된다.[14)]
- 목조 지붕의 경우
  - 지붕 밑의 하단에 성형 단열재를 깐다.[15)]

○ 창호의 단열

- 겨울철 난방시 실내에서 실외로의 열손실을 막고, 여름철 냉방시 실외로부터의 열 침입을 막는 두 가지 목적이 있다.
- 겨울철 창 밖으로 빠져나가는 난방열의 손실을 막기 위한 방법은 다음과 같다.
  - 적당한 창 면적 선정(필요 이상 크게 하지 않는다)
  - 흡열 유리(Heat Absorption Glass)를 사용(보통 청색)
  - 일사의 차단(차양이나 루버 등)
  - 기타(겨울철과 동일)

---

14) 슬래브 상부에 성형 단열재를 시공하고, 그 위에 방수공사를 하는 경우도 있다.

15) 결로의 우려가 있으므로 투습저항이 높은 것을 사용하고, 접착제를 사용할 경우에는 내수성이 있는 것을 사용한다.

❑ 관련 기준

건축물의 열손실 방지를 위해 다음과 같은 기준을 정하고 있다.

▽ 건축물의 열손실 방지(제21조)

① 건축물을 건축하는 경우에는 영 제91조 제2항의 규정에 의하여 다음 각 호의 기준에 의한 열손실 방지 등의 에너지 이용 합리화를 위한 조치를 하여야 한다.(1999.5.11 본조 개정)

1. 거실의 외벽, 최상층에 있는 거실의 반자 또는 지붕, 최하층에 있는 거실의 바닥, 공동주택의 측벽 및 층간 바닥, 창 및 문의 열관류율은 별표 4에 의한 기준으로 한다. 이 경우 건설교통부장관은 별표 4의 기준에 의한 열관류율에 적합한 단열재의 두께 기준을 정하여 고시할 수 있다.(2001.1.17 본호 개정)
2. (2001.1.17 본호 삭제)
3. 연면적이 5,000㎡ 이상인 건축물(공동주택을 제외한다)로서 중앙집중식 냉·난방설비를 하는 건축물의 바깥쪽과 접하는 거실의 창 및 출입문은 건설교통부장관이 고시하는 기준에 적합한 공기 차단 성능을 갖출 것(1996. 2. 9 본호 개정)
4. 건축물의 배치·구조 및 설비 등의 설계를 하는 경우에는 에너지가 합리적으로 이용될 수 있도록 할 것

② 제1항의 규정에 의한 단열 조치를 하여야 하는 부위(창호 및 공동주택의 층간 바닥을 제외한다)에는 방습층을 설치하여야 한다.(2001.1.17 본항 신설)

③ 다음 각 호의 1에 해당하는 건축물에 대하여는 제1항 및 제2항의 규정을 적용하지 아니한다.(2001.1.17 본항 개정)

1. 차고·기계실 등으로서 거실의 용도로 사용하지 아니하고, 난방 또는 냉방시설을 설치하지 아니하는 건축물(2001.1.17 본항 개정)
2. 공장·창고시설·위험물 저장 및 처리시설·자동차 관련시설·동물 및 식물 관련시설 또는 분뇨 및 쓰레기 처리시설에 해당하는 건축물로서 건축물의 내부가 항상 외기에 개방되어 있거나, 내부에서 열이 발생함에 따라 연중 냉방의 필요성이 있는 등 열손실 방지의 조치를 하여도 에너지 절약의 효과가 없는 건축물(2001.1.17 본호 개정)

▽ 지역별 건축물 부위의 열관류율표 [별표 4] (2002.8.31 본표 개정)

(단위 : W/㎡K, ( ) 안의 단위 : kcal/㎡h℃)

지 역 / 건축물의 부위			중부 지역[16]	남부 지역[17]	제 주 도
거실의 외벽	외기에 직접 면하는 경우		0.47 이하 (0.40) 이하	0.58 이하 (0.50) 이하	0.76 이하 (0.65) 이하
	외기에 간접 면하는 경우		0.64 이하 (0.55) 이하	0.81 이하 (0.70) 이하	1.10 이하 (0.95) 이하
최상층에 있는 거실의 반자 또는 지붕	외기에 직접 면하는 경우		0.29 이하 (0.25) 이하	0.35 이하 (0.30) 이하	0.41 이하 (0.95) 이하
	외기에 간접 면하는 경우		0.41 이하 (0.35) 이하	0.52 이하 (0.45) 이하	0.58 이하 (0.50) 이하
최하층에 있는 거실의 바닥	외기에 직접 면하는 경우	바닥난방인 경우	0.35 이하 (0.30) 이하	0.41 이하 (0.35) 이하	0.47 이하 (0.40) 이하
		바닥난방이 아닌 경우	0.41 이하 (0.35) 이하	0.47 이하 (0.40) 이하	0.52 이하 (0.45) 이하
	외기에 직접 면하지 않는 경우	바닥난방인 경우	0.52 이하 (0.45) 이하	0.58 이하 (0.50) 이하	0.64 이하 (0.55) 이하
		바닥난방이 아닌 경우	0.58 이하 (0.50) 이하	0.64 이하 (0.55) 이하	0.76 이하 (0.65) 이하
공동주택의 측벽			0.35 이하 (0.30) 이하	0.47 이하 (0.40) 이하	0.58 이하 (0.50) 이하
공동주택의 층간 바닥	바닥난방인 경우		0.81 이하 (0.70) 이하	0.81 이하 (0.70) 이하	0.81 이하 (0.70) 이하
	그 밖의 경우		1.16 이하 (1.0) 이하	1.16 이하 (1.0) 이하	1.16 이하 (1.0) 이하
창 및 문	외기에 직접 면하는 경우		3.38 이하 (3.30) 이하	4.19 이하 (3.60) 이하	5.23 이하 (4.50) 이하
	외기에 간접 면하는 경우		5.47 이하 (4.70) 이하	6.05 이하 (5.20) 이하	7.56 이하 (6.50) 이하

16) 중부 지역 : 서울특별시, 인천광역시, 경기도, 강원도(강릉시, 동해시, 속초시, 고성군, 양양군 제외), 충청북도(영동군 제외), 충청남도(천안시), 경상북도(청송군)

17) 남부 지역 : 부산광역시, 대구광역시, 광주광역시, 대전광역시, 울산광역시, 강원도(강릉시, 동해시, 속초시, 삼척시, 고성군, 양양군), 충청북도(영동군), 충청남도(천안시 제외), 전라북도, 전라남도, 경상북도(청송군 제외), 경상남도

7. 지반보강

□ 개 요

건축물이나 각종 구조물, 또는 부대시설의 균열이나 변형 등 각종 이상징후에 접하다 보면 이의 원인이 기초저면부의 연약지반에서 기인한다고 확신하는 경우가 있다.

대체로 소규모 건축물이거나 구조체의 일부에서 발생하는 현상으로 경험에 의한 처방이 가능한 경우 감정인이 조치할 수 있는 범위에 대하여 기술한다.

추가적으로 침하를 방지하고 상부구조를 일부 보수·보강하여 사용한다면 별 무리가 없다고 여겨지는 경우에 적용할 수 있을 것이다.

□ 보강공법

전문업체에 따라 고유명칭을 달리하는 수많은 공법이 존재하나 현장에서 즉시 적용할 수 있는 공법의 원리는 단순하다. 즉, 기초 하부에 그라우트재를 침투·압밀 주입하여 지반을 보강하는 1단계와, 보강된 지반과 기초구조물 사이에 다수의 주입관을 통해 주입을 반복하는 2단계이다.

최근에는 이 2단계 작업을 반복하여 추가적인 침하 외에 복원의 단계에까지 이르게 하는 공법이 등장하기도 하였다.

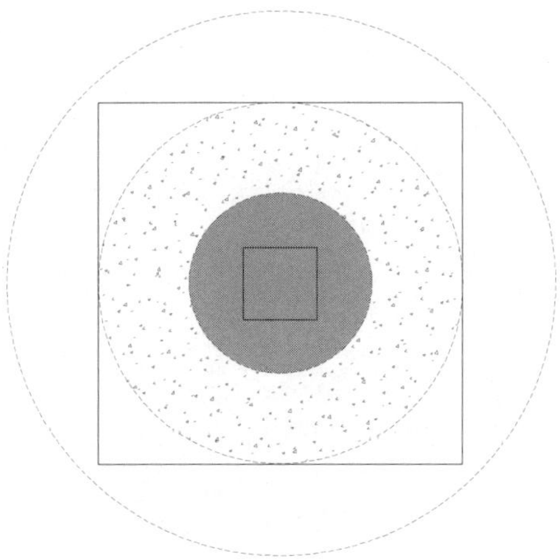

평면도

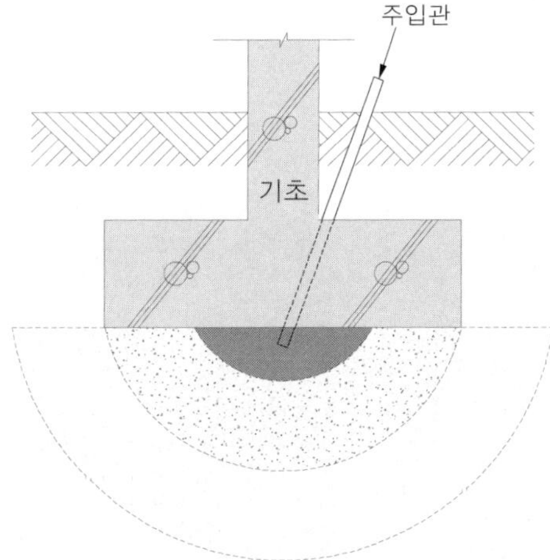

단면도

❑ 조사·감정

- 약액의 수량이나 주입구의 설치 위치, 설치 개수 등은 간단히 판단하기 어렵다.
- 지반의 종류에 따라 1차 주입의 범위와 약액의 수량은 현저하게 다르다.
- 또한 필요한 내력이 확보되었다는 확실한 증거가 필요하기도 하다.
- 따라서 토질 및 기초 기술사 등 이 분야의 전문가 혹은 전문업자의 조력이 필요한 경우가 많을 것이다. 그렇게 하여 소요 예산과 공사 기간, 작업에 필요한 공간의 확보 문제가 결정되면 이에 대한 전체 비용이 산출될 수 있을 것이다.
- 지반보강 공법의 적용 범위가 광범위하게 구조물 전체에 이른다고 여겨진다면 반드시 관계 전문가와 공동으로 감정 업무에 임하여야 한다.

8. 석재의 오염

❑ 개 요

예로부터 건축물의 내·외장재로 가장 많이 사용되는 것이 석재이다.

국산석이든 수입석이든 석재와 관련하여 오염·변색·얼룩이 발생하게 되면, 이것에 대한 처리가 쉽지 않고, 화강석을 제외하고는 교체 시공을 한다 해도 기존부와 색상을 맞추기가 쉽지 않다.

또한 석재의 오염은 석재 단면 내부로 침투되므로 표면처리만으로 이 문제가 해결되지 않는다. 소량의 경우에는 전면 재시공도 가능할 수 있으나 수량이 많아 이 문제로 분쟁이 발생하면 결론을 얻기 위해 많은 시간과 비용이 소모된다.

따라서 현장 시공시 이를 대비한 보양에 철저하여야 하나 그렇지 못한 경우가 다대한 것이 현실이다. 특히 목재나 금속을 같이 보관하거나 서로 접촉한 상태로 보관하다가 우기(장마철)에 대비하지 못하여 이들 재료에서 발생되는 고유의 색소가 물과 함께 석재로 침투되는 경우가 허다하다.

 오염의 유형

- 먼지의 부착
- 유류, 잉크의 접촉
- 목재의 침출액
- 금속의 녹에 의한 오염
- 매연에 의한 그을음
- 부적합한 실링재에 의한 변색

▽ 석재 오염의 현상·원인·대책

현 상	제작 공종	원 인	대 책
얼룩·녹(철분)·황변이 발생하는 현상	Gang Saw 절단 후 판재 청소	절단 후 물씻기 부족 연마재의 물씻기 부족 세정제(인산, 초산 등) 사용	세정제 사용 않고, 고압수로 물씻기
구멍 뚫은 위치에 얼룩무늬나 황변현상 발생	꽂음촉, 꺽쇠, 또는 Shear Connector 구멍뚫기	깊이나 각도의 차이가 커서 유효두께 부족	깊이나 각도를 측정기구로 검사
철분 녹의 발생	포 장	Steel Band에 의한 오염	옥내 보관, 석재와 Band 사이 완충재 사용
포장재에 의한 오염	포 장	Cushion재 등의 얼룩 배어남	Cushion재의 오염 시험
얼룩무늬나 황변현상 발생	시 공	안료·발수제 사용에 의한 색깔 맞춤	안료·발수제에 의한 표면처리 금지
		이면 처리 재료나 접착재료 도포시 석재에 얼룩 발생	시방대로의 배합비 준수 오염현상 없는 접착제 선정 바탕면을 완전히 건조시킨 후 접착제 도포
백화현상 발생	시 공	- 누수에 의한 수분이 석재 배변에 침투 - 줄눈균열에 의한 누수	방수 정밀 공사 줄눈 충전 검사 석재 배면용 발수 처리 재료 도포

□ 오염의 제거 방법

오염의 주원인, 석재의 성분, 성상에 따라 제거 방법이 크게 다르기 때문에 전문업자들은 자기들의 연구와 경험에 의해 독자적인 약품의 배합 등의 기술을 습득하여 사용하는 경우도 있다. 오염의 상태와 종류에 따라 경험치를 적용하는 것이다.

그러므로 미경험자가 시공하면 오히려 오염을 확대시키거나 석재의 성분을 침해할 우려가 크다고 보아야 한다.

○ 외장재의 백화 및 기타 오염

▯ 연마석재

연마석재의 표면에 부착된 백화는 공업용 면도날을 사용하여 이물을 제거한 후 석재의 성분을 침해하지 않을 정도의 약산류(옥살산, 인산소다 등)로 씻어 떨어뜨린다. 그 후 수세를 하여 건조를 기다렸다 왁스로 닦아서 마감하는데, 줄눈에 여러 종류의 실(Seal)이 실시되는 경우는 산류의 사용을 가급적 피해야 한다.

□ 거친면 마감석재

거친면 마감석재의 백화, 특히 코 흘리는 모양의 경우나 오랜 시간에 의한 오염(자연 요인)은 간단한 수세로는 제거하기가 어렵기 때문에 약품(염산, 인산소다, 옥살산 등)을 사용하지 않으면 우선 무리다. 따라서 전문업자에게 의뢰하는 편이 좋다.

□ 각종 얼룩

석재 표면의 얼룩은 외부에서 부착된 것과 내부에서 생긴 것 두 종류가 있으며, 석재 그 자체가 자연 요인(빗물, 대기오염, 온·습도 변화 등)에 의해 침해되어 얼룩 상태가 되는 경우는 극히 드물다. 특히 뒤채움 모르타르에 나뭇조각, 못, 담배 등의 불순물 흡입 혹은 구조구체의 돌붙임용 바탕철근, 구체 표면의 각종 부착물 등이 빗물의 침입에 따라 석재 표면에 나타나는 경우가 압도적으로 많다. 외부에서의 부착으로 인한 얼룩은 비교적 쉽게 제거되지만 내부에서 생긴 얼룩의 제거는 보통사람이 하기에는 무리이며, 전문업자조차 약품의 배합, 배합비를 잘못하여 석재를 바꾸지 않으면 안되는 사고가 생기는 경우가 있다. 연마 마감석재 표면의 오염을 휘발유, 벤젠 등으로 가볍게 닦아내려다 오히려 얼룩을 확대시켜 석재의 광채마저 없애버리는 경우가 많으므로 주의해야 한다. 바닥면에 유류를 흘렸을 때는 걸레로 잘 흡수시킨 후 전문업자에게 맡기는 것이 무난하며, 돌의 종류에 따라서는 전문업자도 기름때에 애를 먹는 경우가 많은 것 같다.

○ 내장재의 오염

□ 연마석재

일상적인 경미한 오염은 총채 등을 사용하여 먼지를 턴 후 깨끗한 걸레로 닦는다. 2개월에 1번 정도는 광내는 고형 왁스를 소량 걸레에 묻혀서 광을 내는 것이 바람직하며, 이 경우 주의할 것은 전면에 얼룩이 지지 않도록 실시하는 것으로 보통은 마른걸레의 마감으로도 충분하다. 부착된 오염을 닦아내기 위해서 수세하고 젖은 걸레 등을 사용한 경우는 마른걸레로 다시 닦는 것만으로 충분하므로 수분을 완전히 제거하여 건조된 후에 다시 마른걸레질을 해야 한다. 바닥의 경우는 꽉 짠 자루걸레로 닦거나 또는 수세로 오염을 제거한 후에 마른걸레나 자루걸레로 물기를 닦아내고 건조를 기다렸다가 양성 왁스로 닦는데, 줄눈 주위에 부착된 오염은 브러시로 닦아내지 않으면 안되므로 줄눈재가 손상되지 않도록 주의해야 한다. 수세로 제거되지 않은 경우도 나중에 다시 닦아서 수분을 제거하는 것이 중요하다.

물을 포함시킨 톱밥 등을 사용하는 경우는 줄눈 주위에 부착된 부분부터 얼룩진 오염을 만드는 경우가 있으므로 청소에 충분한 주의를 기울여야 한다.

□ 거친면 마감석재

거친면 마감석재의 경우는 물, 비눗물, 합성세제, 인산소다 등을 이용한 세척이 원칙이며, 2차 피해를 충분히 고려하여 염산류의 사용은 피하는 것이 현명하다. 부착된 오염의 성분상 부득이 사용할 경우에는 사용 전후의 수세를 충분히 한다. 산이 잔류하면 석재의 철분이 침해되어 붉은 녹이 발생할 수 있다.

9. 각종 건축재의 부식

❑ 개 요

모든 건축재료는 주변의 환경에 따라 고유한 부식의 특성을 가지고 있다. 건축물을 조사·감정할 경우 기본적으로 많이 사용되는 재료에 대하여 부식에 관한 이론이 필요한 상황이 많이 있다. 즉 건축재료의 발전에 따라 소재가 다양화되기 때문이다. 또 부식에 대한 재료별 방지책이 제시되어야 할 경우도 있고 문제가 발생된 상황에 대하여 진단하여야 할 상황도 있다. 상호 부식을 촉진시키는 재료별 접촉 현상도 규명상 필요하다.

❑ 목재의 부식

완전 건조된 상태 또는 수중에서의 목재는 강한 내구성을 갖는다. 또한 약산이나 특정한 화학물질($2<pH<10$)에 대해서도 일정한 내구성을 갖고 있지만, 건조·습윤의 반복 등은 색의 변화, 미생물의 번식, 목재 구성물질의 파손을 야기하여 그 내구성을 점차 감소시킨다.

▯ 목재의 특성

▽ 장 점	▽ 단 점
- 가공이 쉽고 비중에 비해 강도가 크다.	- 함수율에 따른 변형이 크다
- 산이나 알칼리, 염분에 강하다.	- 가연성 ┌ 인 화 점 : 250~270℃
- 전기, 음향, 열에 대한 절연체이다.	└ 자연발화 : 400~450℃
- 수종이 다양하고 색깔과 무늬가 미려하다.	- 부패, 충해, 풍해가 있다.

▽ 수장재의 함수율18)

종 별	A종	B종	C종	비 고
함수율*1	15% 이하	20% 이하	24% 이하	전체 단면에 대한 평균값

*1 함수율(V) 산정식

$$V = \frac{W_1 - W_2}{W_2} \times 100\%$$

여기서, - W_1: 건조 전의 재료의 중량

- W_2: 절대 건조시 환기가 잘되는 곳에서 100~105℃로 건조하여 일정량이 될 때의 중량

18) 건축공사 표준시방서(2006) 참조

목재의 훼손을 야기하는 대표적인 요인은 다음과 같다.

○ **풍화작용**

태양 광선(UV)은 목재 표면의 색 변화와 더불어 목재의 광화학적 반응을 야기하는데, 이것을 통해 생성된 부식물(부산물)은 비 등을 통해 매년 0.01~0.1㎜ 정도씩 풍화된다. 이와 더불어 습기가 존재할 경우에는 곰팡이 등의 서식으로 인해 목재의 색 변화(회색에서 검은색)가 발생하기도 한다.

○ **미생물**

목재의 훼손을 야기하는 가장 큰 원인으로 미생물의 번식을 들 수 있다. 미생물은 습기 20~60%, 온도 3~40℃, 정체된 공기, 어둠 등의 조건하에서 주로 발생하는데, 미생물에 의한 생화학적 반응은 목재의 구성물질인 셀룰로오스를 파괴시킨다. 또한 곤충에 의한 목재의 훼손도 무시할 수 없는 한 요소이다.

○ **온도의 영향**

목재의 열에 대한 내구성은 목재의 낮은 열전도율에 기인한다. 그러나 온도의 증가에 따라 목재의 강도는 점차 감소되는데, 약 150℃ 이하의 온도에서는 천천히 장시간 후에 감소 현상이 발생하며, 온도가 약 250℃에 이르면 매우 빠르게 진행된다.

□ 인조재료의 부식

고단위 폴리머로 형성된 인조재료 예를 들면 PVC, PS, PE, PUR, EP, PC 등은 철이나 콘크리트보다 그 내구성[19]이 뛰어나므로 주로 다른 건축재료의 부식방지를 위해 사용된다. 그러나 용해, 산화, 압력, 온도, 빛 등에 의해 자체적으로 부식되기도 하며, 재료에 따라 직접 유해물질을 발산해 보호되어야 할 콘크리트나 철의 부식을 야기하기도 한다.

다음은 인조재료의 부식을 야기하는 대표적인 원인이다.

○ **용매에 의한 부식**

용액 상태의 용매는 인조재료의 분자 결합 구조체로 침투하여 분자 사이의 결합을 단절하는 작용을 하는데, 이것은 분자 사이의 결합력이 용매가 분자구조에 미치는 힘보다 작을 때 주로 발생한다. 용매에 의한 인조재료의 부식은 그들의 분자 결합 상태에 따라 상이한데, 일반적으로 그들 사이의 분자 결합 형식이 비슷할수록 용매성, 즉 부식의 크기는 점차 증가한다.

---

19) 사용연한 ; 약 10~60년

❍ 산소에 의한 부식

인조재료가 공기 중의 산소나 산화물질(질산 등)과 접촉할 경우 산화 부식이 시작된다. 산화는 인조재료의 분자구조를 파괴시킬 뿐만 아니라 인조재료의 기계학적 특성도 점차 변화시킨다.

❍ 균열발생의 영향

철에서와 마찬가지로 인조재료에 있어서도 인장응력에 의한 미세균열이 발생하기도 한다. 미세균열의 발생은 인조재료의 파손과 직접적으로 연결되는데, 이것은 추가적으로 화학적 영향에 의한 부식을 더욱 용이하게 한다.

❍ 생물학적 부식

생물학적 부식이란 주로 이끼, 곰팡이, 흰개미 등에 의한 부식을 의미하는데, 주로 따뜻하고 습한 지역에서 발생한다.

❍ 기계적 에너지의 영향

장시간 작용하는 기계적 힘은 크기에 따라 인조재료의 원상복구가 가능 또는 불가능한 상태를 야기하는데, 원상복구 불가능의 한 예로 폴리우레탄의 C~C 결합 구조의 단절과 그것에 따른 폴리머 등급의 저하를 들 수 있다.

❍ 열적 에너지의 영향

온도의 상승은 인조재료 분자의 유동성을 용이하게 하며 분자 사이의 충돌을 유발하여 결과적으로 분자의 결합 구조를 파괴시킨다. 또한 재료에 따른 한계온도를 초과하는 경우에는 재료의 형태 변화가 발생하기도 한다.

❍ 빛의 영향

UV 광선 또는 γ 광선 등에 인조재료가 노출될 경우 재료 속으로 흡입된 빛 에너지는 인조재료의 분자구조를 불안정 상태로 만든다. 이때 흡입된 빛 에너지가 분자 사이의 결합 에너지보다 클 경우에는 분자 결합의 단절과 그것에 따른 형태 변화가 발생한다. 일반적으로 UV 광선은 분자 사이의 결합 에너지보다 큰 에너지를 갖고 있으므로 인조재료의 빛에 의한 부식을 야기한다.

❑ 금속의 부식

○ 부식의 대표적 요인

▯ 공기의 영향

공기에 의한 유해요인으로 우선 비, 습기, 오염물질 등을 들 수 있다. 이들의 계절에 따른 상이한 변화에 기인하여 금속의 부식 정도 또한 계절에 크게 영향을 받는다고 할 수 있는데, 철의 경우에 있어서 겨울에 발생하는 부식의 정도는 여름에 발생하는 부식의 정도보다 약 5배가량 크다.

공기 중에 함유되어 있는 주요 유해물질, 즉 금속의 부식을 야기하는 대표적인 물질의 종류는 SO_2, HCl, H_2S 등이며, 지역에 따른 즉 공기의 종류에 따른 대략적인 금속의 부식 정도는 아래 표와 같다.

▽ 공기의 종류에 따른 금속의 부식 정도(㎛/년)

구 분	시 외	도 시	공업 지역	해안 지역
철	10~65	30~70	40~170	20~200
구 리	< 0.5	0.5~2	1~5	1~2
알루미늄	< 0.1	0.1~1.0	1~3	약 1.0
아 연	2~4	2~8	8~20	3~15
납	< 0.3	약 0.5	0.5~2	0.5~1

▯ 물의 영향

금속의 부식에 큰 영향을 미치는 물의 부식적 특성 파악은 공기의 부식적 특성 파악보다 매우 난해하다. 그 이유로는 물의 성분, pH 수치, 온도, 전도율 등 다양한 영향요소에 의해 물의 부식적 특성이 결정되며, 전기 화학적 부식 또한 부식 발생의 중요한 원인으로 작용하기 때문이다.

▯ 물의 종류와 그에 따른 부식적 특성

- 비 : 건축재료를 표면적 또는 내부적으로 습하게 하여 공기 중의 유해물질과 건축재료 사이의 접촉을 용이하게 할 뿐만 아니라 공기를 통해 낙하하는 도중 직접 유해물질을 함유하여 건축 재료의 부식을 야기한다. 일반적인 비의 pH 수치는 약 5~6 정도인데 공업 지역에 내리는 비의 pH 수치는 약 3 정도로 강한 산성, 즉 건축재료의 부식에 큰 영향을 미친다.
- 식수와 용수 : 일반적으로 지표수와 지하수로 나눈다. 거의 염을 함유하지 않는 지표수에 반해 토지나 암석의 여과 과정을 거쳐 생성되는 지하수는 자연히 여러 가지의 염을 함유하게 되어 금속의 부식을 야기한다. 예를 들면 탄산을 함유한 지하수는 칼슘이나 마그네슘 성분을 용해시켜 경수(硬水)의 성질을 띠게 되는데, 이것은 물 흐름 속도 등의 영향요소와 함께 수도관 부식의 주 원인으로 작용한다.

물에 함유된 산소의 함량은 금속, 특히 철이나 구리의 부식에 큰 영향을 미친다. 산소는 금속의 산화를 직접적으로 야기할 뿐만 아니라 금속의 전기 화학적 부식을 촉진시키는 역할도 한다.

○ 알루미늄

알루미늄이 공기와 접촉하면 비수용성의 알루미늄 산화층[20]이 형성된다. 이것은 공기 중의 CO_2와 거의 반응하지 않는 하나의 보호막으로 작용하는데, 이것에 산이나 알칼리[21]의 작용이 있을 때에는 보호막 기능의 손실, 즉 알루미늄의 부식이 발생하기 시작한다. 또한 비철금속 등과 접촉할 때 재료에 따른 전위차에 의해서도 부식이 발생한다.

▽ 금속의 접촉 부식

구 분	Al	Pb	Fe	Cu	Zn
Al		−	−	−	+
Pb	−		±	+	−
Fe	−	±		−	±
Cu	−	+	−		−
Zn	+	−	±	−	

(+ : 비부식, − : 부식)

합금 알루미늄(AlMgSi 등)은 그 구성분자의 상이성에 기인하여 이질의 산화층을 형성하며 이질의 전기 화학적 반응을 한다. 그것에 따라 주로 국부적인 부식이 발생하는데 이것은 상술한 보호막의 재생성에 따른 부식의 중단과 함께 거친 표면의 생성을 동반한다.

○ 납

공기 중에 노출된 납의 표면에는 우선 부식을 통한 하나의 보호막($Pb_2(OH)_2CO_3$)이 형성된다. 이때 공기가 SO_2나 SO_4^{2-}를 포함하고 있을 경우에는 생성된 보호막에 황화납이 생성되어 검청색으로의 색 변화를 일으키기도 한다. 그러나 공기 중에 이산화탄소의 양이 불충분할 경우에는 상술한 보호막이 생성되지 않거나 또는 비견실하게 생성되며, 이산화탄소를 함유하지 않은 물과 접촉할 때 용해성의 수산화 납($Pb(OH)_2$)의 형성으로 부식이 발생한다. 또한 알루미늄과 마찬가지로 비철금속 등과 접촉할 때 그들 사이의 전위차에 의한 부식이 발생하기도 한다(상기 표 참조). 납 성분의 용해성과 유독성으로 인해 식수관으로는 쓰이지 않는다.

---

20) 1개월 후 약 $10 \cdot 10^{-9}$m

21) 산 ; pH<4 , 알칼리 ; pH>10

○ 구 리

냉·온수의 공급관으로 주로 이용되는 구리가 공기에 노출될 경우 구리의 표면은 암갈색으로 색이 변하면서 강한 접합력과 내풍화성을 갖는 하나의 보호막(산화구리층)이 형성되는데, 이것은 점차 미관의 훼손을 가져오는 녹청[22]으로 변화하며, 녹청의 형성 기간은 기후 조건에 따라 상이하다[23]. 녹청의 제거는 일반적으로 식초산이나 암모니아수를 통해 가능하며 세척 후 얼룩 생성의 방지를 위해 부분적 세척이 아닌 전체적 세척이 주로 이루어진다.

- 구리의 부식을 야기하는 물질의 종류
  - 가스 : 하수관이나 정화조 등에서 생성되는 암모니아(NH_3), 황화수소(H_2S) 등[24]
  - 물에 포함된 유해한 화학물질 : Cl^-, SO_4^{2-}, O_2와 수온 < 60℃ 등

○ 아 연

아연의 다양한 용도와 높은 내구성은 아연의 실용성을 입증한다. 아연은 7<pH<12의 영역에서 강한 내식성을 갖고 있으며, 상대습도>70%에서 아연의 표면에는 하나의 강한 보호막($Zn_2(OH)_2CO_3$)이 형성되어 아연의 계속적인 부식을 방지하는데, 계속되는 풍화작용에 의한 보호막의 파손과 그것에 따른 즉각적인 새로운 보호막의 형성은 아연의 소모를 동반한다. 지역에 따른 아연의 부식 정도는 상이하다[25].

아연의 부식에 가장 큰 영향을 미치는 화학물질로 공기 중의 SO_2와 SO_4^{2-}를 들 수 있다. 이들에 의해 생성된 아연의 부식물(황산염)은 용해성을 갖고 있으며 그에 따라 계속적인 부식이 진행된다. 아연의 부식과 비례 관계에 있는 공기 중의 황산 농도는 일반적으로 여름보다 겨울철에 높은 경향을 나타낸다.

아연의 부식에 영향을 미치는 또 다른 요소로 아연과 접촉하는 물의 온도를 들 수 있다. 증류수의 온도 약 70℃에서 상술한 보호막은 더 이상 강한 접착력을 갖지 못하기 때문에 아연에 심한 부식이 발생한다. 따라서 온수 또는 난방수 공급관으로의 아연 이용은 그 제한성을 갖는다고 할 수 있다. 그러나 그보다 낮거나 높은 온도에서의 아연 부식률은 점차 감소하는 경향을 나타낸다.

물의 온도 이외에 아연의 부식을 야기하는 또 다른 요소로 물에 원초적으로 녹아 있는 산소를 들 수 있다. 일정한 양의 산소는 보호막 형성시 즉시 소모되어 더 이상의 아연 부식은 발생하지 않지만, 외부로부터 계속적인 산소 공급이 있을 경우 아연의 부식은 계속 진행된다.

---

22) $Cu_2(OH)_2CO_3$(농업 지역), $Cu_2(OH)_2Cl_2$(해안 지역), $Cu_2(OH)_2SO_4$(공업 지역)
23) 일반적으로 5~8년(공업 지역), 4~6년(해안 지역), 8~12년(도시 지역), 20~30년(농업 지역) 정도 소요 - 독일 기준
24) 이것의 방지를 위해 납이나 역청을 통한 구리 도금 방법을 주로 사용
25) 공업 지역(8~20㎛/년), 도시 지역(2~8㎛/년), 해안 지역(3~15㎛/년), 농업 지역(2~4㎛/년) - 독일 기준

제 5 장

조사 · 감정 사례

1. 사 례 (1)

鑑 定 書

○○지법, 사건 ○○○가단 ○○○○ 손해배상(기)
충남 논산시 부적면 마구평리 ○○○ 소재 미완성건축물

2004. 1

(주) 건축사사무소 ○○건축

鑑 定 書

1. **대상물 위치** : 충남 논산시 부적면 마구평리 ○○○ 소재 미완성 건축물

2. **용　　도** : 단독주택

3. **규　　모** : 지상 2층
   연면적 : 180.40㎡(54.57평)

4. **감정 의뢰자** : ○○지방법원 민사12단독 재판부의 감정인 지정 결정

5. **감 정 내 용** : ① 공사 기성률 및 기성고 산정
   ② 잔여 공사기간 추정

위 사항에 대하여 감정·조사하고 본 감정서를 작성 보고합니다.

2004. 1

감정인 : (주) 건축사사무소　○○건축

건축사　○ ○ ○

■ 감정 대상물 안내도

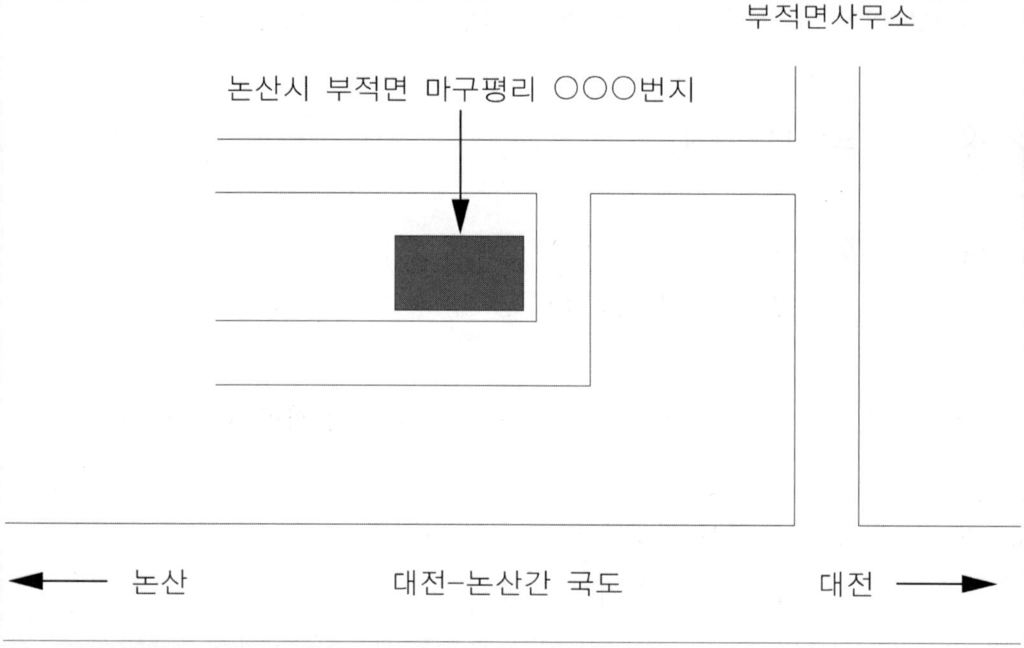

■ 참여 기술자

책임 감정인	건 축 사	○ ○ ○
건 축	특급감리원	○ ○ ○
건 축	공 학 사	○ ○ ○

■ 차 례

1. 감정 대상물 개요

1-1. 위 치

충남 논산시 부적면 마구평리 ○○○번지

1-2. 규 모

지하 2층

연면적 : 180.40㎡(54.57평)

1-3. 구 조

철근콘크리트 구조

1-4. 용 도

단독주택

1-5. 설계·감리자

건축사 : ○ ○ ○

1-6. 시공자

○○주택건설 : ○ ○ ○

1-7. 착 공

2003년 6월

2. 일반사항

2-1. 조사·감정의 동기

골조 및 조적공사 진행 중 공사가 중지되었으며, 시공자와 소유자간에 합의 해결되지 않는 문제가 발생함.

법원의 법률적 판단을 얻기 위한 과정에서 조사·감정의 필요가 발생함.

2-2. 조사·감정의 목적

법원의 결정에 의하여 작성된 감정사항에 대하여 감정·조사하고 보고서를 작성 제출하여 법원의 합리적인 판단을 돕기 위함.

2-3. 조사·감정의 경위

○○지법 민사12단독 재판부의 감정인 지명 결정에 의함.(2004. 01. 05)

2-4. 조사·감정의 기간

2004년 1월 12일 ~ 2004년 1월 30일

3. 예비 조사

3-1. 대상물 이력

① 2003년 6월 착공하여 골조공사 및 조적공사 진행 중 공사중지 되었으며
② 현재까지 공사가 진행되지 못하고 다툼이 발생한 공사현장임.

3-2. 내외 환경

대전에서 논산 방향으로 통하는 주간선도로 우측에 면한 문화마을 조성택지에 착공된 건축공사 현장이며, 주변은 이와 유사한 주택 및 농경지로 이루어져 있다.

3-3. 확보된 자료

현장검증일(2004. 1. 12) 현장에서 제출된 자료

건축주 : ① 설계도면
② 계약서 사본

제출된 자료에 대하여 시공자가 동의함.

4. 조사·감정의 특성, 기준 및 범위

4-1. 감정 대상물의 특성

① "공사계약서"에 첨부되는 "공사계약내역서"가 없는 상태로 계약이 체결된 공사이다.

② 따라서 기성고율을 산정할 수 있는 근거가 없으므로, 감정인이 별도로 기준내역서를 작성하여 기성고율을 산정한다.

4-2. 범 위

① 법원이 정한 감정사항에 대하여 감정·조사한다.

② 즉, 설계도면에 명시된 모든 공종을 포함한다.

③ 명확한 구분이 곤란한 부분은 감정인이 객관적이고 상식적으로 판단·적용한다.

④ 실제 현장의 목적물을 위하여 조립 투여된 부분에 대하여만 범위에 포함한다. 따라서 그 부분 외에 투입된 부분에 대한 것이 있다면 별도로 주장할 수 있을 것이다.

⑤ 창호 부분은 제외한다.(건축주측 시공 - 건축주 주장)

⑥ 건축주가 구입한 자재 부분에 대하여는 별도로 주장하여야 한다.

4-3. 기준 및 방향

① 소유주가 제시하는 다음 도서를 기준으로 한다.

㉮ 설계도면 1부

㉯ 공사계약서 1부

② 서기 2004년 1월 현재의 상황을 기준으로 한다.

③ 감정인이 임의 작성하는 기준내역서는 대체적으로 정부 표준품셈 및 물가정보지를 기준으로 하여 작성한다.

④ 기준내역서에 의한 기성고 산정을 위하여 현장조사하고 기성고 내역서를 완성한다.

⑤ 기준내역서에 의한 기성고 산정률을 실제 계약금액에 적용한다.

⑥ 산정된 기성고 금액이 실제 투입된 비용과 유사한가의 문제는 별개의 사항이다.

⑦ 수량 산출시 산출하는 사람의 방법에 따라 약간의 오차가 발생할 수 있다.

5. 조사·감정

5-1. 기성률 및 기성고 감정 결과

기성률(%)	계약금액	기성고 금액
55.34	129,250,000원	71,526,950원

* 산재보험료, 부가가치세 별도

5-2. 잔여공사 소요기간 추정

① 공사기간을 산정하는 기준은 없다.

② 다만 대한주택공사에서 아파트공사를 위한 공기 산정 기준을 적용하고 있으나 이는 규격화되고 공업화된 건축물에 적용하는 경우이다.

③ 일본의 경우 일부 학자들의 주장(논문)에 따라 공사의 종류별 공기 추정 공식이 있으나 역시 제도화된 기준은 아니다.

④ 본 공사의 잔여공사 소요 공기는 절대공기 60일 정도로 추정한다. 이는 감정인의 상식적인 추정값이다.

2. 사 례 (2)

鑑 定 書

○○지원 사건 ○○○○가합 ○○○○ 손해배상(기)
천안시 목천면 응원리 ○○○ 외 1필지 대지조성공사

2006. 5

(주) 건축사사무소 ○○건축

鑑 定 書

1. **대상물 위치** : 천안시 목천면 응원리 ○○○ 외 1필지

2. **용 도** : 중소기업 공동사업 대지조성공사

3. **규 모** : 편입면적 29,096㎡(약 8,800평) 중 일부분

4. **감정 의뢰자** : 원고, 피고 각각의 요청에 의하여 ○○지원 제1민사부의 감정인 지정 결정에 의함.(2006. 04. 05)

5. **감 정 내 용** : ① 미시공 부분
② 잘못 시공된 부분과의 관련
③ 계약 내용과 달리 추가 시공된 부분

위 사항에 대하여 감정·조사하고 본 감정서를 작성 보고합니다.

2006. 05

감정인 : (주) 건축사사무소 ○○건축

건축사 ○ ○ ○

■ 감정 대상물 안내도

충남 천안시 목천면 응원리 ○○○ 외 1필지

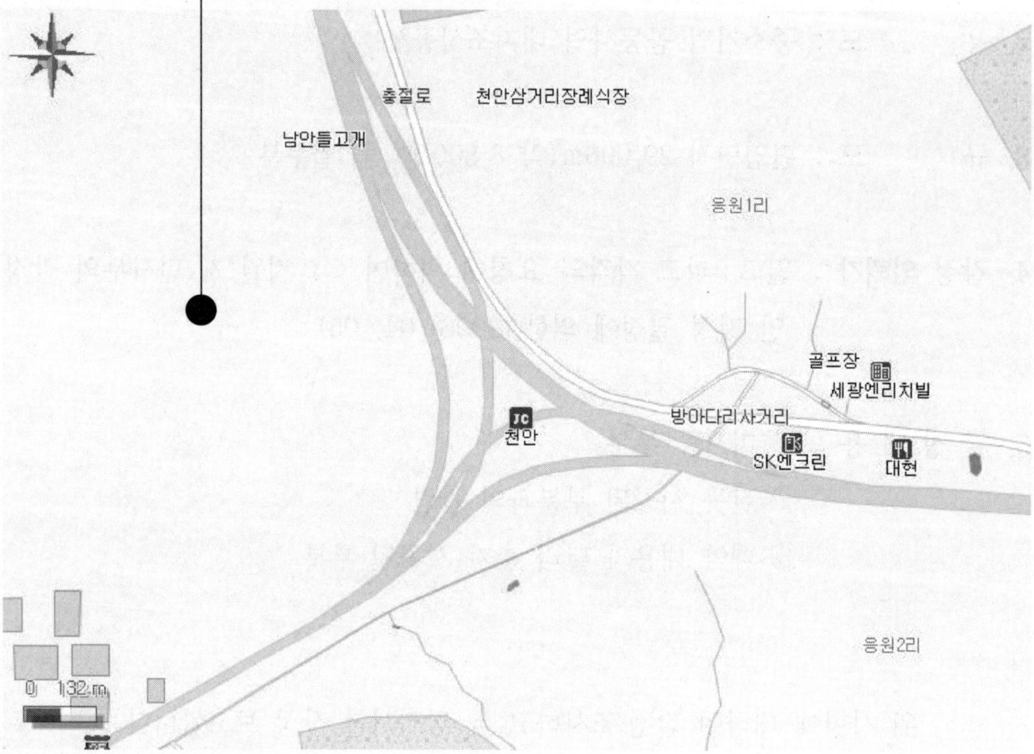

■ 참여 기술자

책임 감정인	건 축 사	○ ○ ○
건 축	특급기술자	○ ○ ○
건 축	중급기술자	○ ○ ○

■ 차 례

11. 관련 도면

    11-1. Ⓐ+Ⓑ 도면

    11-2. 공장 승인 도면

    11-3. 토공사 시공 후 현황 실측 도면

    11-4. 시공 전 현황 실측 도면

    11-5. 시공자의 주장에 의한 절토의 감정 범위도

    11-6. 횡단측점 표시 도면

    11-7. 석축이 표시된 설계변경 도면

12. 현장 사진

13. 시공자가 제시한 공사 과정 사진

1. 감정 대상물 개요

1-1. 위 치

천안시 목천면 응원리 ○○○ 외 1필지(중소기업 공동사업 대지조성공사)

1-2. 대상 규모

편입면적 29,096㎡(약 8,800평) 중 일부 대상물

1-3. 착공·준공

착공 : 2004년 하반기

준공 : 현재 미준공

1-5. 설계·감리자

(주)○○엔지니어링 고급기술자 ○ ○ ○

1-6. 시공자

(주)○○건설

2. 일반사항

2-1. 조사·감정의 동기

조사 대상 대지의 공사 발주자와 시공자 사이에 공사로 인해 발생된 손해액 등에 관한 상호 합의 해결되지 못하는 문제가 발생함.

2-2. 조사·감정의 목적

법원을 통하여 제시된 감정사항에 대하여 조사·감정하고 보고서를 작성·제출하여 법원의 합리적인 판단을 돕기 위함.

2-3. 조사·감정의 경위

원고, 피고 각각의 요청에 의하여 ○○지원 제1민사부의 감정인 지정 결정에 의함.(2006. 04. 05)

2-4. 조사·감정의 기간

2006년 4월 18일 ~ 2006년 5월 11일

2-5. 감정서의 용도 및 기타

① 본 감정서의 내용은 법원의 판단 자료 용도 외에 여타의 다른 용도로 사용될 수 없다.

② 본 감정서는 법원의 명령에 의해 조사·작성되며, 법원에 대하여만 답변한다.

③ 본 감정의 내용과 관련하여 법원 이외의 기관에 의해 조사 받지 않는다.

3. 현상 및 기준 설정

3-1. 대상물의 내·외 환경

중소기업 입주용 일단의 대지조성지이며, 각각의 기업이 건축을 완료하고 입주하였거나, 현재 건축공사가 진행되고 있는 상황의 대지조성 공사지역이다.

주변은 고속도로에 가까우며 후면은 임야, 전면은 농경지 등으로 이루어져 있다.

3-2. 조사·감정의 범위

공사 발주자 및 시공자가 주장하여 법원에 제시한 감정 요청사항에 대하여 조사·감정한다.

3-3. 기 준

① 제시한 설계도면, 설계내역서 등을 기준으로 한다.

② 2006년 4월 현재의 상황을 기준으로 한다.

③ 정부 표준품셈 및 2006년 4월 현재의 물가정보지 등을 기준으로 할 경우도 있으나 현실적으로 조정·적용한다.

4. 자료의 확보

① 2006. 4. 18. 현장검증시 제출된 자료
 ⓐ 현황실측 평면도
 ⓑ 공사평면계획도 등 각종 평면도
 ⓒ 설계내역서
 ⓓ 공사포기각서
 ⓔ 합의서
 ⓕ 철골공사 내역서(견적서)
 ⓖ 각종 사진

② 설계자인 ○○엔지니어링에 요청하여 전송 받은 필요 도면

③ 설계자인 ○○엔지니어링에 질의하여 답변을 확보한 내용

④ 2006. 5. 1. 현장을 방문하여 발주자 및 시공자와 대면, 합석하여 확인한 내용
 ⓐ 공사 중지 이전의 시공 정도
 ⓑ 석축 축조의 시공 근거
 ⓒ 절취부 암석 발생 지점
 ⓓ 철제 구조물의 축조 사유 및 당시 상황, 철거 이유
 ⓔ 보강토 옹벽의 축조 과정

5. 조사감정

(1) 대상의 특성

① 본건 공사의 발주자와 시공자는 공사 도중 합의하여 공사를 중지하였다.

② 공사 발주자와 시공자가 계약금액과 일치되는 공사내역서를 계약서에 첨부하여 합의 계약하지 않고 총금액으로 계약하였으며, 공사 물량에 관한 내역은 설계자가 작성한 공사원가 계산서의 내역서를 기준으로 한 것으로 인정할 수밖에 없다.

③ 설계자가 작성한 공사원가 계산서의 합계금액은 1,389,070,000원(VAT 별도)이다.

④ 원고와 피고가 총공사비용으로 계약한 금액은 850,000,000원(VAT 별도)이다.

⑤ 설계금액 대비 시공자 낙찰률은 약 61.2% 정도이다.

⑥ 설계내역서상의 순공사비는 1,012,719,940원이며 총원가는 1,389,070,000원이다. 따라서 각종 제잡비 비율은 37.162%이다.

(2) 감정 결과

구 분	주요 내용	비용(VAT 별도)
발주자가 주장하는 감액 부분	① 발주자가 시공한 보강토 옹벽 축조 및 토공사에 소요되는 비용	199,152,814
	① 절개면 하부에 설계되어 있는 석축을 시공하지 않음으로 감액되는 비용	80,890,520
시공자가 주장하는 증액 부분	① 토공사 절토 부분이 보통토로 설계되었으나 암석이 돌출되어 암석을 절토하는 데 소요되는 비용과 보통토를 절토하는 데 소요되는 비용의 차액	82,441,913

주 장		조사·감정
시공자가 주장하는 시공 현황	① 설계도면보다 더 넓게 조성된 대지 부분과, 더 좁게 조성된 대지의 현황	① 반드시 현장검증시 제시된 도면에 의거하므로 현상과 부합되지 않는다면 별도의 현황측량이 필요하다. ② 11-1의 도면에 현황을 도시하였다.
	② 대지의 면적 (+) 당초 설계보다 증가된 부분 (-) 당초 설계보다 축소된 부분	① 11-1의 도시된 현황을 근거로 하여 산출된 면적은 ②항과 같다. ② 절토부 (+) 1,065.46 (-) 472.06 계 (+) 593.4 ③ 성토부의 경우 설계도면과 현상이 다르게 변형되었으므로 그 내용을 제시된 도면으로 확인할 수 없다.(Ⓐ+Ⓑ 도면 참조)

5-1. 사건 내용의 요약 및 감정 의견

5-1-1. 석축 및 철제 구조물·보강토 옹벽 시공 비용(발주자 주장)

진행사항 및 주장 내용	감정 의견
① 당초 성토 부분을 조성 대지로 사용하기 위하여 설계된 옹벽공법은 보강토 축조 공법이었다.	각각이 인정함.
② 그러나 공사 진행 중 보강토 옹벽 부분을 석축으로 변경시공하기로 발주자와 시공자가 합의하였다. 따라서 설계자는 공사 평면도상에 이 부분을 석축으로 설계하여 공사현장에 도면을 제공하였다.	① 각각이 인정함. ② 설계자가 의견 제시한 질의 회신 내용도 같다.
③ 시공자는 설계도면에 의해 석축을 시공하였다. ⓐ 발주자 의견 : 석축이 설계 위치보다 후퇴되어 시공됨으로써 대지 확보가 되지 않았다. ⓑ 시공자 의견 : 석축이 설계 위치보다 약간 후퇴된 부분이 있으나 설계도면과 똑같은 위치에 축조되어도 경사도에 의한 사면 때문에 상부 대지를 현재와 같이 확보할 수 없다.	① 현재로선 이미 매몰된 석축의 정확한 위치를 알 수 없다.
④ 발주자와 시공자는 대지조성공사를 완료하지 못한 상태에서 어떠한 이유로 인하여 상호 합의하여 공사를 중단하였다.	각각이 인정함.

진행사항 및 주장 내용	감정 의견
⑤ 그런데 시공자가 시공 완료한 성토 부분 석축의 축조 위치가 대지 확보에 적합한 위치가 되지 못하여 추가 보강구조물을 설치하여 이를 보완하려 하였다. 추가 보강구조물의 설치안을 제시한 것은 시공자였다. 그러나 보강구조물은 하부지반(성토부)의 침하 등 구조적인 하자로 인하여 철거하였다.	각각이 인정함.
⑥ 대지의 기능성 확보를 위한 대지 조성을 위하여 발주자는 별도의 보강토 옹벽 공사를 실시하였고 이에 막대한 비용이 소요되었다. ⓐ 발주자 의견 : 철골 구조물 공사 및 보강토 옹벽 비용이 시공자의 잘못 시공된 석축에 기인하므로 비용을 분담하여야 한다. ⓑ 시공자 의견 : 석축으로는 현재와 같이 대지를 확보할 수 없다. 따라서 대지 확보를 위한 보강토 옹벽 공사비용에 대한 책임이 없다.	① 각각이 인정함. ② 대체적으로 현재 실시된 보강토 옹벽은 당초 설계된 대지 확보선보다 외곽으로 후퇴되어 축조되어 있다고 보아야 한다.

*** 감정 사항**

① 보강토 옹벽 공사 부분을 실측하고 도면을 작성함.

② 보강토 옹벽 공사에 소요되는 비용을 추정·산정함.

5-1-2. 석축 미시공 부분(발주자 주장)

진행사항 및 주장 내용	감정 의견
① 절토부 절개사면 하부에는 석축이 설계되어 있다. 시공자는 절개사면이 암석 부분이므로 토사가 흘러내릴 위험이 없으므로 시공하지 않았다고 주장한다. ② 발주자는 그렇지 않으므로 미시공 석축공사에 소요되는 비용은 공제하여야 한다는 주장이다.	① 항목별로 증액할 부분은 증액하고 감액할 부분은 감액하는 것이 원칙이다. ② 따라서 시공되지 않은 석축 부분은 감액 처리한다.

*** 감정 사항**

① 석축의 미시공 부분에 대한 비용을 산정 감액함.

5-1-3. 절토 비용의 추가 비용(시공자 주장)

진행사항 및 주장 내용	감정 의견
① 대지조성공사를 하기 위해서는 기존 지형을 절토하여 얕거나 깊은 지역을 매립하게 되는데 이 기존 지형이 보통토사인 것으로 설계되어 있으나 실제로 절토한 토질은 암석이므로 절토에 소요되는 비용을 추가하여야 된다는 주장이다.	① 보통 토목공사에서 토질의 종류(보통토, 풍화토, 풍화암, 연암, 경암)를 설계에 반영하기 위해서는 지반조사(보링 등)를 실시하여 채취된 시료의 채취 위치에 따른 토질분포도에 따라 수량을 계산하고 이를 설계도서에 적용하는 것이 원칙이다. ② 그러나 이 수량도 실제와 똑같이 부합되지 않으므로 시공 중 이질지반이 노출되면 이를 도면화하고 기록하며 이에 대한 수량 확정 후 합의하여 절토하는 것이다. 그리고 이에 근거하여 공사비를 증액하거나 감액하는 것이다. ③ 대상 현장은 그러한 절차를 이행하지 않았다.

* 감정 사항

① 현재로선 정확한 수량을 알 수 없다.

② 다만 등고선에 의한 당초 지형과 현재의 지형, 절개면을 실측하여 도면화하고 토량을 이에 근거하여 추정하여 산출한다.

6. 내역서

6-1. 내역서 1

보강토 옹벽 축조 비용 산출

■ 특성에 대한 기준

① 설계내역서상엔 보강토 옹벽 구조에 대한 언급이 없었다. 즉 석축으로 설계변경한 후 작성된 내역서이기 때문이다.

② 따라서 보강토 옹벽 구조에 대한 내역서는 작성하되, 현장 실행가격으로 추정·적용할 수밖에 없다.

③ 대상 범위는 ○○전자 정문 위치부터 도로변으로 축조되어 하부 서림과의 경계지점까지 약 170m로 한정한다.

<table>
<tr><th>명 칭</th><th>규 격</th><th>단 위</th><th>수 량</th><th>단 가</th><th>금 액</th><th>비 고</th></tr>
<tr><td>보강토 옹벽</td><td>패널식 1.5×1.5</td><td>m^2</td><td>1195</td><td>180,944</td><td>216,228,080</td><td></td></tr>
<tr><td>후면 토공</td><td></td><td>m^2</td><td>1195</td><td>25,000</td><td>29,875,000</td><td></td></tr>
<tr><td>버팀목 설치/해체</td><td></td><td>m</td><td>169.5</td><td>16,743</td><td>2,837,938</td><td></td></tr>
<tr><td>계</td><td></td><td></td><td></td><td></td><td>248,941,018</td><td></td></tr>
<tr><td colspan="3">실행가 추정·조정</td><td colspan="4">결정 금액(VAT 별도)</td></tr>
<tr><td colspan="3">248,941,018 × 80%</td><td colspan="4">199,152,814</td></tr>
</table>

일위대가표

• 보강토 옹벽

(1) 패널 설치

(㎡당)

구 분	규 격	단 위	단 가	수 량	금 액	비 고
패 널	프릭션 타이 50kN	㎡	70,400	1.00	70,400.0	
보강재	프릭션 타이 100kN	m	1,780	34	60,520.0	
보강재	D25	m	2,930	22	64,460.0	
빗장고리	D32	개	1,480	1.5	2,220.0	
빗장고리	코르크판 20×80㎜	개	1,800	1.5	2,700.0	
수평채움재	부직포 B=400㎜	m	2,990	0.67	2,003.3	
수직채움재	D16	m	850	0.50	425.0	
앵커 철근	10t	m	725.40	0.70	507.7	
트럭 크레인	2.5t	hr	6,187	0.34	2,103.5	
트 럭	재료비의 5%	hr	5,085	0.34	1,728.9	
잡재료비		식		1	3,858.4	
재료비 소계					129,900.0	
작업반장		인	75,504	0.052	3,926.2	
비계공		인	98,529	0.028	2,758.8	
특별인부		인	70,264	0.101	7,096.6	
보통인부		인	55,252	0.205	11,326.6	
철근공		인	97,389	0.005	486.9	
거푸집 목공	10t	인	91,893	0.017	1,562.1	
트럭 크레인	2.5t	hr	30,529	0.340	10,379.8	
트 럭		hr	13,809	0.340	4,695.0	
인건비 소계					42,232.0	
	10t					
트럭 크레인	2.5t	hr	21,210	0.340	7,211.4	
트 럭		hr	4,710	0.340	1,601.4	
기계 경비 소계					8,812.0	
합 계					180,944.0	

(2) 버팀목 설치·해체

(m당)

구 분	규 격	단 위	단 가	수 량	금 액	비 고
각 재	10×10cm	m^3	244,963	0.036	8,818.6	
잡재료비	재료비의 5%	식		1	440.9	
재료비 소계					9,259	
거푸집 목공		인	91,893	0.016	1,470.2	
비계공		인	98,529	0.033	3,251.4	
보통인부		인	55,252	0.050	2,762.6	
인건비 소계					7,484	
합 계					16,743	

• 산출 근거

(2.45×11.625÷2) + (2.45×157.875) + (10.05×157.895÷2) = **1194.35**

6-2. 내역서 2

절개면 하부 석축 미시공분에 대한 비용 산출

■ 특성에 따른 기준

① 설계내역서상의 수량과 해당 금액을 계약 수준으로 하향 조정하여 이를 감액한다.

1. 설계 내역

품명	규 격	수량	단위	총 액	노 무 비		재 료 비		경 비		비고
					단가	금 액	단가	금 액	단가	금 액	
석축	평균높이 3.8m	332.1	m	96,363,463		53,476,402		41,623,421		1,263,640	

2. 계약 수준으로 조정

금 액	낙찰률 61.2% 적용	제잡비율 37.162% 적용	결정 금액(VAT 별도)
96,363,463	58,974,439	80,890,520	**80,890,520**

6-3. 내역서 3

절토 비용에 대한 차액 추정(피고 주장에 의한)

■ 특성에 따른 기준

① 설계내역서에는 보통토에 대한 절토 비용(단가)은 있으나 암석에 대한 절토 비용(단가)은 없다.

② 따라서 내역서상의 절토 비용(단가)을 낙찰률 61.2%를 적용하여 실제 계약단가로 확정한다.

③ 표준품셈에서 규정하는 바에 따라 각각의 단가를 산정하여 이를 비교하여 상대율을 결정한다. 다만, 상대율을 결정하기 위해서는 굴삭기의 시간당 작업량으로 비교하는 약산식을 적용할 수밖에 없다.

④ 보통토 대비 암석에 대한 상대율을 상기 항의 보통토에 대한 실제 계약단가에 적용하여 암석 절취에 대한 실제 계약단가를 추정·확정한다.

⑤ 제잡비율은 37.162%이다.

⑥ 풍화암의 작업은 화약을 사용하지 않았고 백호우(굴착기)를 이용한 브레이커 작업이 약간 있는 정도이다.

⑦ 이러한 방법으로 결정된 단가가 정상적으로 계산된 단가와 유사한지의 여부는 별개의 문제이다.

	규 격	수 량	단 위	단 가	금 액	비 고
절 토	보통토(백호우 0.7)	23,167	㎥	761	(−) 17,630,087	감액
성 토	보통토(덤프+19t DZ)	9,266	㎥	1,909.7	(−) 17,695,280	감액
절 토	풍화암(백호우 0.7)	23,167	㎥	1,750.8	(+) 40,560,783	증액
성 토	풍화암(덤프+19t DZ)	9,266	㎥	3,246.4	(+) 30,081,142	증액
사 토	풍화암(덤프+19t DZ)	13,274	㎥	8,622	(+) 114,448,428	증액
사 토	보통토(덤프+19t DZ)	13,274	㎥	5,071.8	(−) 67,323,073	감액
	계				(+) 82,441,913	증액

① 산출된 금액이 현실적으로 적정한지의 여부는 별개이다. 즉 적용된 단가는 당초 설계내역서상의 단가에 낙찰률을 적용하였기 때문이다.

② 참고로 절토 및 성토 공사비의 총액은 계약금액으로 환산·추정하면 292,157,456원 정도이다.

• **절토비 비교**

① 보통토 절취

$$\theta = \frac{3600\times0.7\times1.1\times1.25\times0.7}{23} = 105.456$$

② 풍화암 절취

$$\theta = \frac{3600\times0.7\times0.7\times1.325\times0.45}{23} = 45.729$$

따라서 보통토 절토 비용의 약 2.3배에 해당하는 금액이 풍화암 절토 비용이다.

• **성토비 및 사토비 비교**

덤프트럭에 의한 운반은 유사하므로 생략하고 불도저에 의한 정지 비용으로 비교한다.

① 보통토

$$\theta = \frac{60\times3.2\times0.85\times0.7}{1} = 114.24$$

② 풍화암

$$\theta = \frac{60\times3.2\times1\times0.35}{1} = 67.2$$

따라서 보통토 성토 비용의 약 1.7배에 해당하는 금액이 풍화암 성토 및 사토 비용이다.

• **토공 단가의 결정**

① 절 토

설계내역서상의 단가(보통토)	낙찰률 61.2% 적용	제잡비율 37.162% 적용	상대율 230% 적용된 풍화암 단가
907	555	761.249	1,750.8

② 성 토

설계내역서상의 단가(보통토)	낙찰률 61.2% 적용	제잡비율 37.162% 적용	상대율 170% 적용된 풍화암 단가
2,275	1,392.3	1,909.7	3,246.49

③ 사 토

설계내역서상의 단가(보통토)	낙찰률 61.2% 적용	제잡비율 37.162% 적용	상대율 170% 적용된 풍화암 단가
6,042	3,697.7	5,071.8	8,622

• **토적의 계산**

1) 전제조건

① 현장검증시 발주자가 제시하고 시공자가 인정한 다음의 도면을 기준으로 한다.

Ⓐ 공사계획 평면도(당초 허가 도면)

Ⓑ 현황실측 평면도(토공사 우선 종료 후 현황실측도)

Ⓒ 석축이 설계된 공사계획 평면도(변경설계)

Ⓓ 시공 전 현황실측 평면도

② 따라서 상기의 도면이 현상과 일치되지 않아 발생할 수 있는 오차는 본 조사·감정과 별개이다.

2) 특 성

① 설계자에게 요청하여도 토공에 대한 종·횡단면도를 확보할 수 없었다(담당자가 퇴사하는 바람에 자료를 컴퓨터 내에서 찾지 못함).

② 따라서 감정인은 상기 Ⓐ·Ⓑ·Ⓒ·Ⓓ의 각 도면을 겹쳐서 확인하고 Ⓑ도면과 Ⓓ도면의 등고선에 의하여 횡단도를 작성하고 토적을 계산한다.

3) 토적의 계산

해당 부분	체적(㎥)
① 측점 1부터 측점 20까지의 합계	57,919.7

4) 풍화암 노출 부분의 감정 특성

① 절토량 중 암석 발생 수량을 정확히 계산할 수 있는 근거는 시공자가 확보하지 않았다.

② 다만, 당시 시공 사진과 현재의 절개면이 이를 입증하는 정도이다.

③ 이를 주장하기 위한 자료 및 근거의 확보 노력은 시공자의 몫이다.

④ 따라서 감정인이 추정하는 비율은 어디까지나 경험값이고 현재의 절개면과 당시 시공 당시의 사진으로 추정하는 개산값이다.

절토량	암석 추정률	풍화암 발생 추정량(㎥)
57,919.7	40 %	23,167.88

⑤ 성토량은 기존 설계내역서의 할당비율로 적용하고 토량환산계수는 무시한다.

⑥ 다짐비는 적용하지 않았다.

사 례 (3)

鑑 定 書

○○지원 사건 ○○○○가합 ○○○ 공사대금
아산시 음봉면 신휴리 ○○○, ○○○ 소재 공업단지

2006. 7

(주) 건축사사무소 ○○건축

鑑 定 書

1. 대상물 위치 : 충청남도 아산시 음봉면 신휴리 ○○○, ○○○ 소재 시설물

2. 용 도 : 공 장

3. 규 모 : ○○정밀 1식 ┐
   ├ 감정 대상물 개요 참조
   ○○정밀 1식 ┘

4. 감정 의뢰자 : 김○○ 외 1인의 요청에 의하여 대전지법 ○○지원의 감정인 지정 결정에 의함.

5. 감 정 내 용 : ① 미시공 문제
   ② 하자 문제

위 사항에 대하여 감정·조사하고 본 감정서를 작성 보고합니다.

2006. 7.

감정인 : (주) 건축사사무소 ○○건축

건축사 ○ ○ ○

■ 감정 대상물 안내도

위　치 : 충청남도 아산시 음봉면 신휴리 ○○○, ○○○번지

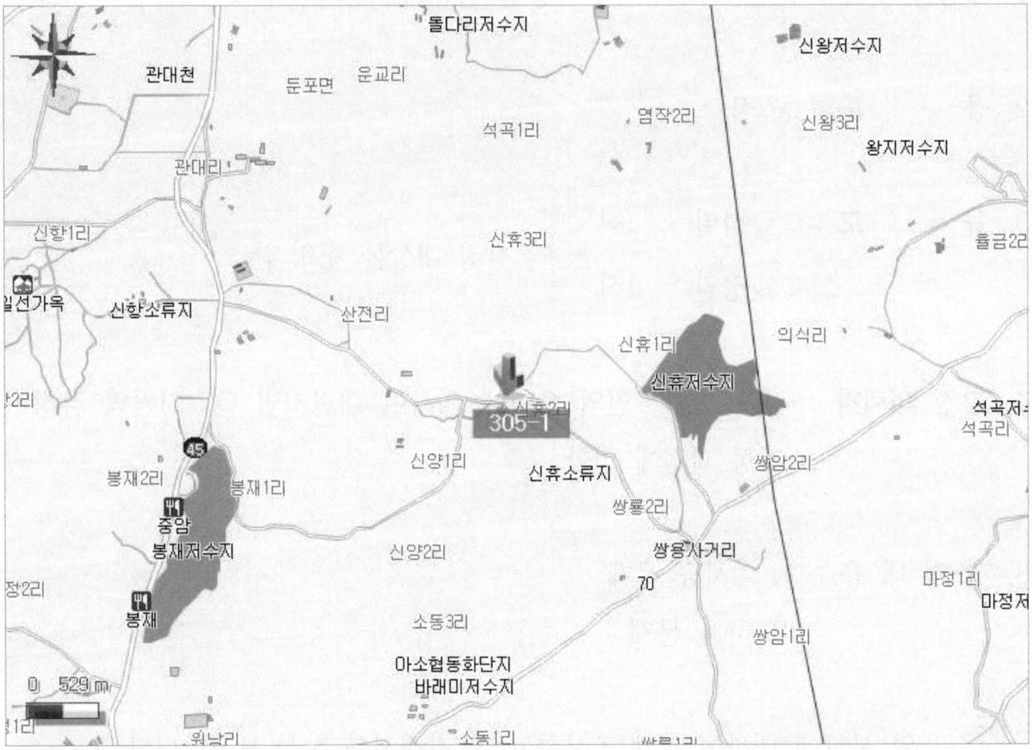

■ 참여 기술자

책임 감정인	건 축 사	○ ○ ○
건　　　축	특급감리원	○ ○ ○
건　　　축	중급감리원	○ ○ ○
적　　　산	중급감리원	○ ○ ○

■ 차 례

1. 감정 대상물 개요

1-1. 위 치

충청남도 아산시 음봉면 신휴리 ○○○, ○○○번지

1-2. 규 모

구 분	대지면적(㎡)	건축연면적(㎡)
○○정밀	2,678	1,212.76
○○정밀	2,260	664.6

1-3. 구 조

건 축	일반 철골조, 샌드위치 패널
토 목	콘크리트 포장, 석축, 기타 토목시설물

1-4. 용 도

공장 대지 조성 + 공장 건축

1-5. 설계자

구 분	건 축	토 목
○○정밀	○○ 건축사사무소, ○ ○ ○	○○ 측량설계
○○정밀	○○ 건축사사무소, ○ ○ ○	

1-6. 시공자

(주) ○○건설 대표이사 ○ ○ ○

1-7. 착공 및 준공(건축물 기준)

구 분	○○정밀	○○정밀
착　공	2004. 10. 29	2004. 10. 26
사용승인	2005. 05. 30	2005. 04. 11

2. 일반사항

2-1. 조사·감정의 동기

대상물의 시공자와 시설물 소유자 사이에 공사대금, 미시공 문제, 하자 문제 등으로 인하여 합의·해결되지 않은 문제가 발생함.

2-2. 조사·감정의 목적

시설물 소유자의 요청에 의하여 결정된 감정사항에 대하여 조사·감정하고, 보고서를 제출하여 법원의 법률적인 판단을 돕기 위함.

2-3. 조사·감정의 경위

시설물 소유자의 요청에 의하여 대전지법 ○○지원의 감정인 지정 결정에 의함.(2006. 6. 7)

2-4. 조사·감정의 협력자

대상 시설물의 소유자, 시공자

2-5. 조사·감정의 기간

2006년 7월 7일 ~ 2006년 7월 20일

2-6. 기 타

① 본 감정서의 내용에 대한 질의에 대하여는 법원에 대하여만 답변한다.
② 본 감정서의 일부 내용을 다른 목적이나 조사의 근거자료로 사용할 수 없으며 사용하기에 부적절하다.
③ 분량관계상 건축관계 설계도면은 첨부하지 않는다.

3. 예비 조사

3-1. 대상물 이력

2005년 5월경 사용승인 득하여 현재까지 적정 용도로 사용된 것으로 보인다.

3-2. 내·외 환경

충남 아산시에서 평택으로 통하는 국도변에서 우측 농촌지역으로 2㎞ 정도 진입한 농경지지역에 위치한 소규모 공업단지이다. 주변은 소규모 하천 및 지방도에 인접한 농촌지역이다.

3-3. 관계자 의견

○○정밀 :
① 공장 바닥구조가 설계도서와 같이 시공되지 않아 중량 장비를 가동하는 용도상 구조적으로 상당히 불안하다.

② 하천변쪽 성토 부분의 대지가 침하되므로 필요한 용도의 시설물 등을 구축할 수 없어 이에 대한 대책이 필요하다.(조사·감정 중 바로 인접지 공장쪽의 석축이 붕괴되었다고 하며 이로 인해 상당히 불안해 함)

③ 기타 건축 철골구조의 부재를 약한 것으로 시공하거나 미시공하였으므로 폭설이나 강풍에 대하여 불안하다.

○○**정밀 :**

① 건축물 배치가 잘못되어 후면 대지로 통하는 통행로가 좁아지므로 이 토지에 계획하고 있는 시설물 증축 등이 어려워지거나 토지이용계획에 차질이 발생되었다.

시공자 :

① 공사대금을 받지 못하는 어려움이 있다.

② 문제되는 부분은 감산하거나 시정할 수 있다.

3-4. 제시된 자료

감정기일인 2006. 7. 7. 현장에서 확보된 자료

① ○○**정밀 :**

㉠ 4개사 공통 대지조성공사 계약서

㉡ ○○정밀 건축공사 내역서

㉢ 설계도면

㉣ 공시 과정 사진

② ○○정밀 :

㉠ ○○정밀 건축공사 내역서

㉡ 설계도면

㉢ 공사 과정 사진

③ 시공자 : 없음.

4. 조사·감정의 특성, 기준 및 범위

4-1. 특 성

4-1-1. 대지조성공사

① 대지조성 토목공사는 대상 공업단지 입주업체 4개사 공동으로 시공자측과 공사 계약하였다.

② 계약내역서가 존재하지 않고 대지 단위면적당 단가를 적용하여 계약하였다.

4-1-2. 건축공사 및 부대시설공사

① 입주업체 각각이 동일한 시공자와 계약하였으며 시공자가 제시한 내역서가 견적서 형태로 존재한다.

4-2. 범위 및 기준

① 도면에 명시되거나 약정된 내용이 있는 경우 이를 범위로 정한다. 위의 내용이 불명확할 경우 관계인의 주장을 범위로 하며 이에 대하여는 이해 당사자의 이의가 있을 수 있다.

② 제시된 도면이나 내역서(견적서) 약정 내용 등을 기준한다.

③ 2006년 7월 현재의 상황을 기준한다.

④ 토목공사의 경우 내역서가 존재하지 않으므로 공종에 대한 시중시세(실행가액)를 추정·적용하는 방법을 채택한다.

⑤ 건축공사의 경우 계약금액과 내역서의 총금액이 일치하지 않으므로 모든 공종에 대하여 낙찰률을 적용하여 단가를 적용한다.

⑥ 정부 표준품셈이나 물가정보지를 적용하되 현실적으로 조정한다.

⑦ 제시된 자료나 주장의 내용에 관한 진위 여부는 감정인이 알 수 없는 부분이 있다. 따라서 이에 대한 책임은 주장자의 몫이다.

4-3. 하자의 판정 기준

건축주와 시공자 사이의 계약내용(계약서, 설계도서 등 기타 조건)과 통상의 성상을 종합하여 기준이 정해져야 할 것이다. 대체적으로 건설분쟁관계법(윤재윤 저)에서는 다음과 같은 내용을 기준으로 제시하고 있다.

① 우선 목적물에 관하여 약정한 성상을 흠결한 경우는 언제나 그 자체만으로 하자됨이 원칙이다. 약정한 성상에 못 미치는 결과임에도 불구하고 그것만으로 예정했던 용도에 충분하다는 항변은 특별한 사정이 없는 한 배척해야 한다.

② 약정 내용은 체결된 도급계약 및 첨부된 각종 서류에 의하여 확인한다. 설계도, 시방서, 표준명세서, 특기명세서, 현장설명서 등이 통상 계약서에 첨부되는 서류들이다.

③ 공사 진행 도중 도급인이 원래의 설계를 변경하는 데에 동의하고 그 변경된 설계에 기한 건축 설계변경 허가절차까지 마친 경우, 그 동의의 효력은 설계변경 사유가 된 부분에 한정되지 않고 변경된 설계 전체에 미치므로, 변경된 설계에 맞게 시공을 하였다면 그 시공 부분은 원래의 설계와 다르다는 이유만을 들어 하자라고 주장하거나 그 부분 시공비용과 원래의 설계에 따른 시공비용의 차액을 손해라 하여 배상을 구할 수는 없다.

④ 용도를 정하는 기준은 당사자 사이의 계약내용에 나타난 사정을 종합하여 객관적으로 판단하여야 한다. 통상의 용도에 적합한 성상을 갖추었는가를 판단하는 데 있어 관련 건축 규정이 고려되기도 한다. 건축법, 동법 시행령, 건축물의 구조내력에 관한 기준 등 건축 관련 법령에서 정한 기준에 부적합한 건축물은 특별한 사정이 없는 한 하자가 인정될 수 있다.

⑤ 사회 통념상 건물로서 객관적으로 보통 갖고 있어야 할 품질과 기능의 최소한도를 지키지 못하는 절대적 하자, 즉 누수, 균열, 배수 불량, 침하 등은 계약내용에 상관 없이 언제나 하자로 볼 수 있다. 하자는 원칙적으로 공사의 완성을 전제로 하는 개념이지만, 공사가 미완성인 경우에도 이미 시공된 부분에 대해서는 하자를 인정할 수 있다.

⑥ 시공자는 시공의 전문성을 가진 자로서 건설업 면허 등에서 정하고 있는 기술력이 확보된 자이다. 따라서 설계도서를 충분히 검토하여 하자의 가능성을 예견하고 설계변경 또는 보완대책 등의 조치를 취하여 시공하여야 할 주의의무가 있다.

4-4. 경제적 손실가치의 평가 적용

시공 행위의 미비 등으로 인하여 정상적으로 시공된 완전한 시설물과 문제가 있는 시설물과의 경제적 가치의 차액을 평가하여 손해액으로 정하여야 하는 경우라고 볼 수 있다. 일반적으로 다음과 같은 경우에 발생한다.

① 당초 설계대로 시공된 공사의 시공상태가 조잡하여 전반적으로 미관상 혹은 기능상 성능 저하 등이 추정될 경우

② 하자 보수 등의 시정 공사 완료 후에도 당초 하자가 없었던 상태와 비교하여 볼 때 미관상, 기능상 혹은 구조상 성능 저하 등이 추정될 경우

③ 당초 설계와 달리 시공되었으나 현시점에서 수정시공을 할 경우 그 수정시공에 소요될 비용이 수정시공 후 그 효과에 비해 현저하게 많이 소요되어 사회적 경제 손실로 추정이 될 경우

④ 당초 설계와 달리 시공됨으로 인해 가치손상이 추정될 경우

5. 조사·감정

5-1 주장에 대한 판단 및 조치

가. ○○정밀

① 공사계약금액은 450,000,000원이다.

② 내역서상의 순공사비 합계액은 545,700,756원이다.

③ 따라서 적용 낙찰률(계약률)은 82.462%이며 이를 적용하여 산출한다.

<table>
<tr><th>번호</th><th>주장 내용</th><th>공종 및 범위의
설정 근거</th><th>의견 및 조치</th></tr>
<tr><td>1</td><td>내·외부 펜스 미시공</td><td>① 토목공사계약서
② 시설주의 주장
③ 내역서</td><td>[조치]
① 외부 펜스 - 구적도상 ⓚ~ⓖ점 구간, ⓗ~ⓘ점 구간의 물량과,
② 내부 펜스 - 내역서상 물량에 대하여 감산한다.</td></tr>
<tr><td>2</td><td>공장동 바닥구조에 대하여
① 바닥 하부의 여러 지점에 대하여 파일을 시공하고 지중보를 연결하도록 설계 되었으나
② 설계변경하여 바닥의 두께 및 철근의 배근을 증가시키는 것으로 합의하였다.
③ 그러나 바닥의 두께를 설계자가 지시한 30㎝로 시공하지 않았다.</td><td>① 설계도면
② 시공자, 건축주의 증언
③ 현상 조사 결과</td><td>[현상 조사]
① 공장동 바닥 양측면과 중앙부에 대하여 코어 채취를 실시하였다.
② 채취 결과에 대한 측정값(㎝)
<table>
<tr><th></th><th>A지점</th><th>B지점</th><th>C지점</th></tr>
<tr><td>콘크리트 유효두께</td><td>18</td><td>22</td><td>19</td></tr>
<tr><td>버림콘크리트 두께</td><td>2</td><td>4</td><td>3</td></tr>
<tr><td></td><td></td><td></td><td></td></tr>
<tr><td>계</td><td>20</td><td>26</td><td>21</td></tr>
<tr><td>유효두께의 평균값</td><td colspan="3">19.67</td></tr>
</table>
③ 3개소의 측정값 평균수치가 아주 정확하다고는 할 수 없으나 진동이나 순간하중이 큰 장비가 가동 중인 건축물이므로 측정 개소를 늘리는 것은 위험지수를 증가시킬 우려가 있다.
④ Ⓐ지점 및 Ⓑ지점의 하부는 바닥과 하부지반 사이에 밀착되지 않은 약 1.5㎝ 정도의 간극이 감지되었다. 즉 슬래브가 2층 바닥과 같이 되어 지반에 각종 하중분산이 되지 않는다.</td></tr>
</table>

			[감정의견] ① 이 공장의 현재 상황을 기준하여 보면 최대 300t의 순간하중이 작용하는 것으로 보인다. ② 순간하중이 큰 장비 등은 현재 다행히 건축물 기초와 인접하게 배치되어 발생하중이나 진동을 건축물 기초가 분담하는 것으로 보인다. ③ 당초의 설계의도를 현저하게 무시한 결과로 시공되었으므로 긴급히 보강조치가 필요하다. 이 상태가 장기간 지속되면 건축물 하부구조를 현저하게 위협할 요소가 되기에 충분하다. ④ 바닥의 두께 감소값만큼 비례하여 내력이 감소하는 것은 아니다. 그 이상일 경우가 많다. [조치] ① 당초 설계의도에 근접시키기 위한 보강공사를 실시한다. ② 당초 설계의 파일 시공 지점을 중심으로 지반보강 그라우팅공사와 동시에 슬래브와 지반을 밀착시키기 위한 주입공사를 실시한다. ③ 콘크리트 미시공 부분의 시공비를 공제한다.(30 cm -> 19.67cm) ④ 보강용 그라우팅 공사비용을 산정한다.
3	건축물 철골구조 부분 중 ① C형강의 두께를 설계치수에 미달되는 제품을 사용하였다. ② 각관 등 설계도면에 명시된 구조재를 시공하지 않았다.	① 설계도면 ② 시공자, 건축주의 증언 일치	[감정의견] ① 설계도서에 명시된 구조재를 축소시공하거나 생략하는 것은 심히 위험한 행위이다. ② 현재는 아무런 문제가 없는 것처럼 보일 수 있으나 구조재의 계산은 미연에 닥칠 수 있는 최대하중을 기준하여 계산하고 설계하는 것이다. ③ 우리는 주변에서 폭설이나 강풍에 붕괴되거나 변형되는 철골구조물을 많이 보게 되는 것이 현실이다. [조치] ① 미시공 부분을 감산한다. ② 현재의 상태에서 보수·보강 비용을 산정한다.
4	성토부의 지반침하현상	① 후면 하천변 성토 부분에 대하여 침하현상이 발생되고 있다. ② 시설물 소유자는 이 부분에 대하여 침하균열된 상부 포장 부분을 콘크리트 덧씌우기 포장공사를 실시	[감정의견] ① 표준시방서에 의하면 성토부 대지조성공사시 일정 두께마다 다짐을 실시하고 매단계마다 다짐밀도시험을 시행하여 만족값을 확보한 후 다음 단계의 성토공사를 실시하도록 하고 있다. ② 어떻든 현재의 상태에서 침하현상이 발생되고 있으며 시설물 소유자는 이 부분에 필요한 구조물을 설치하여 사용하여야 하는데 난감하다는 주장이다. 주장할 수 있는 상황이다. [조치] ① 석축을 따라 1열로 지반고결공법을 실시하는 것

		하였으나 침하 현상은 멈추지 않고 있다. ③ 따라서 이 대지에 계획할 수 있는 용도를 정하여 시설물 등을 구축할 수 없다.	이 바람직하다. ② 법면선(경계선) 직선구간에 대하여 주입관을 매입하여 고결제를 강제 주입하여 하부지반을 고결시키는 지반보강공사를 실시한다. ③ 상부 덧씌우기 공사에 소요된 비용을 1회에 한하여 산정한다.
5	공장 바닥의 평탄성 문제	① 공장 바닥의 평탄성이 확보되지 못하여 물고임 현상이 발생되고 슬래브의 처짐현상이 아닌가 우려하고 있다.	[현장조사] ① 공장 바닥 6개소에 대하여 높이편차를 측정하였다. ② 측정 결과 최대 4㎝의 시공오차 현상이 발견되었다.(측정결과도 참조) [감정의견] ① 처짐에 대한 보강 문제는 앞서 제2항의 조치에 따라 해결된다고 본다. ② 평탄성 오차 문제는 특별한 경우 외의 현상의 용도로 보아 심각히 우려할 정도는 아니라고 평가한다. [조치] ① 경제적 가치손실로 반영한다.
6	공장앞 마당의 급경사	① 마당의 경사가 급하여 지게차 작업 등에 불편하다는 주장이다. ② 입구쪽 맨홀에 토목 마감라인이 일치되어야 하는데 토목 맨홀이 노출되었다는 현상이 의심스럽다는 주장이다.	[현장조사] ① 공장 바닥 5개소에 대하여 높이를 측정하였다. ② 연장 36m에 대하여 최대 58㎝의 기울기를 보이고 있다.(측정결과도 참조) [감정의견] ① 현상을 육안으로 볼 때 아주 심각한 기능적 훼손이라고는 보이지 않는다. ② 다만 맨홀 등과의 마무리 상태, 포장의 평탄성 정도로 보아 시공 등급은 저급이라고 본다. 정밀시공과는 거리가 멀다. [조치] ① 평탄성 확보를 위한 아스콘 덧씌우기 공사비를 추정하고 이 비용의 약 30% 정도를 경제적 가치의 손실비용으로 인정하여 감산한다.
7	후면 배수로 관경 축소로 인한 건물 내부로의 하수 역류현상이 있어서 우선 보수공사를 실시하였으나 결빙기가 되면 같은 현상이 우려된다.		[감정의견] ① 건축물 지붕에서 내려오는 우수용 홈통이 설계도면에는 지표면에 노출되어 자연배수되도록 설계되어 있다. ② 그러나 시공자는 건축물 내부로 선홈통을 내리고 외부에 매설된 배수관로에 직접 연결하였다. ③ 이러한 방식은 매설된 배수관로에 이상이 생기

8	전면배수로 맨홀 부분의 거친 시공으로 파이프 입구가 들려 있어 배수가 원활치 못할 경우를 크게 우려한다.		면 우수가 역류하여 실내 바닥으로 역류하거나 상부로 물이 차게 되면 커다란 문제가 발생할 수 있다. 하자 대응 문제가 발생할 수 있다. ④ 실제로 사용자는 지난 동절기의 경험담을 이야기하며 이를 해결하여야 함을 강력히 주장하고 있다. [조치] ① 공장동 전면 3개소, 관리동 후면 2개소의 선홈통에 대하여 ② 외부 벽체를 관통하여 외부로 선홈통 단말부를 노출시키고 지표면에 우수를 노출시키는 것이 현재로선 최선이다.
9	관리동 2층 계단 및 부속시설 미시공 부분 * 이 부분은 준공도면에 명시되어 있는 부분으로 계약내용에 포함되어 있으나 2층을 오르는 계단과 하부칸막이 골조시설을 시공하지 않았다는 주장임.	① 도급 계약서에 첨부된 공사계약일반조건 중 수기한 내용을 건축주가 제시함.	[조치] ① 시공비용을 산출하고 이를 감산함.(계단, 하부 기숙사 골조 비용)
10	경제적 가치의 손실비용	4-4항의 ①②③④의 적용이 가능함.	공사계약금액에 대하여 적어도 3% 이상의 가치손실을 추정한다.

나. ○○정밀

① 공사계약금액은 260,000,000원이다.

② 내역서상의 순공사비 합계액은 281,700,000원이다.

③ 따라서 적용낙찰률(계약률)은 92.296%이며 이를 적용하여 산출한다.

번호	주장 내용	공종 및 범위의 설정 근거	의견 및 조치
1	내·외부 펜스 미시공	① 토목공사계약서 ② 시설주의 주장	[조치] ① 외부 펜스 - 구적도상 ⓒ~ⓑ점 구간에 대한 시공비용을 감산한다. 축조된 콘크리트 옹벽시공비용은 공제한다.
2	화장실의 누수로 인하여	주장과 같음.	[감정의견]

	인접실 바닥으로 물이 흐르는 현상으로 조치가 필요함.(화장실 남·여)		① 설계도면 중 상세도는 없는 것으로 보인다. ② 콘크리트 바닥에 샌드위치 패널로 벽체를 구성하고 여기에 마감공사를 실시하게 되면 물을 사용하는 방의 누수 현상은 거의 필연적이다. ③ 명확한 하자이다. [조치] ① 벽체의 타일을 1.5m까지 철거하고 바닥타일도 콘크리트 바닥까지 철거한다. ② 벽체에 1.5m 높이까지 조적벽체를 구성하고 전체 액체방수를 실시하며 마감공사를 실시한다. ③ 보수·보강 비용을 현재의 상황에서 산정한다.
3	화단 부분이 경계선을 넘어 시공됨으로 이의 철거 및 내부 시공을 건축주가 실시함.	시공자, 건축주의 증언 일치	[조치] ① 철거비를 산출하되 합의에 의하여 50%씩 분담하는 것으로 산정 ② 화단에 대한 추가시공 부분은 비용 산정함.
4	① 당초 설계시 대지의 끝 부분의 활용을 위하여 건물 모서리를 줄여서까지 통로 확보를 위한 설계상 조치를 하였다. ② 그러나 시공 중 당초 확보된 통로 폭 5.2m가 3.2m로 축소 배치되었다. 차량 통행이 불가능하게 된 것이다. 따라서 이 대지에 건축물 증축 등의 활용가치가 감소되었다. ③ 공사 중 이 사실을 전혀 모르고 있었다. 따라서 여기에 대한 대응 조치가 불가능하였다.	*시공자의 주장 ① 대지의 후면 경계선이 거의 하천의 중앙에 위치한다. 하천의 중간점에서 석축이나 옹벽을 축조하게 되면 이 하천은 현실적으로 유효단면을 상실하므로 가능한 시공지점에서 석축을 축조하였다. ② 그러다 보니 전면 경계선과 담장 사이가 좁아진 것은 사실이며 건축주에게도 이 사실을 알렸다.	[감정의견] ① 후면 토지의 면적은 391.04㎡ 정도이고 ② 건축가능면적은 158.41㎡ 정도이다. 효용가치는 건축가능면적×공사비로 추정하면 158.41㎡×450,000 = 71,284,000원 정도일 것이다. 대지의 형상으로 보아 50%의 가치율을 적용한다. 71,284,000×0.5 = 35,642,000원이다. ③ 책임분담비율은 여러 정황으로 유추할 때 시공자의 몫은 15% 정도로 추정하면 5,346,300원 정도이다. 법원의 판단과 별개의 감정의견이며 법원의 결정에 우선할 수 없다.
5	조경수목 미시공	① 설계도면의 조경계획도에는 수목식재 집계표 등을 작성하여 수목의 규격이나 수량을 명시하고 있다.	[감정의견] ① 이러한 경우 공사시방서나 공사계약조건의 명시가 도면에 우선할 수 있으나 그러한 도서가 없다. ② 그렇다면 도면이 우선하여야 하나 과연 계약방식이 도면입찰방식이라고 명확히 정의할 수도 없다.

		② 계약내역서에는 수목 식재에 대한 내용이나 비용 산출이 전무하다. ③ 시공자는 공사범위에서 제외된다고 주장할 수 있으나 이의 입증은 시공자의 몫이다.	[조치] ① 수목 식재의 비용을 실행가로 산정하고 시공자의 부담률을 50%로 한정하는 절충안을 제시한다.

다. 공통사항(4개사 공동계약 토목공사)

번호	주장 내용	공종 및 범위의 설정 근거	의견 및 조치
1	방음벽 미시공	① 회의록 ② 김○○(○○정밀)의 주장	[조치] ① 구적도상 Ⓐ지점부터 Ⓑ지점의 구간에 대하여 시공비 감산

5-2. 조사감정 결과

① 5-1의 조치사항에 대한 결과값이며 소요비용이다.

② 부가가치세는 별도이다.

가. ○○정밀

번 호	주장 내용	조치에 대한 소요비용	비 고
1	내·외부 펜스 미시공	3,059,266	
2	공장동 바닥구조 보강	5,487,840	
3	축소시공된 철골부재	4,212,960	
4	성토부의 침하 관련	26,287,800	
5	공장 앞 마당의 평탄성 문제	1,088,640	
6	후면 배수로 및 선홈통	288,400	
7	전면 배수로 및 선홈통		
8	관리동 2층 계단 및 하부골조 미시공	2,477,535	
계		42,902,441	

9	경제적 가치의 손실비용	13,500,000	

나. ○○정밀

번 호	주장 내용	조치에 대한 소요비용	비 고
1	내·외부 펜스 미시공	1,714,964	
2	화장실 누수	2,245,992	
3	화단 철거 및 재시공	739,500	
4	후면 대지로의 통로 축소로 인한 손실평가	5,346,300	
5	조경수목 미시공	1,844,000	
계		11,890,756	

다. 공통사항(4개사 공통)

번 호	주장 내용	조치에 대한 소요비용	비 고
1	방음벽 설치	20,704,000	
합 계		75,497,197	

4. 사 례 (4)

鑑 定 書

○○지원 사건 ○○○○가단 ○○○○, 양수금
천안시 두정동 ○○○○번지 소재 건축물

2006. 7

(주) 건축사사무소 ○○건축

鑑 定 書

1. **대상물 위치** : 천안시 두정동 ○○○○ 소재 건축물

2. **용 도** : 소매점, 학원, 오피스텔

3. **규 모** : 지상 5층
연면적 : 1,390.95㎡(421.5평)

4. **감정 의뢰자** : 대전지방법원 ○○지원의 감정인 지정 결정에 의함.(2006. 6. 28)

5. **감 정 내 용** : ① 하자 문제
② 미시공 문제

위 사항에 대하여 감정·조사하고 본 감정서를 작성 보고합니다.

2006. 07

감정인 : (주) 건축사사무소 ○○건축

건축사 ○ ○ ○

■ 감정 대상물 안내도

위 치 : 충청남도 천안시 두정동 ○○○○번지

■ 참여 기술자

책임 감정인	건 축 사	○ ○ ○
건 축	건축사보	○ ○ ○
건 축	건축사보	○ ○ ○

■ 차 례

1. 감정 대상물 개요

1-1. 위 치

천안시 두정동 ○○○○ 소재 건축물

1-2. 규 모

지상 5층

연면적 : 1,390.95㎡(421.5평)

1-3. 구 조

철근콘크리트 구조

1-4. 착공·사용승인

착　　공 : 2004년 9월

사용승인 : 2005년 4월

1-5. 설계·감리자

○○ C&C 건축사사무소

1-6. 시공자

○○종합건설주식회사

2. 일반사항

2-1. 조사·감정의 동기

조사대상 건축물의 건축주와 시공자 사이에 공사대금, 하자 문제 등에 관한 상호 합의·해결되지 못하는 문제가 발생함.

2-2. 조사·감정의 목적

법원을 통하여 제시된 감정사항에 대하여 조사·감정하고 보고서를 작성·제출하여 법원의 합리적인 판단을 돕기 위함.

2-3. 조사·감정의 경위

대전지방법원 ○○지원 민사1단독부의 감정인 지정 결정에 의함.(2006. 6. 28)

2-4. 조사·감정의 기간

2006년 7월 18일 ~ 2006년 7월 25일

2-5. 감정서의 용도 및 기타

① 본 감정서의 내용은 법원의 판단자료 용도 외에 여타의 다른 주장이나 근거로 사용되기에 부적합하다.

② 본 감정서는 법원의 명령에 의해 조사·작성되며, 법원에 대하여만 답변한다.

3. 예비조사

3-1. 대상물 이력

2005년 4월 사용승인 이후 현재까지 적정 용도로 사용된 것으로 보인다.

3-2. 내·외 환경

천안시 두정동 제2종 일반주거지역에 위치하며, 주변은 이와 유사한 건축물이 있거나 아직 건축되지 않은 택지가 있다. 2면 도로에 접하여 있으며, 도로 건너편에 초등학교가 있다.

3-3. 하중 및 외력

특별히 지정 용도 외의 하중이나 외벽의 영향은 없는 것으로 보인다.

3-4. 관계자 의견

건축주 :

① 단열 미비로 인한 결로와 날림공사로 인한 누수로 인하여 세입자들에게도 시달리고 있으며 이러한 문제를 어떻게 해결하여야 하는지 근심스럽다.

② 미시공된 부분이 합리적으로 해결되길 바란다.

시공자 :

① 공사비 관계가 종결 처리되지 않아 어려움이 있다.

4. 조사·감정의 범위 및 기준

4-1. 범 위

① 건축주가 주장하여 법원에 제시한 감정 요청사항 및 현장 주장 내용에 대하여 조사·감정한다.

② 제시된 설계도서(도면, 내역서, 계약 일반조건)의 명시된 내용을 범위로 한다.

4-2. 기 준

① 제시한 설계도서를 기준한다.

② 2006년 7월 현재의 상황을 기준한다.

③ 정부 표준품셈 및 2006년 7월 현재의 물가정보지를 기준하여 산출하나 현실적으로 조정·적용한다.

4-3. 제시한 자료 및 주장

① 이해 관계자의 주장이나 제시된 자료의 진위 여부에 대하여 감정인은 판단할 수 없는 부분이 있을 수 있다. 이에 대한 책임은 주장하는 자의 몫이다.

5. 하자의 판정 기준

건축주와 시공자 사이의 계약내용(계약서, 설계도서 등 기타 조건)과 통상의 성상을 종합하여 기준이 정해져야 할 것이다. 대체적으로 건설분쟁 관계법(윤재윤 저)에서는 다음과 같은 내용을 기준으로 제시하고 있다.

① 우선 목적물에 관하여 약정한 성상을 흠결한 경우는 언제나 그 자체만으로 하자됨이 원칙이다. 약정한 성상에 못 미치는 결과임에도 불구하고 그것만으로 예정했던 용도에 충분하다는 항변은 특별한 사정이 없는 한 배척해야 한다.

② 약정 내용은 체결된 도급계약 및 첨부된 각종 서류에 의하여 확인한다. 설계도, 시방서, 표준명세서, 특기명세서, 현장설명서 등이 통상 계약서에 첨부되는 서류들이다.

③ 공사 진행 도중 도급인이 원래의 설계를 변경하는 데에 동의하고 그 변경된 설계에 기한 건축 설계변경 허가절차까지 마친 경우, 그 동의의 효력은 설계변경 사유가 된 부분에 한정되지 않고 변경된 설계 전체에 미치므로, 변경된 설계에 맞게 시공을 하였다면 그 시공 부분은 원래의 설계와 다르다는 이유만을 들어 하자라고 주장하거나 그 부분시공비용과 원래의 설계에 따른 시공비용의 차액을 손해라 하여 배상을 구할 수는 없다.

④ 용도를 정하는 기준은 당사자 사이의 계약내용에 나타난 사정을 종합하여 객관적으로 판단하여야 한다. 통상의 용도에 적합한 성상을 갖추었는가를 판단하는 데 있어 관련 건축 규정이 고려되기도 한다. 건축법, 동법 시행령, 건축물의 구조내력에 관한 기준 등 건축 관련 법령에서 정한 기준에 부적합한 건축물은 특별한 사정이 없는 한 하자가 인정될 수 있다.

⑤ 사회 통념상 건물로서 객관적으로 보통 갖고 있어야 할 품질과 기능의 최소한도를 지키지 못하는 절대적 하자, 즉 누수, 균열, 배수 불량, 침하 등은 계약내용에 상관 없이 언제나 하자로 볼 수 있다. 하자는 원칙적으로 공사의 완성을 전제로 하는 개념이지만, 공사가 미완성인 경우에도 이미 시공된 부분에 대해서는 하자를 인정할 수 있다.

⑥ 시공자는 시공의 전문성을 가진 자로서 건설업 면허 등에서 정하고 있는 기술력이 확보된 자이다. 따라서 설계도서를 충분히 검토하여 하자의 가능성을 예견하고 설계변경 또는 보완대책 등의 조치를 취하여 시공하여야 할 주의의무가 있다.

6. 조사감정

① 계약내역서상의 직접비에 대한 제잡비 비율은 17.469%이다.

② 부가가치세는 별도이다.

6-1. 감정 요청사항에 대한 판단 및 조치

번호	주장의 내용	현상에 대한 의견 및 판단	조 치
1	방충망 미시공	① 일부 설치되어 있는 방충망에 대하여 건축주는 자신이 시공한 것으로 주장하며 ② 이 부분은 전혀 시공되지 않았다는 건축주의 주장이다.	① 주장이 사실이라면 내역서상의 방충망 설치비를 공제함. (1,458,000×1.17469 = 1,712,698)
2	303호, 403호 구석진 부분의 누수 및 마감재의 오염	① 이 부분은 수직으로 동일한 위치이다. ② 상부 옥상 구석진 곳에서의 누수 가능성과 외장재인 드라이비트 내부로의 물 침투 가능성이 상존한다.	① 옥상 구석진 부분의 바닥과 패러핏 벽체에 방수공사를 실시한다. ② 2개실 상단 부위를 도배한다. ③ 외장재 부분은 7항에 조치한다.
3	2층 학원의 Y2열 부분의 창호의 누수	① 이 부분의 누수는 심각한 지경이다. ② 문틀 상부 AL-Bar까지 내려온 물이 실내로 침투하는 현상이며 ③ 건축물의 형상으로 보아 4층 옥상에서부터 창문 상부까지의 누수 및 석재가 흡수한 물과 ④ 2층 옥상의 방수층 손상 가능성이 상존한다.	① 4층 옥상부터 창문 상부까지 석재면을 점검하고 발수재를 도포한다. ② 옥상 구석진 부분의 바닥과 패러핏 벽체에 방수공사를 실시한다. ③ 훼손된 천장의 일부를 보수한다. ④ 측면의 드라이비트 부분은 7항에 조치한다.
4	5층 주택 안방 구석의 천장 누수	① 이 부위의 상부는 옥상 구석이고 루프 드레인이 위치한다.	① 옥상 구석진 부분의 바닥과 패러핏 벽체에 방수공사를 실시한다. ② 도배작업을 2항에 포함한다.

		② 방수층의 손상으로 가능성을 유추한다.	
5	주계단과 창호 상부의 누수	① 주계단실 창호 상부에는 창문을 열면 수평 진 턱이 창문 가운데 위치한다. ② 이 턱에 우수가 어떠한 형태로든 창문 쪽으로 침투하면 아래층까지 누수될 것은 분명하다. ③ 미숙한 시공 현상이다.	① 수평턱에 맞추어 중간바를 시공하고 개폐가 가능한 창문은 상부로 하고 하부는 유리로 시공한다.
6	① 2층 학원의 X6열 Y4열의 천장 누수 ② 307, 406호 등의 외벽 누수 ③ 5층 베란다의 외벽 누수	① 외장재는 드라이비트이다. ② 상부층 창문틀 주변의 외부 코킹 부분의 손상과 육안으로 보이는 드라이비트의 균열에 가능성을 분배한다.	① 7항의 조치에 의한다.
7	2항, 3항, 4항, 6항의 공통적인 외벽 누수	① 이부분의 누수에 영향을 끼치는 외부마감재는 드라이비트이다. ② 상부층 창문 주변의 돌출된 장식물 주변과 ③ 패러핏 상부, 상부 창호와 마감재의 접촉부 ④ 기타 마감재의 균열 부분 등을 의심한다.	① 해당 부분의 드라이비트의 전반적인 보수·보강이 필요하다. ② 색상을 고려하여 해당 면 전체를 보수하며 ③ 재도장재를 도포한다. ④ 각종 균열은 도장재 시공 전에 보수한다.
8	석재로 시공된 외벽 부분의 단열 미비. 이로부터 발생되는 석재 시공면 내부 벽체에 전반적으로 발생되는 결로, 곰팡이 등의 오염 현상(5층 주택, 501호, 401호, 402호, 408호, 301호, 302호, 308호)	[건축주의 주장] ① 골조공사 시공 중 콘크리트벽체 외부 바탕면에 단열재 시공을 요청하였다. 그것은 이와 유사한 다른 현장을 보고 정보를 얻은 것이다. ② 시공자(현장소장)는 나중에 석재를 붙이기 전에 단열재 시공을 하겠다고 하였다. ③ 석재 시공시 이를 하지 않으므로 외부단열재 시공을 요청하였으나 내부	[감정의견] ① 이 부분의 단열시공에 관한 명시가 설계도면에 언급이 없다. ② 내역서에는 일부 내부단열로 명시가 있다. ③ 결과적으로 석재 시공면 전반에 걸쳐 내단열 부분이든 아니든 결로에 의하거나 물 침투에 의한 곰팡이 현상이 심각하다. ④ 시공자는 건설면허를 가지고 적정의 기술력이 확보된 자이다. 이 부분에 대하여 설계변경 등의 조치(금액 변경)를 취해서라도 정석적인 시공을 하여야 할 주의의무가 있다. ⑤ 결과적으로 내단열도 건축주의 주장이 사실이라면 최소한의 정석적인 시공이 되었

		에서 단열공사를 하겠다고 하였다. ④ 그러나 내부에서도 완벽하게 하지 않아서 문제가 발생되므로 주변 전문가에게 물어보니 벽체 상부(천장 위)가 단열 처리되지 않았고 어느 부분은 시공되지 않아 계속되는 결로와 곰팡이로 앞으로 큰 문제가 되어 버렸다. ⑤ 어떤 부분은 누수가 의심되는 부분도 있다.	다고 볼 수 없다. 현상이 또한 지극히 불량하다. ⑥ 단열이 되지 않은 부분은 열교현상이 발생되는 지점이고 이 부분의 결로수가 아래로 혹은 좌우로 번지게 되면 단열층 표면에도 오염이 발생한다. 이러한 현상의 발생 부위는 점차적으로 전체적인 확산이 될 것이 분명하다. ⑦ 단열에 대한 내용은 건축법 및 동법 시행령 건축물의 설비 등에 관한 규칙 등의 규정을 준수하여 반드시 실시되어야 하는 의무적이고 강제적인 사항이다. 또한 건축공사 표준시방서의 내용에 부합되도록 시공되어야 한다. ⑧ 설계도서의 미비로 인한 경우의 해석에 대하여는 이 건의 경우 건축공사 표준시방서가 우선한다. ⑦ 이를 해결하기 위한 노력에 대하여 시공자의 책임분담률은 최소한 70% 이상으로 추정한다. [조치] ① 석재와 외벽체 사이의 공간을 단열재 처리한다. ② 우레탄 발포재를 충전하며 이를 위해서는 석재에 구멍을 일정 간격으로 뚫고 발포재를 주입하여 단열층을 형성한다. ③ 주입구로 인한 외관상 손실은 감수하여야 한다.

Note : 드라이비트 토털시스템으로 외벽을 설계하고 시공할 경우

① 이 재료는 방수 성능을 갖고 있다고 볼 수 없다.

② 오히려 외부 마감면이 거칠어 약간의 취약부만 있어도 물이 침투할 수 있다.

③ 내부 단열재인 스티로폼은 공극이 많은 재료이므로 물을 흡수·함유할 가능성이 큰 재료이다.

④ 이 물이 드라이비트 바탕면인 콘크리트의 폼타이 설치 부분이나 철선을 타고 침투할 수 있는 것이다.

⑤ 따라서 설계자, 시공자는 바탕면의 방습처리에 각별히 유의하여야 한다.

6-2. 감정 결과

번호	주장의 내용	조치에 대한 소요예산	비 고
1	방충망 미시공	1,712,698	
2	303호, 403호의 누수	1,717,053	
3	2층 학원 Y2열의 누수	1,994,520	
4	5층 안방 천장의 누수	1,608,903	
5	주계단 상부 창호의 수정시공	227,730	
6, 7	외장재 보수(드라이비트)	7,145,195	
8	외벽 석재 부분의 단열	2,961,386	
계		17,367,485	

□ 부 록

□ 유형고정자산의 내용연수표 (건축물, 건축물의 부대설비)

□ 정률법에 의한 잔존가치율표

□유형고정자산의 내용연수표

(건축물, 건축물의 부대설비)

적 용 지 침

본 자료의 내용연수는 건축물, 공작물, 기계설비와 기타 동산이 경제성과 효용성을 유지하는 기간인 경제적 내용연수이다.

1. 내용연수의 적용은 본 자료상 해당 물건의 내용연수 이내로 적용함을 원칙으로 한다. 다만, 내용연수의 범위가 정하여진 물건(예: 15~20년)은 해당 내용연수 범위 내에서 적용하되, 특별한 경우(부식성 있는 제품생산 등)에 한하여 그 사유를 분명히 하고 하한 내용연수 이내로 적용할 수 있다.
2. 대상 물건의 내용연수가 해당 업종에 미수록되어 내용연수를 적용함이 곤란한 경우에는 다음 순위에 따라 적용한다.
   1) 대상 물건이 속하는 업종에서 유사 물건의 내용연수
   2) 유사한 업종의 동일 물건 또는 유사 물건의 내용연수
   3) 공통 설비 중의 동일 물건 또는 유사 물건의 내용연수
   4) 위 1)~3)에 의하여도 내용연수를 결정할 수 없는 경우에는 감정평가위원회 또는 관련 심의기구 등의 심의 절차를 거쳐 대상 물건에 적합한 내용연수를 정한다.
3. 건물의 내용연수 적용은 표준적 상태를 기준으로 한 "기준 내용연수"를 적용함을 원칙으로 하며, 표준적 건물보다 설계·시공 수준, 시공 자재, 유지관리 상태 및 환경 조건 등이 열세인 것은 하한 내용연수나 그 이내로 적용하고, 상기 비교 요인이 우세하고 보존적인 성격이 강한 건물은 상한 내용연수를 기준으로 한다.
4. 건물이 부대설비를 별도로 평가하는 경우에 부대설비의 내용연수는 건물의 내용연수와 별개로 적용한다.
5. 기계설비 중 범위가 정하여진 내용연수의 적용은 그 범위 내에서 적용함을 원칙으로 하고, 제작자의 기술 수준, 사용 자재, 성능, 시설 규모 및 이용 관리 상태 등이 우수한 경우에는 상한 내용연수, 열세인 경우에는 하한 내용연수를 기준으로 한다.
6. 광업시설로서 광산의 가행 종료 후에 전용이 불가능한 물건(예: 갱도, 구축물 등)의 내용연수는 경과 연수와 가행 연수를 참작하여 당해 물건의 내용연수 이내로 적용하고, 장래 보존 연수는 당해 광산의 가행 연수(장래) 이내로 적용한다.
7. 한 단위시설의 일부를 구성하는 물건의 내용연수는 그 단위시설 주물건의 내용연수 범위 내에서 적용할 수 있다.
8. 장래 보존연수를 연장 사정한 경우에도 내용연수는 조정하지 않는다.
9. 본 유형고정자산 내용연수표는 1999년 1월 1일부터 적용한다.

1. 건축물

1-1 구조별

1-1-1 철근콘크리트조, 철골철근콘크리트조

분류기호	세 목	내용연수
1-1-1	• 단독주택(다중주택 포함), 별장, 기타 이와 유사한 건물 • 공동주택(아파트, 연립주택, 다세대주택), 기숙사, 기타 이와 유사한 건물	50(45~55)
	• 점포, 슈퍼마켓, 대중음식점, 시장, 대형도·소매점, 기타 이와 유사한 건물	50(45~55)
	• 청사, 사무실, 은행, 신문사, 오피스텔, 공회당, 백화점, 기타 이와 유사한 건물 • 학교, 교육원, 도서관, 연구소, 유치원, 교회, 성당, 사찰, 기타 이와 유사한 건물	55(50~60)
	• 외국공관, 방송국, 전신전화국, 기타 이와 유사한 건물 • 박물관, 미술관, 기념관, 과학관, 기타 이와 유사한 건물 • 터미널, 철도역사, 기타 이와 유사한 건물 • 체육관, 경기장, 기타 이와 유사한 건물	55(50~60)
	• 호텔, 여관, 콘도미니엄, 사우나탕, 극장, 영화관, 음악당, 예식장, 장례식장, 유기장, 실내스케이트장, 기타 이와 유사한 건물 • 병원, 요양소, 진료소, 보건소, 기타 이와 유사한 건물 • 변전소, 발전소, 송수신소, 기타 이와 유사한 건물	50(45~55)
	• 공중목욕탕, 어시장, 마을공동구판장, 동·식물원, 수족관, 정수장, 기타 이와 유사한 건물 • 주차장, 자동차검사장, 정비공장, 운전학원, 차고, 정류장, 주유소, 위험물취급소, 창고, 화물취급소, 기타 이와 유사한 건물 • 공장, 작업장, 도축장, 기타 이와 유사한 건물	45(40~50)

1-1-2 조적조(벽돌조·석조 - 보강블록조 포함)

분류기호	세 목	내용연수
1-1-2	• 단독주택(다중주택 포함), 별장, 기타 이와 유사한 건물 • 공동주택(아파트, 연립주택, 다세대주택), 기숙사, 기타 이와 유사한 건물	45(40~50)
	• 점포, 슈퍼마켓, 대중음식점, 시장, 대형도·소매점, 기타 이와 유사한 건물	45(40~50)

1-1-2	• 청사, 사무실, 은행, 신문사, 오피스텔, 공회당, 백화점, 기타 이와 유사한 건물 • 학교, 교육원, 도서관, 연구소, 유치원, 교회, 성당, 사찰, 기타 이와 유사한 건물	50(45~55)
	• 외국공관, 방송국, 전신전화국, 기타 이와 유사한 건물 • 박물관, 미술관, 기념관, 과학관, 기타 이와 유사한 건물 • 터미널, 철도역사, 기타 이와 유사한 건물 • 체육관, 경기장, 기타 이와 유사한 건물	50(45~55)
	• 호텔, 여관, 콘도미니엄, 사우나탕, 극장, 영화관, 음악당, 예식장, 장례식장, 유기장, 실내스케이트장, 기타 이와 유사한 건물 • 병원, 요양소, 진료소, 보건소, 기타 이와 유사한 건물 • 변전소, 발전소, 송수신소, 기타 이와 유사한 건물	45(40~50)
	• 공중목욕탕, 어시장, 마을공동구판장, 동·식물원, 수족관, 정수장, 기타 이와 유사한 건물 • 주차장, 자동차검사장, 정비공장, 운전학원, 차고, 정류장, 주유소, 위험물 취급소, 창고, 화물취급소, 기타 이와 유사한 건물 • 공장, 작업장, 축사, 도축장, 기타 이와 유사한 건물	40(35~45)

1-1-3 블록조

분류기호	세 목	내용연수
1-1-3	• 단독주택(다중주택 포함), 별장, 기타 이와 유사한 건물 • 공동주택(연립주택, 다세대주택), 기숙사, 기타 이와 유사한 건물	40(35~45)
	• 점포, 슈퍼마켓, 대중음식점, 시장, 대형도·소매점, 기타 이와 유사한 건물	40(35~45)
	• 청사, 사무실, 은행, 신문사, 오피스텔, 공회당, 백화점, 기타 이와 유사한 건물 • 학교, 교육원, 도서관, 연구소, 유치원, 교회, 성당, 사찰, 기타 이와 유사한 건물	45(40~50)
	• 외국공관, 방송국, 전신전화국, 기타 이와 유사한 건물 • 박물관, 미술관, 기념관, 과학관, 기타 이와 유사한 건물 • 터미널, 철도역사, 기타 이와 유사한 건물 • 체육관, 경기장, 기타 이와 유사한 건물	45(40~50)
	• 호텔, 여관, 여인숙, 콘도미니엄, 사우나탕, 극장, 영화관, 음악당, 예식장, 장례식장, 유기장, 실내스케이트장, 기타 이와 유사한 건물 • 병원, 요양소, 진료소, 보건소, 기타 이와 유사한 건물 • 변전소, 발전소, 송수신소, 기타 이와 유사한 건물	40(35~45)

1-1-3	• 공중목욕탕, 어시장, 마을공동구판장, 동·식물원, 수족관, 정수장, 기타 이와 유사한 건물 • 주차장, 자동차검사장, 정비공장, 운전학원, 차고, 정류장, 주유소, 위험물 취급소, 창고, 화물 취급소, 기타 이와 유사한 건물 • 공장, 작업장, 축사, 도축장, 기타 이와 유사한 건물	**35**(30~40)

1-1-4 철골조

분류기호	세 목	내용연수
1-1-4	• 단독주택(다중주택 포함), 별장, 기타 이와 유사한 건물 • 공동주택(아파트, 연립주택, 다세대주택), 기숙사, 기타 이와 유사한 건물	**45**(40~50)
	• 점포, 슈퍼마켓, 대중음식점, 시장, 대형도·소매점, 기타 이와 유사한 건물	**45**(40~50)
	• 청사, 사무실, 은행, 신문사, 오피스텔, 공회당, 백화점, 기타 이와 유사한 건물 • 학교, 교육원, 도서관, 연구소, 유치원, 교회, 성당, 사찰, 기타 이와 유사한 건물	50(45~55)
	• 외국공관, 방송국, 전신전화국, 기타 이와 유사한 건물 • 박물관, 미술관, 기념관, 과학관, 기타 이와 유사한 건물 • 터미널, 철도역사, 기타 이와 유사한 건물 • 체육관, 경기장, 기타 이와 유사한 건물	50(45~55)
	• 호텔, 여관, 콘도미니엄, 사우나탕, 극장, 영화관, 음악당, 예식장, • 장례식장, 유기장, 실내스케이트장, 기타 이와 유사한 건물 • 병원, 요양소, 진료소, 보건소, 기타 이와 유사한 건물 • 변전소, 발전소, 송수신소, 기타 이와 유사한 건물	**45**(40~50)
	• 공중목욕탕, 어시장, 마을공동구판장, 동·식물원, 수족관, 정수장, 기타 이와 유사한 건물 • 주차장, 자동차검사장, 정비공장, 운전학원, 차고, 정류장, 주유소, 위험물 취급소, 창고, 화물취급소, 격납고, 기타 이와 유사한 건물 • 공장, 작업장, 축사, 도축장, 기타 이와 유사한 건물	40(35~45)

1-1-5 경량철골조

분류기호	세 목	내용연수
1-1-5	• 단독주택(다중주택 포함), 별장, 기타 이와 유사한 건물	**35**(30~40)
	• 점포, 슈퍼마켓, 대중음식점, 시장, 기타 이와 유사한 건물 • 사무실, 기타 이와 유사한 건물 • 공회당, 기타 이와 유사한 건물 • 여관, 기타 이와 유사한 건물	**35**(30~40)

1-1-5	• 어시장, 마을공동구판장, 기타 이와 유사한 건물 • 정비공장, 차고, 위험물취급소, 창고, 화물취급소, 기타 이와 유사한 건물 • 공장, 작업장, 도축장, 기타 이와 유사한 건물	**30**(25~35)
	• 축사, 기타 이와 유사한 건물 • 버섯재배사, 종묘배양시설, 기타 이와 유사한 건물	**25**(20~30)

1-1-6 목조(한옥 구조)

분류기호	세 목	내용연수
1-1-6	• 단독주택(다중주택 포함), 별장, 사찰, 기타 이와 유사한 건물	기둥 15㎜각 이상 **50**(45~55) 기둥 12㎜각 이하 **45**(40~50)
	• 기숙사, 기타 이와 유사한 건물 • 점포, 슈퍼마켓, 대중음식점, 기타 이와 유사한 건물 • 학교, 교육원, 도서관, 유치원, 교회, 기타 이와 유사한 건물 • 사무실, 기타 이와 유사한 건물 • 박물관, 미술관, 기념관, 기타 이와 유사한 건물 • 공회당, 기타 이와 유사한 건물 • 호텔, 여관, 극장, 관광휴게실, 기타 이와 유사한 건물 • 병원, 요양소, 진료소, 기타 이와 유사한 건물	기둥 15㎜각 이상 **45**(40~50) 기둥 12㎜각 이하 **40**(35~45)
	• 창고, 기타 이와 유사한 건물	**30**(25~35)

1-1-7 목조(통나무 구조)

분류기호	세 목	내용연수
1-1-7	• 단독주택(다중주택 포함), 별장, 사찰, 기타 이와 유사한 건물	기둥 15㎜각 이상 **50**(45~55) 기둥 12㎜각 이하 **45**(40~50)
	• 기숙사, 기타 이와 유사한 건물 • 점포, 대중음식점, 기타 이와 유사한 건물 • 교육원, 도서관, 유치원, 교회, 기타 이와 유사한 건물 • 사무실, 기타 이와 유사한 건물 • 박물관, 미술관, 기념관, 기타 이와 유사한 건물 • 호텔, 여관, 관광휴게실, 기타 이와 유사한 건물 • 병원, 요양소, 진료소, 기타 이와 유사한 건물	기둥 15㎜각 이상 **45**(40~50) 기둥 12㎜각 이하 **40**(35~45)

1-1-8 목조(양식·일식·절충식 구조)

분류기호	세 목	내용연수
1-1-8	• 단독주택(다중주택 포함), 별장, 사찰, 기타 이와 유사한 건물	기둥 10㎜각 이상 **40**(35~45) 기둥 10㎜각 미만 **35**(30~40)
	• 기숙사, 기타 이와 유사한 건물 • 점포, 슈퍼마켓, 대중음식점, 기타 이와 유사한 건물 • 학교, 교육원, 도서관, 유치원, 기타 이와 유사한 건물 • 사무실, 기타 이와 유사한 건물 • 박물관, 미술관, 기념관, 기타 이와 유사한 건물 • 공회당, 기타 이와 유사한 건물 • 호텔, 여관, 극장, 기타 이와 유사한 건물 • 병원, 요양소, 진료소, 기타 이와 유사한 건물	기둥 10㎜각 이상 **35**(30~40) 기둥 10㎜각 미만 **30**(25~35)
	• 목욕탕, 시장, 어시장, 마을공동구판장, 기타 이와 유사한 건물 • 위험물취급소, 창고, 화물취급소, 기타 이와 유사한 건물 • 공장, 작업장, 축사, 기타 이와 유사한 건물	**25**(20~30)

1-1-9 토조

분류기호	세 목	내용연수
1-1-9	• 단독주택, 기타 이와 유사한 건물 • 점포, 슈퍼마켓, 기타 이와 유사한 건물	**20**(15~25)
	• 공장, 작업장, 창고, 축사, 기타 이와 유사한 건물	**15**(10~20)

1-2 용도별

분류기호	세 목	내용연수
1-2	■ 경기장	
	• 철근콘크리트조, 철골철근콘크리트조	**55**(50~60)
	• 벽돌조, 석조	**50**(45~55)
	• 블록조	**45**(40~50)
	• 철골조	**50**(45~55)

1-2	■ 공동주택(아파트, 연립주택, 다세대주택)	
	• 철근콘크리트조, 철골철근콘크리트조	50(45~55)
	• 벽돌조, 석조	45(40~50)
	• 블록조(연립주택, 다세대주택)	40(35~45)
	• 철골조	45(40~50)
	■ 공 장	
	• 철근콘크리트조, 철골철근콘크리트조	45(40~50)
	• 벽돌조, 석조	40(35~45)
	• 블록조	35(30~40)
	• 철골조	40(35~45)
	• 경량철골조	30(25~35)
	• 목조(양식·일식·절충식 구조)	25(20~30)
	• 토조	15(10~20)
	■ 공중목욕탕	
	• 철근콘크리트조, 철골철근콘크리트조	45(40~50)
	• 벽돌조, 석조	40(35~45)
	• 블록조	35(30~40)
	• 철골조	40(35~45)
	■ 목욕탕	
	• 목조(양식·일식·절충식 구조)	25(20~30)
	■ 공회당	
	• 철근콘크리트조, 철골철근콘크리트조	55(50~60)
	• 벽돌조, 석조	50(45~55)
	• 블록조	45(40~50)
	• 철골조	50(45~55)
	• 경량철골조	35(30~40)
	• 목조(한식 구조)	
	– 기둥 15mm각 이상	45(40~50)
	– 기둥 12mm각 이상	40(35~45)
	• 목조(양식·일식·절충식 구조)	
	– 기둥 10mm각 이상	35(30~40)
	– 기둥 10mm각 미만	30(25~35)
	■ 과학관	
	• 철근콘크리트조, 철골철근콘크리트조	55(50~60)
	• 벽돌조, 석조	50(45~55)
	• 블록조	45(40~50)
	• 철골조	50(45~55)

1-2	■관광휴게시설	
	• 목조(한식 구조)	
	– 기둥 15mm각 이상	45(40~50)
	– 기둥 12mm각 이하	40(35~45)
	• 목조(통나무 구조)	
	– 기둥 15mm각 이상	45(40~50)
	– 기둥 12mm각 이하	40(35~45)
	■교육원	
	• 철근콘크리트조, 철골철근콘크리트조	55(50~60)
	• 벽돌조, 석조	50(45~55)
	• 블록조	45(40~50)
	• 철골조	50(45~55)
	• 목조(한식 구조)	
	– 기둥 15mm각 이상	45(40~50)
	– 기둥 12mm각 이하	40(35~45)
	• 목조(통나무 구조)	
	– 기둥 15mm각 이상	45(40~50)
	– 기둥 12mm각 이하	40(35~45)
	• 목조(양식·일식·절충식 구조)	
	– 기둥 10mm각 이상	35(30~40)
	– 기둥 10mm각 미만	30(25~35)
	■교 회	
	• 철근콘크리트조, 철골철근콘크리트조	55(50~60)
	• 벽돌조, 석조	50(45~55)
	• 블록조	45(40~50)
	• 철골조	50(45~55)
	• 목조(한식 구조)	
	– 기둥 15mm각 이상	45(40~50)
	– 기둥 12mm각 이하	40(35~45)
	• 목조(통나무 구조)	
	– 기둥 15mm각 이상	45(40~50)
	– 기둥 12mm각 이하	40(35~45)
	• 목조(양식·일식·절충식 구조)	
	– 기둥 10mm각 이상	35(30~40)
	– 기둥 10mm각 미만	30(25~35)

1-2	■극 장	
	• 철근콘크리트조, 철골철근콘크리트조	50(45~55)
	• 벽돌조, 석조	45(40~50)
	• 블록조	40(35~45)
	• 철골조	45(40~50)
	• 목조(양식·일식·절충식 구조)	
	– 기둥 10㎜각 이상	35(30~40)
	– 기둥 10㎜각 미만	30(25~35)
	■기념관	
	• 철근콘크리트조, 철골철근콘크리트조	55(50~60)
	• 벽돌조, 석조	50(45~55)
	• 블록조	45(40~50)
	• 철골조	50(45~55)
	• 목조(한식 구조)	
	– 기둥 15㎜각 이상	45(40~50)
	– 기둥 12㎜각 이하	40(35~45)
	• 목조(통나무 구조)	
	– 기둥 15㎜각 이상	45(40~50)
	– 기둥 12㎜각 이하	40(35~45)
	• 목조(양식·일식·절충식 구조)	
	– 기둥 10㎜각 이상	35(30~40)
	– 기둥 10㎜각 미만	30(25~35)
	■기도원	
	• 목조(양식·일식·절충식 구조)	
	– 기둥 10㎜각 이상	35(30~40)
	– 기둥 10㎜각 미만	30(25~35)
	■기숙사	
	• 철근콘크리트조, 철골철근콘크리트조	50(45~55)
	• 벽돌조, 석조	45(40~50)
	• 블록조	40(35~45)
	• 철골조	45(40~50)
	• 경량철골조	35(30~40)
	• 목조(한식 구조)	
	– 기둥 15㎜각 이상	45(40~50)
	– 기둥 12㎜각 이하	40(35~45)

1-2	• 목조(통나무 구조) – 기둥 15㎜각 이상 – 기둥 12㎜각 이하 • 목조(양식·일식·절충식 구조) – 기둥 10㎜각 이상 – 기둥 10㎜각 미만	 45(40～50) 40(35～45) 35(30～40) 30(25～35)
	■ 단독주택(다중주택 포함) • 철근콘크리트조, 철골철근콘크리트조 • 벽돌조, 석조 • 블록조 • 철골조 • 경량철골조 • 목조(한식 구조) – 기둥 15㎜각 이상 – 기둥 12㎜각 이하 • 목조(통나무 구조) – 기둥 15㎜각 이상 – 기둥 12㎜각 이하 • 목조(양식·일식·절충식 구조) – 기둥 10㎜각 이상 – 기둥 10㎜각 미만 • 토조	 50(45～55) 45(40～50) 40(35～45) 45(40～50) 35(30～40) 50(45～55) 45(40～50) 50(45～55) 45(40～50) 40(35～45) 45(40～50) 20(15～25)
	■ 대중음식점 • 철근콘크리트조, 철골철근콘크리트조 • 벽돌조, 석조 • 블록조 • 철골조 • 경량철골조 • 목조(한식 구조) – 기둥 15㎜각 이상 – 기둥 12㎜각 이하 • 목조(통나무 구조) – 기둥 15㎜각 이상 – 기둥 12㎜각 이하 • 목조(양식·일식·절충식 구조) – 기둥 10㎜각 이상 – 기둥 10㎜각 미만	 50(45～55) 45(40～50) 40(35～45) 45(40～50) 35(30～40) 45(40～50) 40(35～45) 45(40～50) 40(35～45) 35(30～40) 30(25～35)

1-2	■ 대형 도·소매점	
	• 철근콘크리트조, 철골철근콘크리트조	50(45~55)
	• 벽돌조, 석조	45(40~50)
	• 블록조	40(35~45)
	• 철골조	45(40~50)
	■ 도서관	
	• 철근콘크리트조, 철골철근콘크리트조	55(50~60)
	• 벽돌조, 석조	50(45~55)
	• 블록조	45(40~50)
	• 철골조	50(45~55)
	• 목조(한식 구조)	
	– 기둥 15㎜각 이상	45(40~50)
	– 기둥 12㎜각 이하	40(35~45)
	• 목조(통나무 구조)	
	– 기둥 15㎜각 이상	45(40~50)
	– 기둥 12㎜각 이하	40(35~45)
	• 목조(양식·일식·절충식 구조)	
	– 기둥 10㎜각 이상	35(30~40)
	– 기둥 10㎜각 미만	30(25~35)
	■ 도축장	
	• 철근콘크리트조, 철골철근콘크리트조	45(40~50)
	• 벽돌조, 석조	40(35~45)
	• 블록조	35(30~40)
	• 철골조	40(35~45)
	• 경량철골조	30(25~35)
	■ 동·식물원	
	• 철근콘크리트조, 철골철근콘크리트조	45(40~50)
	• 벽돌조, 석조	40(35~45)
	• 블록조	35(30~40)
	• 철골조	40(35~45)
	■ 마을공동구판장	
	• 철근콘크리트조, 철골철근콘크리트조	45(40~50)
	• 벽돌조, 석조	40(35~45)
	• 블록조	35(30~40)
	• 철골조	40(35~45
	• 경량철골조	30(25~35)
	• 목조(양식·일식·절충식 구조)	25(20~30)

1-2	■미술관 • 철근콘크리트조, 철골철근콘크리트조 • 벽돌조, 석조 • 블록조 • 철골조 • 목조(한식 구조) – 기둥 15㎜각 이상 – 기둥 12㎜각 이하 • 목조(통나무 구조) – 기둥 15㎜각 이상 – 기둥 12㎜각 이하 • 목조(양식·일식·절충식 구조) – 기둥 10㎜각 이상 – 기둥 10㎜각 미만	 55(50~60) 50(45~55) 45(40~50) 50(45~55) 45(40~50) 40(35~45) 45(40~50) 40(35~45) 35(30~40) 30(25~35)
	■박물관 • 철근콘크리트조, 철골철근콘크리트조 • 벽돌조, 석조 • 블록조 • 철골조 • 목조(한식 구조) – 기둥 15㎜각 이상 – 기둥 12㎜각 이하 • 목조(통나무 구조) – 기둥 15㎜각 이상 – 기둥 12㎜각 이하 • 목조(양식·일식·절충식 구조) – 기둥 10㎜각 이상 – 기둥 10㎜각 미만	 55(50~60) 50(45~55) 45(40~50) 50(45~55) 45(40~50) 40(35~45) 45(40~50) 40(35~45) 35(30~40) 30(25~35)
	■발전소 • 철근콘크리트조, 철골철근콘크리트조 • 벽돌조, 석조 • 블록조 • 철골조	 50(45~55) 45(40~50) 40(35~45) 45(40~50)
	■방송국 • 철근콘크리트조, 철골철근콘크리트조 • 벽돌조, 석조 • 블록조 • 철골조	 55(50~60) 50(45~55) 45(40~50) 50(45~55)

1-2	■백화점	
	• 철근콘크리트조, 철골철근콘크리트조	55(50~60)
	• 벽돌조, 석조	50(45~55)
	• 블록조	45(40~50)
	• 철골조	50(45~55)
	■버섯재배사	
	• 경량철골조	25(20~30)
	■변전소	
	• 철근콘크리트조, 철골철근콘크리트조	50(45~55)
	• 벽돌조, 석조	45(40~50)
	• 블록조	40(35~45)
	• 철골조	45(40~50)
	■별 장	
	• 철근콘크리트조, 철골철근콘크리트조	50(45~55)
	• 벽돌조, 석조	45(40~50)
	• 블록조	40(35~45)
	• 별장	
	• 철골조	45(40~50)
	• 목조(한식 구조)	
	– 기둥 15㎜각 이상	50(45~55)
	– 기둥 12㎜각 이하	45(40~50)
	• 목조(통나무 구조)	
	– 기둥 15㎜각 이상	50(45~55)
	– 기둥 12㎜각 이하	45(40~50)
	• 목조(양식·일식·절충식 구조)	
	– 기둥 10㎜각 이상	40(35~45)
	– 기둥 10㎜각 미만	35(30~40)
	■병 원	
	• 철근콘크리트조, 철골철근콘크리트조	50(45~55)
	• 벽돌조, 석조	45(40~50)
	• 블록조	40(35~45)
	• 철골조	45(40~50)
	• 목조(한식 구조)	
	– 기둥 15㎜각 이상	45(40~50)
	– 기둥 12㎜각 이하	40(35~45)

1-2	• 목조(통나무 구조)	
	- 기둥 15㎜각 이상	45(40~50)
	- 기둥 12㎜각 이하	40(35~45)
	• 목조(양식·일식·절충식 구조)	
	- 기둥 10㎜각 이상	35(30~40)
	- 기둥 10㎜각 미만	30(25~35)
	■ 보건소	
	• 철근콘크리트조, 철골철근콘크리트조	50(45~55)
	• 벽돌조, 석조	45(40~50)
	• 블록조	40(35~45)
	• 철골조	45(40~50)
	■ 사무실	
	• 철근콘크리트조, 철골철근콘크리트조	55(50~60)
	• 벽돌조, 석조	50(45~55)
	• 블록조	45(40~50)
	• 철골조	50(45~55)
	• 경량철골조	35(30~40)
	• 목조(한식 구조)	
	- 기둥 15㎜각 이상	45(40~50)
	- 기둥 12㎜각 이하	40(35~45)
	• 목조(통나무 구조)	
	- 기둥 15㎜각 이상	45(40~50)
	- 기둥 12㎜각 이하	40(35~45)
	• 목조(양식·일식·절충식 구조)	
	- 기둥 10㎜각 이상	35(30~40)
	- 기둥 10㎜각 미만	30(25~35)
	■ 사우나탕	
	• 철근콘크리트조, 철골철근콘크리트조	50(45~55)
	• 벽돌조, 석조	45(40~50)
	• 블록조	40(35~45)
	• 철골조	45(40~50)
	■ 사 찰	
	• 철근콘크리트조, 철골철근콘크리트조	55(50~60)
	• 벽돌조, 석조	50(45~55)
	• 블록조	45(40~50)
	• 철골조	50(45~55)

1-2	• 목조(한식 구조)	
	– 기둥 15㎜각 이상	50(45~55)
	– 기둥 12㎜각 이하	45(40~50)
	• 목조(통나무 구조)	
	– 기둥 15㎜각 이상	50(45~55)
	– 기둥 12㎜각 이하	45(40~50)
	■ 성 당	
	• 철근콘크리트조, 철골철근콘크리트조	55(50~60)
	• 벽돌조, 석조	50(45~55)
	• 블록조	45(40~50)
	• 철골조	50(45~55)
	■ 송수신소	
	• 철근콘크리트조, 철골철근콘크리트조	50(45~55)
	• 벽돌조, 석조	45(40~50)
	• 블록조	40(35~45)
	• 철골조	45(40~50)
	■ 수족관	
	• 철근콘크리트조, 철골철근콘크리트조	45(40~50)
	• 벽돌조, 석조	40(35~45)
	• 블록조	35(30~40)
	• 철골조	40(35~45)
	■ 슈퍼마켓	
	• 철근콘크리트조, 철골철근콘크리트조	50(45~55)
	• 벽돌조, 석조	45(40~50)
	• 블록조	40(35~45)
	• 철골조	45(40~50)
	• 경량철골조	35(30~40)
	• 목조(한식 구조)	
	– 기둥 15㎜각 이상	45(40~50)
	– 기둥 12㎜각 이하	40(35~45)
	• 목조(양식·일식·절충식 구조)	
	– 기둥 10㎜각 이상	35(30~40)
	• 목조(양식·일식·절충식 구조)	
	– 기둥 10㎜각 미만	30(25~35)
	• 토조	20(15~25)

1-2	■ 시 장	
	• 철근콘크리트조, 철골철근콘크리트조	50(45~55)
	• 벽돌조, 석조	45(40~50)
	• 블록조	40(35~45)
	• 철골조	45(40~50)
	• 경량철골조	35(30~40)
	• 목조(양식·일식·절충식 구조)	25(20~30)
	■ 신문사	
	• 철근콘크리트조, 철골철근콘크리트조	55(50~60)
	• 벽돌조, 석조	50(45~55)
	• 블록조	45(40~50)
	• 철골조	50(45~55)
	■ 실내스케이트장	
	• 철근콘크리트조, 철골철근콘크리트조	50(45~55)
	• 벽돌조, 석조	45(40~50)
	• 블록조	40(35~45)
	• 철골조	45(40~50)
	■ 어시장	
	• 철근콘크리트조, 철골철근콘크리트조	45(40~50)
	• 벽돌조, 석조	40(35~45)
	• 블록조	35(30~40)
	• 철골조	40(35~45)
	• 경량철골조	30(25~35)
	• 목조(양식·일식·절충식 구조)	25(20~30)
	■ 여 관	
	• 철근콘크리트조, 철골철근콘크리트조	50(45~55)
	• 벽돌조, 석조	45(40~50)
	• 블록조	40(35~45)
	• 철골조	45(40~50)
	• 경량철골조	35(30~40)
	• 목조(한식 구조)	
	– 기둥 15㎜각 이상	45(40~50)
	– 기둥 12㎜각 이하	40(35~45)
	• 목조(통나무 구조)	
	– 기둥 15㎜각 이상	45(40~50)
	– 기둥 12㎜각 이하	40(35~45)

1-2	• 목조(양식·일식·절충식 구조) – 기둥 10㎜각 이상 – 기둥 10㎜각 미만	 35(30~40) 30(25~35)
	■ 여인숙 • 블록조 • 목조(양식·일식·절충식 구조) – 기둥 10㎜각 이상 – 기둥 10㎜각 미만	 40(35~45) 35(30~40) 30(25~35)
	■ 연구소 • 철근콘크리트조, 철골철근콘크리트조 • 벽돌조, 석조 • 블록조 • 철골조	 55(50~60) 50(45~55) 45(40~50) 50(45~55)
	■ 영화관 • 철근콘크리트조, 철골철근콘크리트조 • 벽돌조, 석조 • 블록조 • 철골조	 50(45~55) 45(40~50) 40(35~45) 45(40~50)
	■ 예식장 • 철근콘크리트조, 철골철근콘크리트조 • 벽돌조, 석조 • 블록조 • 철골조	 50(45~55) 45(40~50) 40(35~45) 45(40~50)
	■ 오피스텔 • 철근콘크리트조, 철골철근콘크리트조 • 벽돌조, 석조 • 블록조	 55(50~60) 50(45~55) 45(40~50)
	■ 요양소 • 목조(양식·일식·절충식 구조) – 기둥 10㎜각 이상 – 기둥 10㎜각 미만	 35(30~40) 30(25~35)
	■ 운전학원 • 철근콘크리트조, 철골철근콘크리트조 • 벽돌조, 석조 • 블록조 • 철골조	 45(40~50) 40(35~45) 35(30~40) 40(35~45)

1-2	■위험물취급소	
	• 철근콘크리트조, 철골철근콘크리트조	45(40~50)
	• 벽돌조, 석조	40(35~45)
	• 블록조	35(30~40)
	• 철골조	40(35~45)
	• 경량철골조	30(25~35)
	• 목조(양식·일식·절충식 구조)	25(20~30)
	■유기장	
	철근콘크리트조, 철골철근콘크리트조	50(45~55)
	벽돌조, 석조	45(40~50)
	블록조	40(35~45)
	철골조	45(40~50)
	■유치원	
	• 철근콘크리트조, 철골철근콘크리트조	55(50~60)
	• 벽돌조, 석조	50(45~55)
	• 블록조	45(40~50)
	• 철골조	50(45~55)
	• 목조(한식 구조)	
	- 기둥 15㎜각 이상	45(40~50)
	- 기둥 12㎜각 이하	40(35~45)
	• 목조(통나무 구조)	
	- 기둥 15㎜각 이상	45(40~50)
	- 기둥 12㎜각 이하	40(35~45)
	• 목조(양식·일식·절충식 구조)	
	- 기둥 10㎜각 이상	35(30~40)
	- 기둥 10㎜각 미만	30(25~35)
	■은 행	
	• 철근콘크리트조, 철골철근콘크리트조	55(50~60)
	• 블록조	45(40~50)
	• 철골조	50(45~55)
	• 벽돌조, 석조	50(45~55)
	■음악당	
	• 벽돌조, 석조	45(40~50)
	• 블록조	40(35~45)
	• 철골조	45(40~50)
	• 철근콘크리트조, 철골철근콘크리트조	50(45~55)

1-2	■ 자동차검사장	
	• 철근콘크리트조, 철골철근콘크리트조	45(40~50)
	• 벽돌조, 석조	40(35~45)
	• 블록조	35(30~40)
	• 철골조	40(35~45)
	■ 작업장	
	• 철근콘크리트조, 철골철근콘크리트조	45(40~50)
	• 벽돌조, 석조	40(35~45)
	• 블록조	35(30~40)
	• 철골조	40(35~45)
	• 경량철골조	30(25~35)
	• 목조(양식·일식·절충식 구조)	25(20~30)
	• 토조	15(10~20)
	■ 장례식장	
	• 철근콘크리트조, 철골철근콘크리트조	50(45~55)
	• 벽돌조, 석조	45(40~50)
	• 블록조	40(35~45)
	• 철골조	45(40~50)
	■ 전신전화국	
	• 철근콘크리트조, 철골철근콘크리트조	55(50~60)
	• 벽돌조, 석조	50(45~55)
	• 블록조	45(40~50)
	• 철골조	50(45~55)
	■ 점 포	
	• 철근콘크리트조, 철골철근콘크리트조	50(45~55)
	• 벽돌조, 석조	45(40~50)
	• 블록조	40(35~45)
	• 철골조	45(40~50)
	• 경량철골조	35(30~40)
	• 목조(한식 구조)	
	– 기둥 15㎜각 이상	45(40~50)
	– 기둥 12㎜각 이하	40(35~45)
	• 목조(통나무 구조)	
	– 기둥 15㎜각 이상	45(40~50)
	– 기둥 12㎜각 이하	40(35~45)
	• 목조(양식·일식·절충식 구조)	
	– 기둥 10㎜각 이상	35(30~40)
	– 기둥 10㎜각 미만	30(25~35)
	• 토조	20(15~25)

1-2	■정류장	
	• 철근콘크리트조, 철골철근콘크리트조	45(40~50)
	• 벽돌조, 석조	40(35~45)
	• 블록조	35(30~40)
	• 철골조	40(35~45)
	■정비공장	
	• 철근콘크리트조, 철골철근콘크리트조	45(40~50)
	• 벽돌조, 석조	40(35~45)
	• 블록조	35(30~40)
	• 철골조	40(35~45)
	• 경량철골조	30(25~35)
	■정수장	
	• 철근콘크리트조, 철골철근콘크리트조	45(40~50)
	• 벽돌조, 석조	40(35~45)
	• 블록조	35(30~40)
	• 철골조	40(35~45)
	■종묘배양시설	
	• 경량철골조	25(20~30)
	■주유소	
	• 철근콘크리트조, 철골철근콘크리트조	45(40~50)
	• 벽돌조, 석조	40(35~45)
	• 블록조	35(30~40)
	• 철골조	40(35~45)
	■주차장	
	• 철근콘크리트조, 철골철근콘크리트조	45(40~50)
	• 벽돌조, 석조	40(35~45)
	• 블록조	35(30~40)
	• 철골조	40(35~45)
	■진료소	
	• 철근콘크리트조, 철골철근콘크리트조	50(45~55)
	• 벽돌조, 석조	45(40~50)
	• 블록조	40(35~45)
	• 철골조	45(40~50)
	• 목조(한식 구조)	
	– 기둥 15㎜각 이상	45(40~50)
	– 기둥 12㎜각 이하	40(35~45)
	• 목조(통나무 구조)	
	– 기둥 15㎜각 이상	45(40~50)
	– 기둥 12㎜각 이하	40(35~45)

1-2	• 목조(양식·일식·절충식 구조)	
	– 기둥 10㎜각 이상	35(30～40)
	– 기둥 10㎜각 미만	30(25～35)
	■차 고	
	• 철근콘크리트조, 철골철근콘크리트조	45(40～50)
	• 벽돌조, 석조	40(35～45)
	• 블록조	35(30～40)
	• 철골조	40(35～45)
	• 경량철골조	30(25～35)
	■창 고	
	• 철근콘크리트조, 철골철근콘크리트조	45(40～50)
	• 벽돌조, 석조	40(35～45)
	• 블록조	35(30～40)
	• 철골조	40(35～45)
	• 경량철골조	30(25～35)
	• 목조(한식 구조)	30(25～35)
	• 목조(양식·일식·절충식 구조)	25(20～30)
	• 토조	15(10～20)
	■철도역사	
	• 철근콘크리트조, 철골철근콘크리트조	55(50～60)
	• 벽돌조, 석조	50(45～55)
	• 블록조	45(40～50)
	• 철골조	50(45～55)
	■청 사	
	• 철근콘크리트조, 철골철근콘크리트조	55(50～60)
	• 벽돌조, 석조	50(45～55)
	• 블록조	45(40～50)
	• 철골조	50(45～55)
	■체육관	
	• 철근콘크리트조, 철골철근콘크리트조	55(50～60)
	• 벽돌조, 석조	50(45～55)
	• 블록조	45(40～50)
	• 철골조	50(45～55)
	■축 사	
	• 철근콘크리트벽돌조, 석조	40(35～45)
	• 블록조	35(30～40)
	• 철골조	40(35～45)
	• 경량철골골조	25(20～30)
	• 목조(양식·일식·절충식 구조)	25(20～30)
	• 토조	15(10～20)

1-2	■ 콘도미니엄	
	• 철근콘크리트조, 철골철근콘크리트조	50(45~55)
	• 벽돌조, 석조	45(40~50)
	• 블록조	40(35~45)
	• 철골조	45(40~50)
	■ 터미널	
	• 철근콘크리트조, 철골철근콘크리트조	55(50~60)
	• 벽돌조, 석조	50(45~55)
	• 블록조	45(40~50)
	• 철골조	50(45~55)
	■ 학 교	
	• 철근콘크리트조, 철골철근콘크리트조	55(50~60)
	• 벽돌조, 석조	50(45~55)
	• 블록조	45(40~50)
	• 철골조	50(45~55)
	• 목조(한식 구조)	
	– 기둥 15㎜각 이상	45(40~50)
	– 기둥 12㎜각 이하	40(35~45)
	• 목조(양식·일식·절충식 구조)	
	– 기둥 10㎜각 이상	35(30~40)
	– 기둥 10㎜각 미만	30(25~35)
	■ 호 텔	
	• 철근콘크리트조, 철골철근콘크리트조	50(45~55)
	• 벽돌조, 석조	45(40~50)
	• 블록조	40(35~45)
	• 철골조	45(40~50)
	• 목조(한식 구조)	
	– 기둥 15㎜각 이상	45(40~50)
	• 목조(한식 구조)	
	– 기둥 12㎜각 이하	40(35~45)
	• 목조(통나무 구조)	
	– 기둥 15㎜각 이상	45(40~50)
	– 기둥 12㎜각 이하	40(35~45)
	• 목조(양식·일식·절충식 구조)	
	– 기둥 10㎜각 이상	35(30~40)
	– 기둥 10㎜각 미만	30(25~35)

2. 건축물의 부대설비

분류기호	설비의 종류 및 세목	내용연수
2-1	■ 전기설비	
	• 수변전설비	
	– 특고압 정식	20
	– 특고압 약식, 고압	15~20
	• 발전설비	20
	• 전화교환대설비	10
	• U.P.S설비	10
	• 방송설비	10
	• TV공시청설비	10
	• 피뢰침설비 일반식	10
	• 화재탐지설비	10
2-2	■ 냉난방설비	
	• 난방설비	10~20
	• 냉난방설비	10~20
2-3	■ 공기조절설비	
	• 공기조절설비	10~15
	• 공기세정기	10
	• 가열기	15
	• 분무기	15
2-4	■ 승강기설비	
	• 승강기	
	– 승객용	15~20
	– 화물용	10~15
	• 에스컬레이터시설	15
	• 이동보도	15
2-5	■ 주차설비	
	• Tower Parking식	10~15
	• Puzzle식	10~15
	• 주차요금계산설비	10~15

2-6	■ 자동제어설비 • 전력, 조명, 공기조화, 냉·난방자동제어	 10～15
2-7	■ 위생설비 • 위생기구 • 배관 및 장비	 10～15 10～20
2-8	■ 소화설비 • 옥내소화전설비 • 스프링클러설비	 10～20 10～20
2-9	■ 운반설비 • 덤웨이터설비 • 곤돌라설비	 10～15 10～15
2-10	■ 잡시설 • 문, 지붕, 창 등	 15～30

□정률법에 의한 잔존가치율표

(잔가율 : 10%)

잔존내용연수/잔존가치율

연간 감가율		0.900	0.684	0.536	0.438	0.369	0.319	0.280	0.250	0.226	0.206
내용연수		1	2	3	4	5	6	7	8	9	10
경과연수	1	0.100	1/0.316	2/0.464	3/0.562	4/0.631	5/0.681	6/0.720	7/0.750	8/0.774	9/0.794
	2		0.100	1/0.215	2/0.316	3/0.398	4/0.464	5/0.518	6/0.562	7/0.599	8/0.631
	3			0.100	1/0.178	2/0.251	3/0.316	4/0.373	5/0.422	6/0.464	7/0.501
	4				0.100	1/0.158	2/0.215	3/0.268	4/0.316	5/0.359	6/0.398
	5					0.100	1/0.147	2/0.193	3/0.237	4/0.278	5/0.316
	6						0.100	1/0.139	2/0.178	3/0.215	4/0.251
	7							0.100	1/0.133	2/0.167	3/0.200
	8								0.100	1/0.129	2/0.158
	9									0.100	1/0.126
	10										0.100
	11										
	12										
	13										
	14										
	15										
	16										
	17										
	18										
	19										
	20										
	21										
	22										
	23										
	24										
	25										

(잔가율 : 10%)

잔존내용연수/잔존가치율

연간 감가율		0.189	0.175	0.162	0.152	0.142	0.134	0.127	0.120	0.114	0.109
내용연수		11	12	13	14	15	16	17	18	19	20
경과연수	1	10/0.811	11/0.825	12/0.838	13/0.848	14/0.858	15/0.866	16/0.873	17/0.880	18/0.886	19/0.891
	2	9/0.658	10/0.681	11/0.702	12/0.720	13/0.736	14/0.750	15/0.763	16/0.774	17/0.785	18/0.794
	3	8/0.534	9/0.562	10/0.588	11/0.611	12/0.631	13/0.649	14/0.666	15/0.681	16/0.695	17/0.708
	4	7/0.433	8/0.464	9/0.492	10/0.518	11/0.541	12/0.562	13/0.582	14/0.599	15/0.616	16/0.631
	5	6/0.351	7/0.383	8/0.412	9/0.439	10/0.464	11/0.487	12/0.508	13/0.528	14/0.546	15/0.562
	6	5/0.285	6/0.316	7/0.346	8/0.373	9/0.393	10/0.422	11/0.444	12/0.464	13/0.483	14/0.501
	7	4/0.231	5/0.261	6/0.289	7/0.316	8/0.341	9/0.365	10/0.387	11/0.408	12/0.428	13/0.447
	8	3/0.187	4/0.215	5/0.242	6/0.268	7/0.293	8/0.316	9/0.338	10/0.359	11/0.379	12/0.398
	9	2/0.152	3/0.178	4/0.203	5/0.228	6/0.251	7/0.274	8/0.296	9/0.316	10/0.336	11/0.355
	10	1/0.123	2/0.147	3/0.170	4/0.193	5/0.215	6/0.237	7/0.258	8/0.278	9/0.298	10/0.316
	11	0.100	1/0.121	2/0.143	3/0.164	4/0.185	5/0.205	6/0.225	7/0.245	8/0.264	9/0.282
	12		0.100	1/0.119	2/0.139	3/0.158	4/0.178	5/0.197	6/0.215	7/0.234	8/0.251
	13			0.100	1/0.118	2/0.136	3/0.154	4/0.172	5/0.190	6/0.207	7/0.224
	14				0.100	1/0.117	2/0.133	3/0.150	4/0.167	5/0.183	6/0.200
	15					0.100	1/0.115	2/0.131	3/0.147	4/0.162	5/0.178
	16						0.100	1/0.115	2/0.129	3/0.144	4/0.158
	17							0.100	1/0.114	2/0.127	3/0.141
	18								0.100	1/0.113	2/0.126
	19									0.100	1/0.112
	20										0.100
	21										
	22										
	23										
	24										
	25										

(잔가율 : 10%)

잔존내용연수/잔존가치율

연간 감가율		0.104	0.099	0.095	0.091	0.088	0.085	0.082	0.079	0.076	0.074
내용연수		1	2	3	4	5	6	7	8	9	10
	1	20/0.896	21/0.901	22/0.905	23/0.909	24/0.912	25/0.915	26/0.918	27/0.921	28/0.924	29/0.926
	2	19/0.803	20/0.811	21/0.819	22/0.825	23/0.832	24/0.838	25/0.843	26/0.848	27/0.853	28/0.858
	3	18/0.720	19/0.731	20/0.741	21/0.750	22/0.759	23/0.767	24/0.774	25/0.781	26/0.788	27/0.794
	4	17/0.645	18/0.658	19/0.670	20/0.681	21/0.692	22/0.702	23/0.711	24/0.720	25/0.728	26/0.736
	5	16/0.578	17/0.593	18/0.606	19/0.619	20/0.631	21/0.642	22/0.653	23/0.663	24/0.672	25/0.681
	6	15/0.518	16/0.534	17/0.548	18/0.562	19/0.575	20/0.588	21/0.599	22/0.611	23/0.621	24/0.631
	7	14/0.464	15/0.481	16/0.496	17/0.511	18/0.525	19/0.538	20/0.550	21/0.562	22/0.574	23/0.584
	8	13/0.416	14/0.433	15/0.449	16/0.464	17/0.479	18/0.492	19/0.505	20/0.518	21/0.530	22/0.541
	9	12/0.373	13/0.390	14/0.406	15/0.422	16/0.437	17/0.451	18/0.464	19/0.477	20/0.489	21/0.501
	10	11/0.334	12/0.351	13/0.367	14/0.383	15/0.398	16/0.412	17/0.426	18/0.439	19/0.452	20/0.464
	11	10/0.299	11/0.316	12/0.332	13/0.348	14/0.363	15/0.378	16/0.391	17/0.405	18/0.418	19/0.430
경과연수	12	9/0.268	10/0.285	11/0.301	12/0.316	13/0.331	14/0.346	15/0.359	16/0.373	17/0.386	18/0.398
	13	8/0.240	9/0.257	10/0.272	11/0.287	12/0.302	13/0.316	14/0.330	15/0.343	16/0.356	17/0.369
	14	7/0.215	8/0.231	9/0.246	10/0.361	11/0.275	12/0.289	130.303	14/0.316	15/0.329	16/0.341
	15	6/0.193	7/0.208	8/0.223	9/0.237	10/0.251	11/0.265	12/0.278	13/0.291	14/0.304	15/0.316
	16	5/0.173	6/0.187	7/0.202	8/0.215	9/0.229	10/0.242	11/0.2561	12/0.268	13/0.281	14/0.293
	17	4/0.155	5/0.169	6/0.182	7/0.196	8/0.209	9/0.222	0/0.235	11/0.247	12/0.259	13/0.271
	18	3/0.139	4/0.152	5/0.165	6/0.178	7/0.191	8/0.203	9/0.215	10/0.228	11/0.240	12/0.251
	19	2/0.125	3/0.137	4/0.149	5/0.162	6/0.174	7/0.186	8/0.198	9/0.210	10/0.221	11/0.233
	20	1/0.112	2/0.123	3/0.135	4/0.147	5/0.158	6/0.170	7/0.182	8/0.193	9/0.204	10/0.215
	21	0.100	1/0.111	2/0.122	3/0.133	4/0.145	5/0.156	6/0.167	7/0.178	8/0.189	9/0.200
	22		0.100	1/0.111	2/0.121	3/0.132	4/0.143	5/0.153	6/0.164	7/0.174	8/0.185
	23			0.100	1/0.110	2/0.120	3/0.130	4/0.141	5/0.151	6/0.161	7/0.171
	24				0.100	1/0.110	2/0.119	3/0.129	4/0.139	5/0.149	6/0.158
	25					0.100	1/0.109	2/0.119	3/0.128	4/0.137	5/0.147

(잔가율 : 10%)

잔존내용연수/잔존가치율

연간 감가율		0.104	0.0.99	0.095	0.091	0.088	0.085	0.082	0.079	0.076	0.074
내용연수		21	22	23	24	25	26	27	28	29	30
경과연수	26						0.100	1/0.109	2/0.118	3/0.127	4/0.136
	27							0.100	1/0.109	2/0.117	3/0.126
	28								0.100	1/0.108	2/0.117
	29									0.100	1/0.108
	30										0.100

(잔가율 : 10%)

잔존내용연수/잔존가치율

연간 감가율		0.064	0.062	0.056	0.050	0.047	0.045	0.041	0.038	0.035	0.032
내용연수		35	(3) 36	40	45	(4) 48	50	55	(5) 60	65	70
경과연수	1	34/0.936	35/0.938	39/0.944	44/0.950	47/0.953	49/0.955	54/0.962	59/0.962	64/0.965	69/0.968
	2	33/0.877	34/0.880	38/0.891	43/0.903	46/0.909	48/0.912	53/0.926	58/0.926	63/0.932	68/0.936
	3	32/0.821	33/0.825	37/0.841	42/0.858	45/0.866	47/0.871	57/0.891	57/0.891	62/0.899	67/0.906
	4	31/0.769	32/0.774	36/0.794	41/0.815	44/0.825	46/0.832	56/0.858	56/0.858	61/0.868	66/0.877
	5	30/0.720	31/0.726	35/0.750	40/0.774	42/0.787	45/0.794	55/0.825	55/0.825	60/0.838	65/0.848
	6	29/0.674	30/0.681	34/0.708	39/0.736	42/0.750	44/0.759	49/0.778	54/0.794	59/0.809	64/0.821
	7	28/0.631	29/0.639	33/0.668	38/0.699	41/0.715	43/0.724	48/0.746	53/0.764	58/0.780	63/0.794
	8	27/0.591	28/0.599	32/0.631	37/0.664	40/0.681	42/0.692	47/0.715	52/0.736	57/0.753	62/0.769
	9	26/0.553	27/0.562	31/0.596	36/0.631	39/0.649	41/0.661	46/0.686	51/0.708	56/0.727	61/0.744
	10	25/0.518	26/0.528	30/0.562	35/0.599	38/0.619	40/0.631	45/0.658	50/0.681	55/0.702	60/0.720
	11	24/0.485	25/0.495	29/0.531	34/0.570	37/0.590	39/0.603	44/0.631	49/0.656	54/0.677	59/0.696
	12	23/0.454	24/0.464	28/0.501	33/0.541	36/0.562	38/0.575	43/0.605	48/0.631	53/0.654	58/0.674
	13	22/0.425	23/0.435	27/0.473	32/0.514	35/0.536	37/0.550	42/0.580	47/0.607	52/0.631	57/0.652
	14	21/0.398	22/0.408	26/0.447	31/0.489	34/0.511	36/0.525	41/0.556	46/0.584	51/0.609	56/0.631
	15	20/0.373	21/0.383	25/0.422	30/0.464	33/0.487	35/0.501	40/0.534	45/0.562	50/0.588	55/0.611
	16	19/0.349	20/0.359	24/0.398	29/0.441	32/0.464	34/0.479	39/0.512	44/0.541	49/0.567	54/0.591
	17	18/0.327	19/0.337	23/0.376	28/0.419	31/0.442	33/0.457	38/0.491	43/0.521	48/0.548	53/0.572
	18	17/0.306	18/0.316	22/0.355	27/0.398	30/0.422	32/0.437	37/0.471	42/0.501	47/0.529	52/0.553
	19	16/0.287	17/0.297	21/0.335	26/0.378	29/0.402	31/0.417	36/0.451	41/0.482	46/0.510	51/0.535
	20	15/0.268	16/0.278	20/0.316	25/0.359	28/0.383	30/0.398	35/0.433	40/0.464	45/0.492	50/0.518
	21	14/0.251	15/0.261	19/0.299	24/0.341	27/0.365	29/0.380	34/0.415	39/0.447	44/0.475	49/0.501
	22	13/0.235	14/0.245	18/0.282	23/0.324	26/0.348	28/0.363	33/0.398	38/0.430	43/0.459	48/0.485
	23	12/0.220	13/0.230	17/0.266	22/0.308	25/0.332	27/0.347	32/0.382	37/0.414	42/0.443	47/0.469
	24	11/0.206	12/0.215	16/0.251	21/0.293	24/0.316	26/0.331	31/0.366	36/0.398	41/0.427	46/0.454
	25	10/0.193	11/0.202	15/0.237	20/0.278	23/0.301	25/0.316	30/0.351	35/0.383	40/0.412	45/0.439

(잔가율 : 10%)

잔존내용연수/잔존가치율

연간 감가율	0.064	0.062	0.056	0.050	0.047	0.045	0.041	0.038	0.035	0.032
내용연수	35	(3) 36	40	45	(4) 48	50	55	(5) 60	65	70
경과연수 26	9/0.181	10/0.190	14/0.224	19/0.264	22/0.287	24/0.302	29/0.337	34/0.369	39/0.398	44/0.425
27	8/0.169	9/0.178	13/0.211	18/0.251	21/0.274	23/0.288	28/0.323	33/0.355	38/0.384	43/0.411
28	7/0.158	8/0.167	12/0.200	17/0.239	20/0.261	22/0.275	27/0.310	32/0.341	37/0.371	42/0.398
29	6/0.148	7/0.156	11/0.188	16/0.227	19/0.249	21/0.263	26/0.297	31/0.329	36/0.358	41/0.385
30	5/0.139	6/0.147	10/0.178	15/0.215	18/0.237	20/0.251	25/0.285	30/0.316	35/0.346	40/0.373
31	4/0.130	5/0.138	9/0.168	14/0.205	17/0.226	19/0.240	24/0.273	29/0.304	34/0.333	39/0.361
32	3/0.122	4/0.129	8/0.158	13/0.194	16/0.215	18/0.229	23/0.262	28/0.293	33/0.322	38/0.349
33	2/0.114	3/0.121	7/0.150	12/0.185	15/0.205	17/0.219	22/0.251	27/0.282	32/0.311	37/0.338
34	1/0.107	2/0.114	6/0.141	11/0.176	14/0.196	16/0.209	21/0.241	26/0.271	31/0.300	36/0.327
35	0.100	1/0.107	5/0.133	10/0.167	13/0.187	15/0.200	20/0.231	25/0.261	30/0.289	25/0.316
36		0.100	4/0.126	9/0.158	12/0.178	14/0.191	19/0.222	24/0.251	29/0.279	34/0.306
37			3/0.119	8/0.151	11/0.169	13/0.182	18/0.212	23/0.242	28/0.270	33/0.296
38			2/0.112	7/0.143	10/0.162	12/0.174	17/0.204	22/0.233	27/0.260	32/0.287
39			1/0.106	6/0.136	9/0.154	11/0.166	16/0.195	21/0.224	26/0.251	31/0.277
40			0.100	5/0.129	8/0.147	10/0.158	15/0.187	20/0.215	25/0.242	30/0.268
41				4/0.123	7/0.140	9/0.151	14/0.180	19/0.207	24/0.234	29/0.260
42				3/0.117	6/0.133	8/0.145	13/0.172	18/0.200	23/0.226	28/0.251
43				2/0.111	5/0.127	7/0.138	12/0.165	17/0.192	22/0.218	27/0.243
44				1/0.105	4/0.121	6/0.132	11/0.158	16/0.185	21/0.210	26/0.235
45				0.100	3/0.115	5/0.126	10/0.152	15/0.178	20/0.203	25/0.228
46					2/0.110	4/0.120	9/0.146	14/0.171	19/0.196	24/0.220
47					1/0.105	3/0.115	8/0.140	13/0.165	18/0.189	23/0.213
48					0.100	2/0.110	7/0.134	12/0.158	17/0.183	22/0.206
49						1/0.105	6/0.129	11/0.153	16/0.176	21/0.200
50						0.100	5/0.123	10/0.147	15/0.170	20/0.193

(잔가율 : 10%)

잔존내용연수/잔존가치율

연간 감가율		0.064	0.062	0.056	0.050	0.047	0.045	0.041	0.038	0.035	0.032
내용연수		35	(3) 36	40	45	(4) 48	50	55	(5) 60	65	70
경과연수	51							4/0.118	9/0.141	14/0.164	19/0.187
	52							3/0.113	8/0.136	13/0.158	18/0.181
	53							2/0.109	7/0.131	12/0.153	17/0.175
	54							1/0.104	6/0.126	11/0.148	16/0.169
	55							0.100	5/0.121	10/0.143	15/0.164
	56								4/0.117	9/0.138	14/0.158
	57								3/0.112	8/0.133	13/0.153
	58								2/0.108	7/0.128	12/0.148
	59								1/0.104	6/0.124	11/0.144
	60								0.100	5/0.119	10/0.139
	61									4/0.115	9/0.134
	62									3/0.111	8/0.130
	63									2/0.107	7/0.126
	64									1/0.104	6/0.122
	65									0.100	5/0.118
	66										4/0.114
	67										3/0.110
	68										2/0.107
	69										1/0.103
	70										0.100

(잔가율 : 10%)

잔존내용연수/잔존가치율

연간 감가율		0.031	0.030	0.028	0.027	0.027	0.025	0.024	0.024	0.023	0.021
내용연수		(6) 72	75	80	(7) 84	85	90	95	(8) 96	100	(9) 108
경과연수	1	71/0.969	74/0.970	97/0.972	83/0.973	84/0.973	89/0.975	94/0.976	95/0.976	99/0.977	107/0.979
	2	70/0.938	73/0.940	78/0.944	82/0.947	83/0.947	88/0.950	93/0.953	94/0.953	98/0.955	106/0.958
	3	69/0.909	72/0.912	77/0.917	81/0.921	82/0.922	87/0.926	92/0.930	93/0.931	97/0.933	105/0.938
	4	68/0.880	71/0.884	76/0.891	80/0.896	81/0.897	86/0.903	91/0.908	92/0.909	96/0.912	104/0.918
	5	67/0.852	70/0.858	75/0.866	79/0.872	80/0.873	85/0.880	90/0.886	91/0.887	95/0.891	103/0.899
	6	66/0.825	69/0.832	74/0.841	78/0.848	79/0.850	84/0.858	89/0.865	90/0.866	94/0.871	102/0.880
	7	65/0.799	68/0.807	73/0.818	77/0.825	78/0.827	83/0.836	88/0.844	89/0.845	93/0.851	101/0.861
	8	64/0.774	67/0.782	72/0.794	76/0.803	77/0.805	82/0.815	87/0.824	88/0.825	92/0.832	100/0.843
	9	63/0.750	66/0.759	71/0.772	75/0.781	76/0.784	81/0.794	86/0.804	87/0.806	91/0.813	99/0.825
	10	62/0.726	65/0.736	70/0.750	74/0.760	75/0.763	80/0.774	85/0.785	86/0.787	90/0.794	98/0.808
	11	61/0.703	64/0.713	69/0.729	73/0.740	74/0.742	79/0.755	84/0.766	85/0.768	89/0.776	97/0.791
	12	60/0.681	63/0.692	68/0.708	72/0.720	73/0.722	78/0.736	83/0.748	84/0.750	88/0.759	96/0.774
	13	59/0.660	62/0.671	67/0.688	71/0.700	72/0.703	77/0.717	82/0.730	83/0.732	87/0.741	95/0.758
	14	58/0.639	61/0.651	66/0.668	70/0.681	71/0.684	76/0.699	81/0.712	82/0.715	86/0.724	94/0.742
	15	57/0.619	60/0.631	65/0.649	69/0.663	70/0.666	75/0.681	80/0.695	81/0.698	85/0.708	93/0.726
	16	56/0.599	59/0.612	64/0.631	68/0.645	69/0.648	74/0.664	79/0.679	80/0.681	84/0.692	92/0.711
	17	55/0.581	58/0.593	63/0.613	67/0.628	68/0.631	73/0.647	78/0.662	79/0.665	83/0.676	92/0.696
	18	54/0.562	57/0.575	62/0.596	66/0.611	67/0.614	72/0.631	77/0.646	78/0.649	82/0.661	90/0.681
	19	53/0.545	56/0.558	61/0.579	65/0.594	66/0.598	71/0.615	76/0.631	77/0.634	81/0.646	89/0.667
	20	52/0.528	55/0.541	60/0.562	64/0.578	65/0.582	70/0.599	75/0.616	76/0.619	80/0.631	88/0.653
	21	51/0.511	54/0.525	59/0.546	63/0.562	64/0.566	69/0.584	74/0.601	75/0.604	79/0.617	87/0.639
	22	50/0.495	53/0.509	58/0.531	62/0.547	63/0.551	68/0.570	73/0.587	74/0.590	78/0.603	86/0.626
	23	49/0.479	52/0.494	57/0.516	61/0.532	62/0.536	67/0.555	72/0.573	73/0.576	77/0.589	85/0.612
	24	48/0.464	51/0.479	56/0.501	60/0.518	61/0.522	66/0.541	71/0.559	72/0.562	76/0.575	84/0.599
	25	47/0.450	50/0.644	55/0.487	59/0.504	60/0.508	65/0.527	70/0.546	71/0.549	75/0.562	83/0.587

(잔가율 : 10%)

잔존내용연수/잔존가치율

연간 감가율		0.031	0.030	0.028	0.027	0.027	0.025	0.024	0.024	0.023	0.021
내용연수		(6) 72	75	80	(7) 84	85	90	95	(8) 96	100	(9) 108
경과연수	26	46/0.435	49/0.450	54/0.473	58/0.490	59/0.494	64/0.514	69/0.532	70/0.536	74/0.550	82/0.574
	27	45/0.422	48/0.437	53/0.460	57/0.477	58/0.481	63/0.501	68/0.520	69/0.523	73/0.537	81/0.562
	28	44/0.408	47/0.423	52/0.447	56/0.464	57/0.468	62/0.489	67/0.507	68/0.511	72/0.525	80/0.550
	29	43/0.396	46/0.411	51/0.434	55/0.452	56/0.456	61/0.476	66/0.495	67/0.499	71/0.513	79/0.539
	30	42/0.383	45/0.398	50/0.422	54/0.439	55/0.444	60/0.464	65/0.483	66/0.487	70/0.501	78/0.528
	31	41/0.371	44/0.386	49/0.410	53/0.428	54/0.432	59/0.452	64/0.472	65/0.475	69/0.490	77/0.516
	32	40/0.359	43/0.374	48/0.398	52/0.416	53/0.420	58/0.441	63/0.460	64/0.464	68/0.479	76/0.505
	33	39/0.348	42/0.363	47/0.387	51/0.405	52/0.409	57/0.430	62/0.446	63/0.453	67/0.468	75/0.495
	34	38/0.337	41/0.352	46/0.376	50/0.394	51/0.398	56/0.419	61/0.439	62/0.442	66/0.457	74/0.484
	35	37/0.327	40/0.341	45/0.365	49/0.383	50/0.387	55/0.408	60/0.428	61/0.432	65/0.447	73/0.474
	36	36/0.316	39/0.331	44/0.355	48/0.373	49/0.377	54/0.398	59/0.418	60/0.422	64/0.437	72/0.464
	37	35/0.306	38/0.321	43/0.345	47/0.363	48/0.367	53/0.388	58/0.408	59/0.412	63/0.427	71/0.454
	38	34/0.297	37/0.311	42/0.335	46/0.353	47/0.357	52/0.378	57/0.398	58/0.402	62/0.417	70/0.445
	39	33/0.287	36/0.302	41/0.325	45/0.343	46/0.348	51/0.369	56/0.389	57/0.392	61/0.407	69/0.435
	40	32/0.278	35/0.293	40/0.316	44/0.334	45/0.338	50/0.359	55/0.379	56/0.383	60/0.398	68/0.426
	41	31/0.269	34/0.284	39/0.307	43/0.325	44/0.329	49/0.350	54/0.370	55/0.374	59/0.389	67/0.417
	42	30/0.261	33/0.275	38/0.299	42/0.316	43/0.321	48/0.341	53/0.361	54/0.365	58/0.380	66/0.408
	43	29/0.253	32/0.267	37/0.290	41/0.308	42/0.312	47/0.333	52/0.353	53/0.357	57/0.372	65/0.400
	44	28/0.245	31/0.259	36/0.282	40/0.299	41/0.304	46/0.324	51/0.344	52/0.348	56/0.363	64/0.391
	45	27/0.237	30/0.251	35/0.274	39/0.291	40/0.296	45/0.316	50/0.336	51/0.340	55/0.355	63/0.383
	46	26/0.230	29/0.244	34/0.266	38/0.283	39/0.288	44/0.308	49/0.328	50/0.332	54/0.347	62/0.375
	47	25/0.222	28/0.236	33/0.259	37/0.276	38/0.280	43/0.300	48/0.320	49/0.324	53/0.339	61/0.367
	48	24/0.215	27/0.229	32/0.251	36/0.268	37/0.272	42/0.296	47/0.312	48/0.316	52/0.331	60/0.359
	49	23/0.209	26/0.222	31/0.244	35/0.261	36/0.265	41/0.285	46/0.305	47/0.309	51/0.324	59/0.352
	50	22/0.202	25/0.215	30/0.237	34/0.254	35/0.258	40/0.278	45/0.298	46/0.301	50/0.316	58/0.344

(잔가율 : 10%)

잔존내용연수/잔존가치율

연간 감가율		0.031	0.030	0.028	0.027	0.027	0.025	0.024	0.024	0.023	0.021
내용연수		(6) 72	75	80	(7) 84	85	90	95	(8) 96	100	(9) 108
경과연수	51	21/0.196	24/0.209	29/0.230	33/0.247	34/0.251	39/0.271	44/0.291	45/0.294	49/0.309	57/0.337
	52	20/0.190	23/0.203	28/0.224	32/0.240	33/0.244	38/0.264	43/0.284	44/0.287	48/0.302	56/0.330
	53	19/0.184	22/0.196	27/0.218	31/0.234	32/0.238	37/0.258	42/0.277	43/0.280	47/0.295	55/0.323
	54	18/0.178	21/0.191	26/0.211	30/0.228	31/0.232	36/0.251	41/0.270	42/0.274	46/0.288	54/0.316
	55	17/0.172	20/0.185	25/0.205	29/0.221	30/0.225	35/0.245	40/0.264	41/0.267	45/0.282	53/0.310
	56	16/0.167	19/0.179	24/0.200	28/0.215	29/0.219	34/0.239	39/0.257	40/0.261	44/0.275	52/0.303
	57	15/0.162	18/0.174	23/0.194	27/0.210	28/0.214	33/0.233	38/0.251	39/0.255	43/0.269	51/0.297
	58	14/0.156	17/0.169	22/0.188	26/0.204	27/0.208	32/0.227	37/0.245	38/0.249	42/0.263	50/0.290
	59	13/0.152	16/0.163	21/0.183	25/0.198	26/0.202	31/0.221	36/0.239	37/0.243	41/0.257	49/0.284
	60	12/0.147	15/0.158	20/0.178	24/0.193	25/0.197	30/0.215	35/0.234	36/0.237	40/0.251	48/0.278
	61	11/0.142	14/0.154	19/0.173	23/0.188	24/0.192	29/0.210	34/0.228	35/0.232	39/0.245	47/0.272
	62	10/0.138	13/0.149	18/0.168	22/0.183	23/0.186	28/0.205	33/0.223	34/0.226	38/0.240	46/0.267
	63	9/0.133	12/0.145	17/0.1631	21/0.178	22/0.181	27/0.200	32/0.217	33/0.221	37/0.234	45/0.261
	64	8/0.129	11/0.140	6/0.158	20/0.173	21/0.177	26/0.194	31/0.212	32/0.215	36/0.229	44/0.256
	65	7/0.125	10/0.136	15/0.154	19/0.168	20/0.172	25/0.190	30/0.207	31/0.210	35/0.224	43/0.250
	66	6/0.121	9/0.132	14/0.1501	18/0.164	19/0.167	24/0.185	29/0.202	30/0.205	34/0.219	42/0.245
	67	5/0.117	8/0.128	3/0.145	17/0.159	18/0.163	23/0.180	28/0.197	29/0.200	33/0.214	41/0.240
	68	4/0.114	7/0.124	12/0.141	16/0.155	17/0.158	22/0.176	27/0.192	28/0.196	32/0.209	40/0.235
	69	3/0.110	6/0.120	11/0.137	15/0.151	16/0.154	21/0.171	26/0.188	27/0.191	31/0.204	39/0.230
	70	2/0.107	5/0.117	10/0.133	14/0.147	15/0.150	20/0.167	25/0.183	26/0.187	30/0.200	38/0.225
	71	1/0.103	4/0.113	9/0.130	13/0.143	14/0.146	19/0.163	24/0.179	25/0.182	29/0.195	37/0.220
	72	0.100	3/0.110	8/0.126	12/0.1391	13/0.142	18/0.158	23/0.175	24/0.178	28/0.191	36/0.215
	73		2/0.106	7/0.122	1/0.13510	12/0.138	17/0.154	22/0.170	23/0.174	27/0.186	35/0.211
	74		1/0.103	6/0.119	/0.132	11/0.135	16/0.151	21/0.166	22/0.169	26/0.182	34/0.206
	75		0.100	5/0.115	9/0.128	10/0.131	15/0.147	20/0.162	21/0.165	25/0.178	33/0.202

(잔가율 : 10%)

잔존내용연수/잔존가치율

연간 감가율		0.031	0.030	0.028	0.027	0.027	0.025	0.024	0.024	0.023	0.021
내용연수		(6) 72	75	80	(7) 84	85	90	95	(8) 96	100	(9) 108
경과연수	76			4/0.112	8/0.125	9/0.128	14/0.143	19/0.158	20/0.162	24/0.174	32/0.198
	77			3/0.109	7/0.121	8/0.124	13/0.139	18/0.155	19/0.158	23/0.170	31/0.194
	78			2/0.106	6/0.118	7/0.121	12/0.136	17/0.151	18/0.154	22/0.166	30/0.190
	79			1/0.103	5/0.115	6/0.118	11/0.133	16/0.147	17/0.150	21/0.162	29/0.186
	80			0.100	4/0.112	5/0.115	10/0.129	15/0.144	16/0.147	20/0.158	28/0.182
	81				3/0.109	4/0.111	9/0.126	14/0.140	15/0.143	19/0.155	27/0.178
	82				2/0.106	3/0.108	8/0.123	13/0.137	14/0.140	18/0.161	26/0.174
	83				1/0.103	2/0.106	7/0.120	12/0.134	13/0.137	17/0.148	25/0.170
	84				0.100	1/0.103	6/0.117	11/0.131	12/0.133	16/0.145	24/0.174
	85					0.100	5/0.114	10/0.127	11/0.130	15/0.141	23/0.163
	86						4/0.111	9/0.124	10/0.127	14/0.138	22/0.160
	87						3/0.108	8/0.121	9/0.124	13/0.135	21/0.156
	88						2/0.105	7/0.118	8/0.121	12/0.132	20/0.153
	89						1/0.103	6/0.116	7/0.118	11/0.129	19/0.150
	90						0.100	5/0.113	6/0.115	10/0.126	18/0.147
	91							4/0.110	5/0.113	9/0.123	17/0.144
	92							3/0.108	4/0.110	8/0.120	16/0.141
	93							2/0.105	3/0.107	7/0.117	15/0.138
	94							1/0.102	2/0.105	6/0.115	14/0.135
	95							0.100	1/0.102	5/0.112	13/0.132
	96								0.100	4/0.110	12/0.129
	97									3/0.107	11/0.126
	98									2/0.105	10/0.124
	99									1/0.102	9/0.121
	100									0.100	8/0.119

(잔가율 : 10%)

잔존내용연수/잔존가치율

연간 감가율		0.031	0.030	0.028	0.027	0.027	0.025	0.024	0.024	0.023	0.021
내용연수		(6) 72	75	80	(7) 84	85	90	95	(8) 96	100	(9) 108
경과연수	101										7/0.116
	102										6/0.114
	103										5/0.111
	104										4/0.109
	105										3/0.107
	106										2/0.104
	107										1/102
	108										0.100

(잔가율 : 20%)

잔존내용연수/잔존가치율

연간 감가율		0.8000	0.5528	0.4152	0.3313	0.2752	0.2353	0.2054	0.1822	0.1637	0.1487
내용연수		1	2	3	4	5	6	7	8	9	10
경과연수	1	0.2000	1/0.4472	2/0.5848	3/0.6687	4/0.7248	5/0.7647	6/0.7946	7/0.8178	8/0.8363	9/0.8513
	2		0.2000	1/0.3420	2/0.4472	3/0.5253	4/0.5848	5/0.6314	6/0.6687	7/0.6993	8/0.7248
	3			0.2000	1/0.2991	2/0.3807	3/0.4472	4/0.5017	5/0.5469	6/0.5848	7/0.6170
	4				0.2000	1/0.2759	2/0.3420	3/0.3986	4/0.4472	5/0.4890	6/0.5253
	5					0.2000	1/0.2615	2/0.3168	3/0.3657	4/0.4090	5/0.4472
	6						0.2000	1/0.2517	2/0.2991	3/0.3420	4/0.3807
	7							0.2000	1/0.2446	2/0.2860	3/0.3241
	8								0.2000	1/0.2392	2/0.2759
	9									0.2000	1/0.2349
	10										0.2000
	11										
	12										
	13										
	14										
	15										
	16										
	17										
	18										
	19										
	20										
	21										
	22										
	23										
	24										
	25										

(잔가율 : 20%)

잔존내용연수/잔존가치율

연간 감가율		0.1361	0.1255	0.1164	0.1086	0.1017	0.0957	0.0903	0.0855	0.0812	0.0773
내용연수		11	12	13	14	15	16	17	18	19	20
경과연수	1	10/0.8639	11/0.8745	12/0.8836	13/0.8914	14/0.8983	15/0.9043	16/0.9097	17/0.9145	18/0.9188	19/0.9227
	2	9/0.7463	10/0.7647	11/0.7807	12/0.7946	13/0.8069	14/0.8173	15/0.8275	16/0.8363	17/0.8442	18/0.8513
	3	8/0.6447	9/0.6687	10/0.6898	11/0.7083	12/0.7248	13/0.7395	14/0.7528	15/0.7647	16/0.7756	17/0.7855
	4	7/0.5570	8/0.5848	9/0.6094	10/0.6314	11/0.6510	12/0.6687	13/0.6848	14/0.6993	15/0.7126	16/0.7248
	5	6/0.4812	7/0.5114	8/0.5385	9/0.5628	10/0.5848	11/0.6047	12/0.6229	13/0.6395	14/0.6547	15/0.6687
	6	5/0.4157	6/0.4472	7/0.4758	8/0.5017	9/0.5253	10/0.5469	11/0.5666	12/0.5848	13/0.6016	14/0.6170
	7	4/0.3591	5/0.3911	6/0.4204	7/0.4472	8/0.4719	9/0.4945	10/0.5155	11/0.5348	12/0.5527	13/0.5693
	8	3/0.3102	4/0.3420	5/0.3714	6/0.3987	7/0.4239	8/0.4472	9/0.4689	10/0.4890	11/0.5078	12/0.5253
	9	2/0.2680	3/0.2991	4/0.3282	5/0.3554	6/0.3807	7/0.4044	8/0.4265	9/0.4472	10/0.4666	11/0.4847
	10	1/0.2315	2/0.2615	3/0.2900	4/0.3168	5/0.3420	6/0.3657	7/0.3880	8/0.4090	9/0.4287	10/0.4472
	11	0.2000	1/0.2287	2/0.2562	3/0.2824	4/0.3072	5/0.3307	6/0.3530	7/0.3740	8/0.3939	9/0.4126
	12		0.2000	1/0.2264	2/0.2517	3/0.2759	4/0.2991	5/0.3211	6/0.3420	7/0.3619	8/0.3807
	13			0.2000	1/0.2244	2/0.2479	3/0.2704	4/0.2921	5/0.3127	6/0.3325	7/0.3513
	14				0.200	1/0.2227	2/0.2446	3/0.2657	4/0.2860	5/0.3055	6/0.3241
	15					0.2000	1/0.2212	2/0.2417	3/0.2615	4/0.2807	5/0.2991
	16						0.2000	1/0.2199	2/0.2392	3/0.2579	4/0.2759
	17							0.2000	1/0.2187	2/0.2369	3/0.2546
	18								0.2000	1/0.2177	2/0.2349
	19									0.2000	1/0.2168
	20										0.2000
	21										
	22										
	23										
	24										
	25										

(잔가율 : 20%)

잔존내용연수/잔존가치율

연간 감가율		0.0738	0.0705	0.0676	0.0649	0.0623	0.0600	0.0579	0.0559	0.0540	0.0522
내용연수		21	22	23	24	25	26	27	28	29	30
경과연수	1	20/0.9262	21/0.9295	22/0.9324	23/0.9351	24/0.9377	25/0.9400	26/0.9421	27/0.9441	28/0.9460	29/0.9478
	2	19/0.8579	20/0.8639	21/0.8694	22/0.8745	23/0.8792	24/0.8836	25/0.8876	26/0.8914	27/0.8949	28/0.8983
	3	18/0.7946	19/0.8029	20/0.8106	21/0.8178	22/0.8244	23/0.8305	24/0.8363	25/0.8416	26/0.8466	27/0.8513
	4	17/0.7360	18/0.7463	19/0.7559	20/0.7647	21/0.7730	22/0.7807	23/0.7879	24/0.7946	25/0.8009	26/0.8069
	5	16/0.6817	17/0.6937	18/0.7048	19/0.7151	20/0.7248	21/0.7338	22/0.7423	23/0.7502	24/0.7577	25/0.7647
	6	15/0.6314	16/0.6447	17/0.6571	18/0.6687	19/0.6796	20/0.6898	21/0.6993	22/0.7083	23/0.7168	27/0.7248
	7	14/0.5848	15/0.5992	16/0.6127	17/0.6254	18/0.6372	19/0.6484	20/0.6588	21/0.6687	22/0.6781	23/0.6869
	8	13/0.5417	14/0.5570	15/0.5713	16/0.5848	17/0.5975	18/0.6094	19/0.6207	20/0.6314	21/0.6415	22/0.6510
	9	12/0.5017	13/0.5177	14/0.5327	15/0.5469	16/0.5602	17/0.5729	18/0.5848	19/0.5961	20/0.6068	21/0.6170
	10	11/0.4647	12/0.4812	13/0.4967	14/0.5114	15/0.5253	16/0.5385	17/0.5510	18/0.5628	19/0.5741	20/0.5848
	11	10/0.4304	11/0.4472	12/0.4631	13/0.4785	14/0.4926	15/0.5062	16/0.5191	17/0.5314	18/0.5431	19/0.5543
	12	9/0.3986	10/0.4157	11/0.4318	12/0.4472	13/0.4618	14/0.4758	15/0.4890	16/0.5017	17/0.5318	18/0.5253
	13	8/0.3692	9/0.3863	10/0.4027	11/0.4182	12/0.4330	13/0.4472	14/0.4607	15/0.4737	16/0.4860	17/0.4979
	14	7/0.3420	8/0.3591	9/0.3754	10/0.3911	11/0.4060	12/0.4204	13/0.4341	14/0.4472	15/0.4598	16/0.4719
	15	6/0.3168	7/0.3338	8/0.3501	9/0.3657	10/0.3807	11/0.3951	12/0.4090	13/0.4222	14/0.4350	15/0.4472
	16	5/0.2934	6/0.3102	7/0.3264	8/0.3420	9/0.3570	10/0.3714	11/0.3852	12/0.3986	13/0.4115	14/0.4239
	17	4/0.2718	5/0.2883	6/0.3043	7/0.3198	8/0.3347	9/0.3491	10/0.3630	11/0.3764	12/0.3893	13/0.4017
	18	3/0.2517	4/0.2680	5/0.2838	6/0.2991	7/0.3139	8/0.3282	9/0.3420	10/0.3554	11/0.3683	12/0.3807
	19	2/0.2331	3/0.2491	4/0.2646	5/0.2797	6/0.2943	7/0.3085	8/0.3222	9/0.3355	10/0.3484	11/0.3608
	20	1/0.2159	2/0.2315	3/0.2467	4/0.2615	5/0.2759	6/0.2900	7/0.3036	8/0.3168	9/0.3296	10/0.3420
	21	0.2000	1/0.2152	2/0.2300	3/0.2446	4/0.2587	5/0.2726	6/0.2860	7/0.2991	8/0.3118	9/0.3241
	22		0.2000	1/0.2145	2/0.2287	3/0.2426	4/0.2562	5/0.2694	6/0.2824	7/0.2949	8/0.3072
	23			0.2000	1/0.2139	2/0.2275	3/0.2408	4/0.2539	5/0.2666	6/0.2790	7/0.2912
	24				0.2000	1/0.2133	2/0.2264	3/0.2392	4/0.2517	5/0.2640	6/0.2759
	25					0.2000	1/0.2128	2/0.2253	3/0.2376	4/0.2497	5/0.2615

(잔가율 : 20%)

잔존내용연수/잔존가치율

연간 감가율		0.0738	0.0705	0.0676	0.0649	0.0623	0.0600	0.0579	0.0559	0.0540	0.0522
내용연수		21	22	23	24	25	26	27	28	29	30
경과연수	26						0.2000	1/0.2123	2/0.2244	3/0.2362	4/0.2479
	27							0.2000	1/0.2118	2/0.2235	3/0.2349
	28								0.2000	1/0.2114	2/0.2227
	29									0.2000	1/0.2110
	30										0.2000

(잔가율 : 5%)

잔존내용연수/잔존가치율

연간 감가율		0.9500	0.7764	0.6316	0.5271	0.4507	0.3930	0.3482	0.3123	0.2831	0.2589
내용연수		1	2	3	4	5	6	7	8	9	10
경과연수	1	0.0500	1/0.2236	2/0.3684	3/0.4729	4/0.5493	5/0.6070	6/0.6518	7/0.6877	8/0.7169	9/0.7411
	2		0.0500	1/0.1357	2/0.2236	3/0.3017	4/0.3684	5/0.4249	6/0.4729	7/0.5139	8/0.5493
	3			0.0500	1/0.1057	2/0.1657	3/0.2236	4/0.2770	5/0.3252	6/0.3684	7/0.4071
	4				0.0500	1/0.0910	2/0.1357	3/0.1805	4/0.2236	5/0.2641	6/0.3017
	5					0.0500	1/0.0824	2/0.1177	3/0.1538	4/0.1893	5/0.2236
	6						0.0500	1/0.0767	2/0.1057	3/0.1357	4/0.1657
	7							0.0500	1/0.0727	2/0.0973	3/0.1228
	8								0.0500	1/0.0697	2/0.0910
	9									0.0500	1/0.0675
	10										0.0500
	11										
	12										
	13										
	14										
	15										
	16										
	17										
	18										
	19										
	20										
	21										
	22										
	23										
	24										
	25										

(잔가율 : 5%)

잔존내용연수/잔존가치율

연간 감가율	0.2384	0.2209	0.2058	0.1926	0.1810	0.1707	0.1616	0.1533	0.1459	0.1391
내용연수	11	12	13	14	15	16	17	18	19	20
경과연수 1	10/0.7616	11/0.7791	12/0.7942	13/0.8074	14/0.8190	15/0.8293	16/0.8384	17/0.8467	18/0.8541	19/0.8609
2	9/0.5800	10/0.6070	11/0.6307	12/0.6518	13/0.6707	14/0.6877	15/0.7028	16/0.7169	17/0.7295	18/0.7411
3	8/0.4417	9/0.4729	10/0.5009	11/0.5263	12/0.5493	13/0.5702	14/0.5894	15/0.6070	16/0.6231	17/0.6380
4	7/0.3364	8/0.3684	9/0.3978	10/0.4249	11/0.4498	12/0.4729	13/0.4942	14/0.5139	15/0.5322	16/0.5493
5	6/0.2562	7/0.2870	8/0.3159	9/0.3430	10/0.3684	11/0.3921	12/0.4143	13/0.4351	14/0.4546	15/0.4729
6	5/0.1951	6/0.2236	7/0.2509	8/0.2770	9/0.3017	10/0.3252	11/0.3474	12/0.3684	13/0.3883	14/0.4071
7	4/0.1486	5/0.1742	6/0.1993	7/0.2236	8/0.2471	9/0.2696	10/0.2913	11/0.3119	12/0.3316	13/0.3505
8	3/0.1132	4/0.1357	5/0.1583	6/0.1805	7/0.2024	8/0.2236	9/0.2442	10/0.2641	11/0.2833	12/0.3017
9	2/0.0862	3/0.1057	4/0.1257	5/0.1458	6/0.1657	7/0.1854	8/0.2047	9/0.2236	10/0.2419	11/0.2597
10	1/0.0657	2/0.0824	3/0.0998	4/0.1177	5/0.1357	6/0.1538	7/0.1717	8/0.1893	9/0.2067	10/0.2236
11	0.0500	1/0.0642	2/0.0793	3/0.0950	4/0.1112	5/0.1275	6/0.1439	7/0.1603	8/0.1765	9/0.1925
12		0.0500	1/0.0630	2/0.0767	3/0.0910	4/0.1057	5/0.1207	6/0.1357	7/0.1508	8/0.1657
13			0.0500	1/0.0619	2/0.0745	3/0.0877	4/0.1012	5/0.1149	6/0.1288	7/0.1427
14				0.0500	1/0.0611	2/0.0727	3/0.0848	4/0.0973	5/0.1100	6/0.1228
15					0.0500	1/0.0603	2/0.0711	3/0.0824	4/0.0939	5/0.1057
16						0.0500	1/0.596	2/0.0697	3/0.0802	4/0.0910
17							0.0500	1/0.0591	2/0.0685	3/0.0784
18								0.0500	1/0.0585	2/0.0675
19									0.0500	1/0.0581
20										0.0500
21										
22										
23										
24										
25										

(잔가율 : 5%)

잔존내용연수/잔존가치율

연간 감가율		0.1329	0.1273	0.1221	0.1173	0.1129					
내용연수		21	22	23	24	25					
경과연수	1	20/0.8671	21/0.8727	22/0.8779	32/0.8827	24/0.8871					
	2	19/0.7518	20/0.7616	21/0.7707	22/0.7791	23/0.7869					
	3	18/0.6518	19/0.6646	20/0.6766	21/0.6877	22/0.6980					
	4	17/0.5652	18/0.5800	19/0.5939	20/0.6070	21/0.6192					
	5	16/0.4900	17/0.5062	18/0.5214	19/0.5357	20/0.5493					
	6	15/0.4249	16/0.4417	17/0.4577	18/0.4729	19/0.4873					
	7	14/0.3684	15/0.3855	16/0.4018	17/0.4174	18/0.4322					
	8	13/0.3194	14/0.3364	15/0.3528	16/0.3684	17/0.3834					
	9	12/0.2770	13/0.2936	14/0.3097	15/0.3252	16/0.3401					
	10	11/0.2401	12/0.2562	13/0.2719	14/0.2870	15/0.3017					
	11	10/0.2082	11/0.2236	12/0.2387	13/0.2533	14/0.2676					
	12	9/0.1805	10/0.1951	11/0.2095	12/0.2236	13/0.2374					
	13	8/0.1565	9/0.1703	10/0.1839	11/0.1974	12/0.2106					
	14	7/0.1357	8/0.1486	9/0.1615	10/0.1742	11/0.1868					
	15	6/0.1177	7/0.1297	8/0.1417	9/0.1538	10/0.1657					
	16	5/0.1020	6/0.1132	7/0.1244	8/0.1357	9/0.1470					
	17	4/0.0885	5/0.0988	6/0.1092	7/0.1198	8/0.1304					
	18	3/0.0767	4/0.0862	5/0.0959	6/0.1057	7/0.1157					
	19	2/0.0665	3/0.0752	4/0.0842	5/0.0933	6/0.1026					
	20	1/0.0577	2/0.0657	3/0.0739	4/0.0824	5/0.0910					
	21	0.0500	1/0.0573	2/0.0649	3/0.0727	4/0.0807					
	22		0.0500	1/0.0570	2/0.0642	3/0.0716					
	23			0.0500	1/0.0566	2/0.0635					
	24				0.0500	1/0.0564					
	25					0.0500					

1. (최신) 감정평가론, 신종웅 외, 부연사, 2002
2. 건설감정인 실무연수회 자료집, 서울지방법원, 2004.1.19
3. 건설분쟁관계법, 윤재윤, 박영사, 2003
4. 건축공사 내외장의 손상과 보수, 편집부, 건설도서, 1996
5. 건축기술 실무이야기, 삼성물산 건설부문, 공간예술사, 2001
6. 건축기술정보, 산업도서출판공사
7. 건축기술지침, 대한건축학회, 공간예술사, 2006
8. 건축물의 보수와 유지관리, 이민석, 건설도서, 1997
9. 건축법·조례해설, 윤혁경, 기문당, 2006
10. 건축용어사전, 김평탁, 기문당, 2003
11. 건축품질시험 실무지침, 이동렬, 공간예술사, 2003
12. 구조물진단 학회지, 한국구조물진단학회, 2006.1
13. 물권법, 김후영, 한올출판사, 2004
14. 민사소송법강의, 전병서, 법문사, 2002
15. 비파괴검사 및 안전진단, 한국콘크리트 학회, 기문당, 1995
16. 유형 고정자산의 내용연수표, 한국감정원
17. 철근콘크리트조의 균열대책(설계·시공) 지침안·동해설, 구태서, 탐구문화사, 1998
18. 콘크리트의 균열조사 보수·보강지침, 추영수 편역, 건설도서, 1998
19. 표준감리편람, 한국건설기술정보원
20. 建築携帶ブック 防水工事, 사단법인 建築業協會施工部會 편, 2006

□ 전 선 학

- 1954년 출생
- 삼척 공업고등전문학교 건축과 졸업
- 충주대학교 건축공학과 졸업
- 고려대학교 공학대학원(공학석사)
- 건축사
- 건축시공기술사
- 現, 건축사사무소 새한설계 대표

건축물 조사 · 감정 실무

저 자	새한설계_전선학
발행처	공 간 예 술 사
발행자	신 창 근
주 소	서울시 종로구 홍파동 52-28
T E L	(02) 737-1020
F A X	(02) 737-1500
e-mail	spacearts@korea.com
http://	www.spacearts.co.kr
발 행	2007년 3월 10일(제1판 발행)
등 록	제 9-315호
ISBN	978-89-7799-077-7 93540
정 가	**30,000원**

잘못된 책은 바꾸어 드립니다.

이 책은 저작권법 제98조의 보호를 받습니다.